新时代东南学术论丛

生态文明
与
美丽中国建设

东南学术杂志社 编

海峡出版发行集团｜海峡文艺出版社

图书在版编目(CIP)数据

生态文明与美丽中国建设/ 东南学术杂志社编.
—福州:海峡文艺出版社,2025.6
（新时代东南学术论丛）
ISBN 978-7-5550-3945-7

Ⅰ.X321.2—53

中国国家版本馆 CIP 数据核字第 2025TM0967 号

生态文明与美丽中国建设

东南学术杂志社　编

出 版 人	林　滨
责任编辑	刘含章
出版发行	海峡文艺出版社
经　　销	福建新华发行(集团)有限责任公司
社　　址	福州市东水路 76 号 14 层
发 行 部	0591－87536797
印　　刷	福建东南彩色印刷有限公司
厂　　址	福州市金山浦上工业区冠浦路 144 号
开　　本	787 毫米×1092 毫米　1/16
字　　数	320 千字
印　　张	21.25
版　　次	2025 年 6 月第 1 版
印　　次	2025 年 6 月第 1 次印刷
书　　号	ISBN 978-7-5550-3945-7
定　　价	68.00 元

如发现印装质量问题,请寄承印厂调换

前　言

　　"青山绿水是无价之宝"，这是习近平同志1997年在三明调研考察时提出的重要理念。无论在中央还是在地方工作，习近平同志都把生态环境工作作为一项重大工作来抓，留下了许多宝贵的生态财富。作为新时代我国生态文明建设的根本遵循和行动指南，习近平生态文明思想是在丰富实践中孕育形成与总结升华的。早在福建、浙江、上海工作期间，习近平同志就亲自擘画、部署推动了一系列生态环境保护与建设实践。他在厦门工作期间，主持编制《1985年—2000年厦门经济社会发展战略》并专门设置生态环境专题，推动筼筜湖综合治理；在宁德工作期间，多次赴周宁县黄振芳家庭林场调研，首次提出"森林是水库、钱库、粮库"的"三库"理念；在福州工作期间，主持编定《福州市20年经济社会发展战略设想》并提出"城市生态建设"理念，大力推进"绿化福州"和内河综合治理工作；在福建省委省政府工作期间，高度重视闽江流域整体性保护，关心指导长汀水土流失治理工作，亲自擘画推动木兰溪治理，谋划、部署、推动集体林权制度改革，指导编制和推动实施《福建生态省建设总体规划纲要》……福建是习近平生态文明思想的重要孕育地和实践地，习近平同志在福建的生动实践和宝贵理念后来得到持续发展和深化。他在浙江工作期间进一步提出的绿水青山就是金山银山理念，成为我们党治国理政的重要理念，被写进了党章和党的二十大报告。

党的十八大以来，以习近平同志为核心的党中央把生态文明建设作为关系中华民族永续发展的根本大计，美丽中国建设迈出了重大步伐。《中共中央关于进一步全面深化改革　推进中国式现代化的决定》指出："聚焦建设美丽中国，加快经济社会发展全面绿色转型，健全生态环境治理体系，推进生态优先、节约集约、绿色低碳发展，促进人与自然和谐共生。"学术界也十分关注这一领域的问题，不断深化理论研究，取得了一系列创新性成果，为新时代新征程上全面推进美丽中国建设、谱写新时代生态文明建设新篇章提供了智力支持。

为积极回应中国之问、时代之问、人民之问和世界之问，《东南学术》追踪学术前沿与社会热点议题，加强选题策划和栏目建设，打造高质量学术名刊，助力福建社科强省建设。近年来，《东南学术》聚焦习近平生态文明思想、生态环境治理和绿色发展等重要议题，刊发了一批高水平学术论文，并于2023年正式开设了"生态文明与美丽中国建设"专栏，持续推动理论研究与实践发展。

经过多年的精心打造，"生态文明与美丽中国建设"专栏已发展为《东南学术》的品牌栏目之一，成为生态文明建设领域重要的学术交流和知识传播平台。为集中呈现专栏建设成效，《东南学术》从近年来刊发的论文中精选出21篇与"生态文明与美丽中国建设"主题紧密相关的文章，并重新分类和排列，结集出版。全书分为习近平生态文明思想阐释、生态环境治理、生态价值与绿色发展三辑，入选论文政治导向正确、观点鲜明、论证严谨、对学科建设与现实问题有一定参考价值。值得一提的是，多篇论文在刊发后得到了广泛关注与认可，被《新华文摘》《中国社会科学文摘》《高等学校学术文摘》《人大复印报刊资料》等全国性文摘刊物等转载转摘。纵观作者群体，既包括学术界声名显赫的资深专家，也涵盖朝气蓬勃的青年学者，跨代际、跨学科、跨地域的作者构成，促进了学术思想的交流与碰撞，拓宽了研究的深度和广度。但限于篇幅，本书未能将所有佳作尽数呈现；为真实呈现学术发展脉络，本书在选编过程中尽可能保持了文章的原始面貌，未作增删。如有不妥，敬请读者批评指正。

本书的策划、编辑和出版，得益于多方的悉心指导与支持。魏畅（福建省社科联党组书记、副主席）担任本书编委会主任，郑东育（福建省社科联党组成员、副主席兼东南学术杂志社社长、总编辑）担任主编，郑珊珊（东南学术杂志社副总编辑）担任副主编。同时，海峡文艺出版社在出版事宜上付出了辛勤努力。作为"新时代东南学术论丛"丛书之一，本书旨在对相关专题进行阶段性梳理与总结，推动相关议题进一步深化研究，期待未来能有更多高质量的研究成果问世，立时代潮头、发思想先声，构建具有中国特色、中国风格、中国气派的哲学社会科学，为传承发展中国文化注入新的活力，为推动人类文明进步作出更大贡献。

东南学术杂志社

2025 年 4 月

目　录

第一辑　习近平生态文明思想阐释

1

第二辑　生态环境治理

第三辑　生态价值与绿色发展

习近平生态文明思想阐释

论福建是习近平生态文明思想
重要的孕育地与发源地

◎黄承梁　黄茂兴[*]

习近平生态文明思想是习近平新时代中国特色社会主义思想的重要组成部分。这一思想坚持以"人与自然和谐共生"的马克思主义人与自然观、马克思主义自然辩证法为理念先导，是对马克思主义生态观的创造性继承与发展。习近平生态文明思想包括：坚持以"绿水青山就是金山银山"的绿色发展观统筹生态文明建设和经济社会发展；坚持以"良好生态环境是最公平的公共产品，是最普惠的民生福祉"[①] 的生态民生观落实好以人民为中心的发展思想；坚持以"保护生态环境就是保护生产力、改善生态环境就是发展生产力"[②] 的生产力观解放和发展绿色生产力、全面推动经济社会绿色转型；坚持以"山水林田湖是一个生命共同体"[③] 的生态治理观推动生态文明领域国家治理能力和治理水平的现代化；坚持以"只有实行最严格的制度、最严密的法治，才能为生态

---

* 作者简介：黄承梁，哲学博士，中国社会科学院生态文明研究智库理论部主任，中国社会科学院习近平生态文明思想研究中心秘书长，中共山东省委党校（山东行政学院）特聘教授；黄茂兴，经济学博士，中国（福建）生态文明建设研究院执行院长，福建师范大学经济学院教授。

① 习近平：《在海南考察工作结束时的讲话》（2013 年 4 月 10 日），《习近平关于社会主义生态文明建设论述摘编》，中央文献出版社 2017 年版，第 4 页。

② 《在省部级领导干部学习贯彻党的十八届五中全会精神专题研讨班上的讲话》（2016 年 1 月 18 日），人民出版社 2016 年版，第 19 页。

③ 习近平：《关于〈中共中央关于全面深化改革若干重大问题的决定〉的说明》，《人民日报》2013 年 11 月 15 日。

文明建设提供可靠保障"①的生态文明法治制度观全面深化生态文明体制机制改革、夯实生态文明建设法治制度基石；坚持以"共同构建人与自然生命共同体"的全球观促进人类命运共同体建设。习近平生态文明思想涉及经济、政治、文化、社会各个领域，事关价值理念、发展方式、生产方式、生活方式、法律制度、全球治理等全方位、立体化、全过程、全地域绿色转型，是建设人与自然和谐共生现代化新道路的根本思想遵循，也是促进人类社会由工业文明向生态文明范式转型的宝贵财富。

福建是习近平生态文明思想的重要孕育地、发源地和实践地。在福建工作的17年半间，习近平踏遍了八闽大地。他高度重视福建的生态环境保护和可持续发展，立足福建省情，提出了一系列与习近平生态文明思想一脉相承的关于生态文明建设的极具首创性、战略性前瞻性和实践性的理念，推动了一系列绿色发展实践。在习近平的倡导下，福建翻开了提升生态环境建设水平的新篇章。从组织编制我国的经济特区15年经济社会发展战略——《1985年—2000年厦门经济社会发展战略》，到科学谋划制定福州3年、8年、20年经济社会发展战略目标、步骤、布局、重点的"3820"工程——《福州市20年经济社会发展战略设想》，再到奠定新时代福建国家生态文明建设试验区基础的《福建生态省建设总体规划纲要》，习近平站得高，看得远，体现出了远见卓识的战略思维和注重规划的科学思维。从变身"城市绿肺"和"城市会客厅"的筼筜湖综合治理，到提出"城市生态建设"，再到"绿化福州"的战略实践，习近平是"城市生态文明"理念的首倡者。从《闽东的振兴在于"林"——试谈闽东经济发展的一个战略问题》，到积极稳妥推进集体林权制度改革创新，探索完善生态产品价值实现机制，是习近平关于生态文明体制改革的历史性创举。从长汀水土流失治理到木兰溪流域治理，习近平形成了水生态文明建设和水生态环境系统治理的宝贵经验，开创了人水和谐的新局面。从福建生态省建设到福建成为全国首个国家生态文明试验区，是习近平生态文明思想在省域层面最完整的实践，也确立了在习近平生态文明思想指引下的福建生态文明建设新模式。

---

① 《在十八届中央政治局第六次集体学习时的讲话》（2013年5月24日），《习近平关于社会主义生态文明建设论述摘编》，中央文献出版社2017年版，第99页。

习近平深情地说:"福建是我的第二故乡,我对这里的山山水水、一草一木都充满了感情;只要一想起福建,八闽大地历历在目,就像一幅生动的画。"[1] 他多次强调:"生态资源是福建最宝贵的资源,生态优势是福建最具竞争力的优势,生态文明建设应当是福建最花力气抓的建设。"[2] 可以说,习近平在福建工作时关于生态文明建设进行的一系列具有前瞻性、开创性、战略性的理念创新和重大实践,为福建生态文明建设奠定了坚实的政治基础、思想基础、战略基础、社会基础和实践基础。这些重大理念、重大创新实践既承载着党的初心和使命,又体现出习近平治国理政一以贯之的智慧和经验。全面回顾、系统梳理习近平在福建工作期间关于生态文明建设的重要理念、系列文献、重大实践,总结福建生态文明建设的生动案例,对于深刻体会习近平高瞻远瞩的战略思维、人民至上的深厚情怀,对于在新的历史征程上更好地理解、把握、自觉践行习近平生态文明思想,建设美丽中国,都具有十分重要的意义。

一、坚持规划先行,统筹推进城市生态文明体系建设: 习近平生态文明思想的实践起点和战略定力

城市是我国各类要素资源和经济社会活动最集中的地方,承载着人民群众对美好生活的向往。城市发展是一个自然历史过程,有其自身规律,要求城市规模与生态环境承载能力相适应。20 世纪 80 年代中后期,我国在城市快速扩张过程中出现了一系列问题。一方面,城市人口规模不断扩大、生活需求不断提高、资源和能源消耗陡然增加;另一方面,城市整体规划落后,工业生产排放物与生活污染物混杂,污染物处理方式粗放落后,城市治理、城市生态环境保护检验着经济社会发展的质量,考验着城市管理者的水平和智慧。党的十九大首次将"美丽"纳入社会主义现代化强国目标,提出建设富强、民主、文明、和谐、美丽的社会主义现代化强国,"美丽"成为社会主义现代化的底色。而习近平在福建工作期间推动城市生态建设,为实现人与自然的和谐共生指明了发展方向和战略路径,他在福建的探索实践凝结了科学的规划理念,是中国

---

① 习近平:《福建是我的第二故乡》,《福建日报》2019 年 10 月 31 日。

② 《让绿水青山永远成为福建的优势和骄傲》,《福建日报》2021 年 3 月 22 日。

城市生态文明建设理念的提出者和最早实践者。

（一）规划先行，一张蓝图绘到底

科学规划是谋划和推进我国城镇化建设与可持续发展的重要举措和成功经验。作为一种综合性发展规划和国家规划体系的重要组成部分，需要发挥科学规划因势利导、趋利避害、战略引导、标准引领、刚性控制等作用和功能。习近平在福建工作期间，围绕推进生态环境保护进行了一系列前瞻性、战略性思考，提出了一系列具有科学性、预见性、主动性和创造性的思想观点，为习近平生态文明思想关于城市生态保护的许多理念创新奠定了基础。这其中，习近平组织编制的《1985 年—2000 年厦门经济社会发展战略》和《福州市 20 年经济社会发展战略设想》是这些思考和思想的集中展现。

厦门是国务院批复确定的中国最早设立的四个经济特区之一。1985 年 6 月，习近平到厦门工作，后来他回忆说："到经济特区工作，是我第一次走上市一级的领导岗位，第一次直接参与沿海发达地区的改革开放，第一次亲历城市的建设和管理。"① 作为厦门经济特区初创时期的领导者、建设者，他为厦门城市发展规划和生态保护实践作出了重大贡献。《1985 年—2000 年厦门经济社会发展战略》是我国经济特区甚至是地方政府最早编制的纵跨 15 年的经济社会发展战略。这一发展战略由习近平牵头组织编制，着重研究 1985—2000 年厦门经济社会发展战略。习近平邀请了包括中国社会科学院专家在内的 100 余位专家学者，组成课题组，历时 1 年半的反复论证，最终形成了 20 余万字的关于一区一经济社会发展的总报告以及 21 个专题。该发展战略正式提出规划生态环境问题，指出厦门发展战略的总目标是："使厦门成为经济繁荣，科技先进，环境优美，城市功能较为齐全，人民生活比较富裕的海港城市。"② 在这里，环境优美与经济繁荣、科技发展、人民幸福联系在一起，反映出习近平很早就重视统筹生产、生活和生态环境的理念。特别令生态文明理论工作者颇感惊讶的是，该战略引入了生态学意义上"生态位"的概念范畴，提出厦门在发展经济的同时，必须要防止污染，保持生态平衡。也就是说，习近平组织的该规划具体制定者们当时已经认识到经济建设与环境保护之间并非对立关

---

① 《习近平同志推动厦门经济特区建设发展的探索与实践》，新华社，2018 年 6 月 22 日。
② 《1985 年—2000 年厦门经济社会发展战略》，鹭江出版社 1989 年版，第 30 页。

系，而是相互制约、相互促进、相辅相成的，"树立经济建设必须与环境保护建设协调发展的观点"。① 这是一种战略气魄和理论创新，与我们今天强调的"保护生态环境就是保护生产力，改善生态环境就是发展生产力"，其内涵精神是相通的。该《发展战略》就环境保护的设想还提出了制定适合厦门市特点的环境保护规划：一是要对工业污染、城市垃圾加强治理；二是要保护水资源及风景旅游资源，实现人与自然和谐共处。

《福州市 20 年经济社会发展战略设想》率先提出"城市生态建设"理念。1990 年 4 月，习近平调任福州市委书记。1992 年春，邓小平南方谈话发表后，作为全国首批 14 个沿海开放城市之一的福州要怎样发展？习近平指出："改革开放是一项长期、艰巨、复杂的事业，在其发展进程中，许多重大问题要从长计议、慎于决策。历史的经验和教训告诉我们，一个地方的建设，如果没有长远的规划，往往会导致建设过程中产生严重的失误，甚至留下永久的遗憾。"② 习近平亲自担任总指导，主持编制了被简称为"3820"工程的《福州市 20 年经济社会发展战略设想》，科学谋划福州 3 年、8 年、20 年发展蓝图，对福州的发展产生了重大而深远的影响。该战略设想明确"一定要做好经济发展过程中的环境保护工作"，指出要把福州建设成为"清洁、优美、舒适、安静，生态环境基本恢复到良性循环的沿海开放城市"，这是习近平首次在区域经济社会发展战略中正式规划生态环境问题。该战略设想运用大量篇幅把"环境保护""城市管理"作为专题进行规划设计，提出大气、水、噪声、固废污染的防治措施和城市环境区划及标准，体现了习近平对生态建设的敏锐性和前瞻性，实现了规划先行、战略引导。

习近平关于城市生态建设在厦门、福州的重大理念和伟大实践，直到今天，仍然为我们做好城市规划、更好治理城市提供了重要启示。党的十八大以来，习近平就城市生态文明建设作出了一系列重要论述，要求统筹推进城市生态文明体系的建设，全面推动绿色发展，把解决突出环境问题作为民生优先领域，实现城市生态环境质量根本好转，全面形成绿色发展方式和生活方式。关于城市规划，习近平指出："规划科学是最大的效益，规划失误是最大的浪费，

---

① 《1985 年—2000 年厦门经济社会发展战略》，鹭江出版社 1989 年版，第 346 页。

② 习近平主编：《福州市 20 年经济社会发展战略设想》，福建美术出版社 1993 年版，"序言"。

规划折腾是最大的忌讳。"① 就城市建设坚持以人民为中心的发展思想，习近平指出："城市工作做得好不好，老百姓满意不满意，生活方便不方便，城市管理和服务状况是重要评判标准。"② 今年入夏以来，我国多地出现特大暴雨灾害，尤其是 7 月 20 日前后河南省特别是郑州市突降特大暴雨，造成了 300 多人遇难，给人民群众的生命安全和生产生活造成了巨大的、难以挽回的损失。回顾近年来我国诸多大中城市发生城市内涝灾害，固然有自然灾害的因素，但也不能忽略城市发展模式、城市规划不科学等主观因素，这些主观因素是需要彻底、系统反思和深刻总结的历史经验教训。

（二）坚持系统观念，统筹推进城市"山水林田湖草沙"综合治理

山水林田湖草是生命共同体。2013 年 11 月，在《关于〈中共中央关于全面深化改革若干重大问题的决定〉的说明》中，习近平指出："我们要认识到，山水林田湖是一个生命共同体，人的命脉在田，田的命脉在水，水的命脉在山，山的命脉在土，土的命脉在树。"③ 2018 年 6 月，在全国生态环境保护大会上，习近平进一步明确指出："山水林田湖草是生命共同体，要统筹兼顾、整体施策、多措并举，全方位、全地域、全过程开展城市生态文明建设。"④ 以系统思维、系统观念推动生态环境保护，不以工业文明思维机械式的"头痛医头，脚痛医脚"，克服九龙治水、条块分割的治理弊端，着力提升生态文明治理体系和治理能力现代化，是习近平生态文明思想重要的系统论、方法论。

1988 年，时任厦门市副市长的习近平主持召开关于加强筼筜湖综合治理专题会议，会议明确建立综合治理机制，创造性地提出了"依法治湖、截污处理、清淤筑岸、搞活水体、美化环境"筼筜湖治理的 20 字方针。这不仅为全面开展筼筜湖综合整治确立了原则和方向，拉开了城市河湖生态治理的序幕，更为厦门践行城市生态建设提供了科学理论指导，为全国生态文明建设实践蹚

---

① 《习近平在北京考察工作时强调　立足优势　深化改革　勇于开拓在建设首善之区上不断取得新成绩》，新华社，2014 年 2 月 26 日。

② 《习近平在中央城镇化工作会议上发表重要讲话》，新华社，2013 年 12 月 14 日。

③ 习近平：《关于〈中共中央关于全面深化改革若干重大问题的决定〉的说明》，《人民日报》2013 年 11 月 15 日。

④ 《推动我国生态文明建设迈上新台阶》，《求是》2019 年第 3 期。

出了一条新路子。

1990—1991 年，习近平在福州连续召开多次植树造林绿化会议，要求全市坚持"见缝插绿"和"成片种绿"相结合，确立了"抓重点、保基础、上水平、一体化"的福州绿化工作指导思想。这一指导思想为持续推动城市绿化升级、推进城市生态文明建设提供了源动力。绿色是永续发展的必要条件，是生态文明建设的必然要求。2015 年 10 月，党的十八届五中全会公报指出："统筹生产、生活、生态三大布局。要促进人与自然和谐共生，构建科学合理的城市化格局。"推进城市生态文明建设，应坚持绿色发展，统筹推进"生产生活生态"空间布局建设，把握好生产、生活、生态的空间内在联系，实现生产空间集约高效、生活空间宜居适度、生态空间山清水秀。推进城市生态文明建设，应坚持和谐共生，统筹推进整体保护、系统修复、区域统筹、综合治理，转变发展方式，遵循自然规律和城市发展规律，实现人与自然的和谐共生。

二、乡村生态文明建设："绿水青山就是金山银山"重要理念的孕育及"生态扶贫""生态脱贫"理念对全面小康社会的历史性贡献

消除贫困、改善民生，逐步实现共同富裕，是中国特色社会主义的本质要求，是中国共产党的重要使命。从小康到全面小康，从全面建设小康社会到全面建成小康社会，是中国共产党在中国特色社会主义现代化建设道路上成功实施的伟大战略工程，是中华民族实现伟大复兴的关键一步。全面建成小康社会的伟大成就，充分展示了中国共产党强大的战略谋划能力、组织领导能力、开拓创新能力和决策执行能力。至关重要的是，标志着中华民族历史上第一次实现了农业大国主体农民的解放和农民消除贫困、战胜贫困，解决了中国社会几千年来的贫困难题。习近平指出："全面建成小康社会最艰巨、最繁重的任务在农村，没有农村的小康，特别是没有贫困地区的小康，就没有全面建成小康社会。"[①] 在全面建设和全面建成小康社会的征程上，"绿水青山就是金山银山"作为习近平生态文明思想的重大战略理念，是新时代统筹经济社会发展和

---

① 《彪炳史册的伟大奇迹——中国脱贫攻坚全纪实》，《人民日报》2021 年 2 月 24 日。

生态文明建设的重要法宝。这一理念从在福建孕育到在浙江正式提出，是习近平生态文明思想关于中国农村、农业、农民，依靠自然原生态摆脱贫困、发家致富、减贫富民、乡村振兴的法宝，是习近平生态文明思想对人类扶贫、脱贫事业的重大贡献。

（一）"绿水青山就是金山银山"理念在福建的早期孕育

"绿水青山就是金山银山"作为习近平生态文明思想的重大战略性理念，既是新时代统筹生态文明建设的重大指导原则，也是马克思主义关于人与自然关系理论中国化的最新成果。党的十九大首次将"必须树立和践行绿水青山就是金山银山的理念"写入大会报告，大会新修订的《中国共产党章程》总纲明确指出：树立尊重自然、顺应自然、保护自然的生态文明理念，增强绿水青山就是金山银山的意识。这都为"绿水青山就是金山银山"作为一种新的发展观奠定了党的意志基石。[①] 2005 年 8 月，时任浙江省委书记的习近平在浙江省安吉县余村考察。历史上的余村原本是一片面积达 6000 多亩的山林，但因其含有丰富的石灰石资源，在改革开放初期，村民们大肆挖矿山、建石灰窑、建水泥厂，盲目开山毁林，生态环境破坏极其严重。尽管村民们的腰包一时鼓了起来，但也承受着因环境污染带来的影响，生活生命质量和健康付出了巨大代价。习近平在这次考察中指出："一定不要说再想着走老路，还是迷恋着过去的发展模式。下决心停掉一些矿山，这都是高明之举。我们过去讲，既要金山银山又要绿水青山，实际上绿水青山就是金山银山。"[②] 也正是在这次考察之后不久，习近平在《浙江日报》"之江新语"刊文，正式提出了"绿水青山就是金山银山"的科学论断。新时代的余村，从"卖石头"、搞石头经济发展为"卖风景"和搞生态旅游，通过观光休闲旅游业、生态旅游业和竹林产业，从一个环境污染严重的村庄蜕变成国家旅游景区，走出了一条持续健康的绿色发展之路。

其实，习近平对于农村的良性发展和生态文明建设的思考在更早之前就开始了。1997 年 4 月，时任福建省委副书记的习近平在福建三明常口村调研时深刻指出，现在的青山绿水似乎看起来没有多少价值，但从长远看，是无价之

---

① 黄承梁：《树立和践行绿水青山就是金山银山的理念》，《求是》2018 年第 13 期。
② 《浙江考察看生态　深意不止在山水》，《人民日报》2020 年 4 月 1 日。

宝，将来的价值无法估量。"青山绿水是无价之宝，山区要画好山水画，做好山水田文章。"① 这是习近平"绿水青山就是金山银山"理念在福建的最早孕育。针对一些干部群众为追求经济效益而牺牲环境以换取一时发展的情况，他强调："任何形式的开发利用都要在保护生态的前提下进行，使八闽大地更加山清水秀，使经济社会在资源的永续利用中良性发展。""发展是硬道理，但是，污染环境就没有道理，破坏生态和浪费资源的'发展'就是歪道理。"② 20多年过去了，常口村干部群众牢记嘱托，把守好青山绿水作为绿色发展重点，让生态红利落到村民口袋里。福建三明在发展中持续推进生态文明建设，在发展中保护，在保护中发展，不断地转化生态优势为经济优势，绿色发展之路越走越宽。这里的成功实践成为"绿水青山就是金山银山"的生动写照。从"绿水青山是无价之宝"的常口村，到绿水青山就是金山银山理念明确提出地的余村，作为习近平生态文明思想重大战略理念的"绿水青山就是金山银山"的形成、发展与完善经历了自然历史的过程，彰显了习近平始终坚持生态环境保护和经济发展的辩证统一观，充分体现了尊重自然、树立自然价值和自然资本的理念，指明了"保护自然就是增值自然价值和自然资本的过程"③ 这一重大的、历史性的战略理念和实践路径，是马克思主义政治经济学的理论创新。它表明，"绿水青山就是金山银山"的价值尺度，也包括自然劳动所创造的价值增量。

(二) 走出生态扶贫、生态脱贫、生态致富的新路子

党的十八大以来，习近平提出"精准扶贫、精准脱贫"的理念，指出精准要精在因地制宜，坚持因人因地施策，因贫困原因、类型施策，进而取得脱贫攻坚的胜利。这一清晰的扶贫思路得益于他早年在宁德工作期间的生动实践。30多年前，习近平到闽东上任后，深入调研闽东九县及毗邻的浙南地区，用脚步丈量闽东的山容海纳，开启了探索闽东因地制宜的脱贫之路。

---

① 《三明市将乐县常口村：青山绿水是无价之宝》，《人民日报》2020年12月18日。
② 《福建：任何形式的开发利用都要在保护生态的前提下进行》，《中国环境报》2015年7月1日。
③ 《中共中央国务院印发〈生态文明体制改革总体方案〉》，《人民日报》2015年9月22日。

1988 年 6 月，习近平赴任宁德地委书记。20 世纪 80 年代末的宁德是全国 18 个集中连片贫困地区之一，基础设施极其薄弱。习近平带领闽东人民以践行"滴水穿石，久久为功，弱鸟先飞"的精神摆脱贫困，坚持"什么时候闽东的山都绿了，什么时候闽东就富裕了"①的发展道路，提出"我们必须把振兴林业真正摆上闽东经济发展的战略位置，要有一种高度的自觉性和强烈的紧迫感。"②面对闽东天然的林业优势，习近平提出："要把林业发展放在闽东脱贫致富的战略地位当中"；"闽东经济发展的潜力在于山，兴旺在于林。"③习近平认为，森林有涵养水源、保持水土、防风固沙等功能，能够促进生态系统的良性循环；正如他在《闽东的振兴在于"林"——试谈闽东经济发展的一个战略问题》一文中所明确提出的"提高经济、社会和生态三种效益"。④良好的生态效益也可以转化为良好的经济效益和社会效益。"靠山吃山唱山歌，靠海吃海念海经"，闽东地区精准定位自身的区位优势，依靠山、水、林、城、田、海层次丰富的自然条件，加大旅游开发力度，发展特色产业，打出了一系列的组合拳："企业＋农户＋基地"。"吃山"的建起有机茶、名优果蔬、珍稀林木等现代农业基地，"靠海"的推广"种、养、加"的经济经营模式，从而构建起了"一县一业"的农业特色产业格局，助力完成闽东地区的脱贫攻坚战。与此同时，习近平战略性思考将森林的生态效益与社会效益统一起来，强调森林是水库、钱库、粮库的潜在价值。福鼎的赤溪村作为"中国扶贫第一村"，在整村搬迁之后探索稳得住的发展出路时，习近平提出："抓山也能致富，把山管住，坚持十年、十五年、二十年，我们的山上就是'银行'了。"⑤这为赤溪发展指明了出路。此后，包括赤溪村在内的整个磻溪镇实行封山育林，赤溪因地制宜发展旅游特色优势产业。"山水经"也是"致富经"，生态好了，绿水青山转变为生态福利是水到渠成的事。

---

① 《习近平与"十三五"五大发展理念：绿色》，《学习中国》2015 年 12 月 21 日。
② 习近平：《摆脱贫困》，福建人民出版社 1992 年版，第 83 页。
③ 习近平：《摆脱贫困》，福建人民出版社 1992 年版，第 83 页。
④ 习近平：《摆脱贫困》，福建人民出版社 1992 年版，第 83 页。
⑤ 《走向我们的小康生活（五）》，《求是》2020 年第 17 期。

三、从"人水和谐"的水生态文明建设到集体林权制度改革：
习近平生态文明思想在福建的历史性创举

（一）习近平在福建长汀和木兰溪的水生态文明建设实践启示

习近平在福建工作期间，推动了长汀水土流失治理、木兰溪防洪工程等重大生态保护工程，取得了水生态文明建设和水生态环境系统治理的宝贵经验，开创了人水和谐的新局面。福建长汀和木兰溪的水生态环境治理是习近平生态文明思想的生动实践，是在水环境改善的基础上，更加注重水生态保护修复，注重"人水和谐"，是让群众拥有更多生态环境获得感和幸福感的鲜活范例。

长汀县曾是我国南方红壤区水土流失最严重的县份之一，"山光、水浊、田瘦、人穷"一度是当地的真实写照。严重的水土流失引起了历届省委、省政府领导的高度重视。在长汀水土流失治理的重要节点上，习近平不断加大支持力度，多次作出重要批示和指示，指引长汀水土流失治理工作创造了奇迹。1999 年和 2000 年，时任福建省省长的习近平先后两次专题考察、调研长汀水土治理工作。2000—2010 年，长汀水土治理被列入福建省为民办实事项目，全省上下齐心协力，长汀生态环境取得了极大的改善。2011 年 12 月和 2012 年 1 月，习近平连续两次对长汀水土流失治理作出重要批示，指出"长汀县水土流失治理正处在一个十分重要的节点上，进则全胜，不进则退，应进一步加大支持力度。要总结长汀经验，推动全国水土流失治理工作"。[①] 2012 年 3 月，习近平在北京看望参加全国"两会"的福建代表团时再次嘱咐，要认真总结推广长汀治理水土流失的成功经验，加大治理力度、完善治理规划、掌握治理规律、创新治理举措，全面开展重点区域水土流失治理和中小河流治理，一任接着一任，锲而不舍地抓下去，真正使八闽大地更加山清水秀。[②] 根据习近平的系列重要批示指示精神，在多部门、多方面的配合与执行下，长汀持续推进水土治理、生态建设的工作，形成了政府主导、群众主体、社会参与、统筹施策的治理体系，水环境生态治理取得了显著成效，实现了从"火焰山"到"花果

---

① 《习近平在福建》（下），中共中央党校出版社 2021 年版，第 158 页。

② 《习近平在福建》（下），中共中央党校出版社 2021 年版，第 159 页。

山"的巨大转变。由此形成的"长汀经验"也成为中国水土流失治理的典范。可以说，长汀是习近平生态文明思想的探索与实践地。

亲自擘画推动治理木兰溪，根治木兰溪水患，也是习近平在福建工作期间生态文明思想的重要生动实践。生态环境的修复、治理和保护是一项复杂的系统工程。木兰溪是福建省"五江一溪"重要河流之一，是莆田的"母亲河"。历史上莆田人民为治理木兰溪水患做了巨大努力，但始终无法根治水患。习近平在福建工作期间，对木兰溪防洪问题高度重视。在1999年1月至2001年6月的两年半时间里，习近平直接关心关怀木兰溪治理工作10次，推动破解技术难题、资金难题和征迁难题。1999年10月至2000年2月不到4个月的时间里，习近平先后4次到木兰溪现场调研，提出了"变害为利、造福人民"的目标和"既要治理好水患，也要注重生态保护；既要实现水安全，也要实现综合治理"的总体要求。近些年来，莆田市一任接着一任干，始终体现以人民为中心的发展思想，木兰溪治理坚持安全生态相结合、控源活水相结合、景观和文化相结合，从水上到陆上，从下游到上游，从干流到支流，开启了全流域、系统性治理的新征程。木兰溪从曾经的洪水肆虐到如今的安澜清波，见证了一座城市、一个流域的沧桑巨变，不但提升了蓄洪能力，更丰富了城市生态内涵。在习近平治理木兰溪重要理念的指导下，莆田市逐步实现从水安全到水生态、水经济的梯次推进，推动实现"百姓富"和"生态美"的有机统一。

（二）集体林权制度改革：继家庭联产承包责任制后，中国农村的又一次伟大革命

福建是全国森林资源最丰富、林业生态环境最好的省份之一。历史上相当一段时期，广大林农收益水平低，生产积极性不高，保护意识淡薄。一方面林木盗砍滥伐的现象普遍，另一方面没人愿意植树造林，山林生态资源破坏严重。大量的林地、林木资源"沉睡"大山，没有得到有效开发利用，广大林农守着大青山却过着穷日子。这些问题归根结底在于产权不清，林业生产力和农民生产积极性被严重压制。因此，必须从根本上改变现有的林权制度，厘清责权利关系。

在这一背景下，习近平下决心推动林权制度改革。2001年，集体林权制度改革的大幕在福建武平捷文村率先拉开。根据"山要平均分、山要群众自己分"的原则，捷文村率先明晰山林产权，开始实施承包到户。这一创新做法得到了群众的认可和支持，但没有"合规性"依据。2002 年 4 月，武平县委、县政府在没有其他地方性经验可供参考借鉴的情况下颁布了《关于深化集体林地林木产权制度改革的意见》。2002 年 6 月，时任福建省省长的习近平专程到武平县开展集体林权制度改革调研。在充分了解改革进展和成效后，他在现场就给予充分肯定和支持："林改的方向是对的，关键是要脚踏实地向前推进，让老百姓真正受益。"同时他明确定调了"集体林权制度改革要像家庭联产承包责任制那样从山下转向山上"。① 这不仅是给集体林权制度改革吃了一颗"定心丸"，更是明确了改革的目标和方向。以"明晰产权、放活经营权、落实处置权、确保受益权"为主要内容的集体林权制度改革，自此开始从武平走向福建全省。在习近平的推动和部署下，福建集体林权制度改革快速推进。2002年 8 月，福建省在武平召开了全省集体林权制度改革会议；2003 年，集体林权制度改革正式在福建全面推行；2006 年，中央领导开始深入福建等地对集体林权制度改革进行考察指导并指示，表明了中央层面对改革的认可；2008年，中共中央、国务院出台了《关于全面推进集体林权制度改革的意见》；2009 年，中央林业工作会议召开，首次专门部署集体林权制度改革，集体林权制度改革在全国全面推开。武平林改创举，为党和国家最高决策提供了可靠依据。这场"继家庭联产承包责任制后，中国农村的又一次伟大革命"的改革，把林农个人利益与农村集体利益紧密联系在一起，兼顾合理利用与保护林地资源。2012 年 3 月 7 日，已到中央任职的习近平，在看望十一届全国人大五次会议福建代表团代表时说："我在福建工作时就着手开展集体林权制度改革。多年来，在全省干部群众不懈努力下，这项改革已取得实实在在的成效。"② 习近平亲自抓起和亲自主导的福建林权制度改革以先行先试的巨大勇气、创新的思路，探索出一条产权明晰、经营主体明确、林业资源得到有效保护和利用、林农积极性得到充分调动的绿色发展之路，实现了"国家得绿，林农得利""百姓富和生态美"的统一。福建集体林权制度改革是我国生态文明体制改革的早期探索，是地方经验上升为国家决策的成功典范。

---

① 《福建林改》，《福建日报》2018 年 5 月 23 日。

② 《福建林改》，《福建日报》2018 年 5 月 23 日。

四、从福建生态省建设到全国首个国家生态文明试验区：习近平生态文明思想在省域层面最完整的实践与新时代福建生态文明建设新模式

（一）习近平亲自擘画福建生态省建设战略

世纪之交，福建发展面临转型阵痛，面对新的发展形势和资源环境制约，需要提出一条勇于改革创新的战略思路。2000 年，习近平战略性地提出"生态省"建设思路，开始了福建最为系统、最大规模的环境保护行动。而他对"生态福建"建设的关注，要追溯到 1996 年，他任省委副书记，分管农业农村工作时。当时他提出："保护生态环境，首先需要增强干部群众的生态环境保护意识，先从思想上引导。不能以牺牲生态环境为代价赢得经济的一时发展。"① 2002 年，习近平在福建省政府工作报告中正式提出建设生态省战略目标。同年，福建成为全国首批生态省试点省份。2004 年底，他亲自领导编制的《福建生态省建设总体规划纲要》获得原国家环保总局论证批准，福建成为全国首个开展生态文明建设的省份。《纲要》提出，要用 20 年的时间把福建建设成经济发达、自然资源永续利用、生态环境全面改善、人与自然和谐发展的可持续发展省份。

20 年来，福建历届省委、省政府沿着习近平亲自擘画的宏伟蓝图，一任接着一任干，一年接着一年干，用最严格的制度、最严密的法治为生态文明建设提供保障，引导全社会牢固树立"保护生态环境就是保护生产力、改善生态环境就是发展生产力"的核心理念，生态省建设取得积极成效，打造了"清新福建"品牌。2010 年《福建生态功能区划》正式实施，2011 年福建省政府发布《福建生态省建设"十二五"规划》。2014 年 11 月，习近平在福建考察时指出，要努力建设"机制活、产业优、百姓富、生态美"的新福建。2019 年全国"两会"期间，习近平亲临福建代表团审议并发表重要讲话，提出经济发展与生态保护要互相协调互相促进。这一系列实践和重要讲话的指示批示，充

---

① 《习近平在福建》（下），中共中央党校出版社 2021 年版，第 35 页。

分体现了习近平关心和关注福建生态省建设的发展进程。

（二）生态文明试验区：福建 20 年来坚定不移以习近平生态文明思想统领生态省建设的国家试验

2014 年，国务院印发《关于支持福建省深入实施生态省战略加快生态文明先行示范区建设的若干意见》，福建省成为全国第一个生态文明先行示范区，标志着福建生态省建设上升为国家战略。2016 年 8 月，中共中央办公厅、国务院办公厅印发了《关于设立统一规范的国家生态文明试验区的意见》，福建被定为国家生态文明试验区之一，率先开展生态文明体制改革综合试验。

福建省建设生态文明试验区以习近平生态文明思想为指导，落实以人民为中心的发展思想，通过制度创新和体制机制改革，统筹发挥和运用市场机制和行政手段，统筹生态文明建设和经济社会发展，实现生态环境领域国家治理体系和治理能力现代化，走人与自然和谐共生现代化之路。其主要措施有六点：一是健全国土开发保护制度，开展生态保护红线划定工作。制定出台《福建省级空间规划试点工作实施方案》，特别是福建全省海洋生态红线划定为全国海洋生态文明建设提供了经验借鉴。二是全面推进环境权益交易，在福建全省所有工业排污企业中全面推行排污权交易。探索利用市场化机制推进生态环境保护，加快绿色金融创新发展，构建绿色金融体系，率先对政策性银行、国有大中型银行开展绿色信贷业绩评价，林业金融创新走在全国前列。三是全面建立与地方财力、受益程度、用水总量等因素挂钩，覆盖全省、统一规范的全流域市县横向补偿机制。流域生态补偿金按照水环境质量、森林生态、用水总量控制三类因素分配到流域各市、县，统筹用于流域污染治理和生态保护。四是全面推行和完善河长制。以行政区为单位设立区域河长，由省市县乡四级党委或政府主要领导担任，建立村级河道专管员制度，实行"县聘用、乡管理、村监督"机制。五是建立健全自然资源资产产权制度和生态司法制度。组建全国首个省级国有自然资源资产管理局，探索整合分散的全民所有自然资源资产所有者职责，由一个部门统一行使所有权。六是建立生态文明目标评价考核制度，完善党政领导干部政绩差别化考核的机制，把绿色发展指标和生态文明建设目标列为重点考核内容，使得党政干部的政绩观发生了改变。

结　语

　　福建省生态文明建设的历程，就是传承弘扬习近平在福建工作时的生态文明建设重要理念、重大实践的历程。习近平"善于将马克思主义生态自然观与福建省情况紧密结合起来，在不同时间、不同场合反复强调生态环境对于人类生存与发展的基础性作用"。① 在理论上，习近平生态文明思想在福建的孕育和发展，蕴含了极其丰富且具首创性的思想，是马克思主义生态观与中国省域层面实践相结合的产物；在实践上，福建走出了一条经济发展与生态文明建设相互促进、人与自然和谐共生的绿色发展新路，为全国生态文明建设探索出一批可复制、可推广的典型经验，在推进生态文明治理体系和治理能力现代化上走在了全国前列。习近平在福建工作时的一系列重大创新理念、生动实践和重要讲话精神，与新时代完整完全意义上的习近平生态文明思想一脉相承。从实践中萌发并不断丰富发展的习近平生态文明思想是关于"什么是生态文明，为什么要建设生态文明，怎样建设生态文明"的认识论、方法论和实践论，为建设人与自然和谐共生的现代化，创造人类文明新形态贡献了中国智慧和中国方案，也必将在人类生态文明建设史上作出更大的中国贡献。

（选自《东南学术》2021 年第 6 期）

---

　　① 胡熠、黎元生：《习近平生态文明思想在福建的孕育与实践》，《学习时报》2019 年1 月 9 日。

森林"四库"论：
理论脉络、科学内涵与践行路径

◎罗贤宇　黄登良　王艺筱[*]

习近平总书记历来重视森林保护工作，围绕森林是水库、钱库、粮库、碳库，提出了一系列重要思想、观点、方法，系统形成了森林"四库"论。习近平同志在福建工作期间就十分重视林业的发展，对闽东林业的发展有着深邃的思考。时任宁德地委书记的习近平在《闽东的振兴在于"林"——试谈闽东经济发展的一个战略问题》一文中提出了"森林是水库、钱库、粮库"这一理念。2022年3月，习近平总书记在参加首都义务植树活动时指出："森林是水库、钱库、粮库，现在应该再加上一个'碳库'。"[①] 之后，习近平总书记在海南考察时又强调，热带雨林国家公园是国宝，是水库、粮库、钱库，更是碳库。[②] 从闽东山区到首都城郊，再到祖国南端海南岛，从"三库"到"四库"，森林"四库"论是与时俱进、一脉相承、不断丰富和发展的。这一科学理论蕴含着人与自然、经济发展与生态保护之间和谐共生的深刻哲理，阐明了森林具有显著的生态效益、经济效益和社会效益，展现出对森林多重效益和价值认识的深化，成为习近平生态文明思想的重要组成部分，为新时代林业事业高质量

---

* 作者简介：罗贤宇，法学博士，福建农林大学马克思主义学院副教授；黄登良（通讯作者），福建农林大学马克思主义学院讲师；王艺筱，南京航空航天大学马克思主义学院博士研究生。

① 《全社会都做生态文明建设的实践者推动者　让祖国天更蓝山更绿水更清生态环境更美好》，《人民日报》2022年3月31日。

② 《解放思想开拓创新团结奋斗攻坚克难　加快建设具有世界影响力的中国特色自由贸易港》，《人民日报》2022年4月14日。

发展、建设人与自然和谐共生的现代化提供了根本遵循和行动指南。

一、森林"四库"论的理论脉络

森林"四库"论既植根历史又面向未来，具有深厚的理论渊源和坚实的实践基础，这一科学理论是对马克思、恩格斯森林观的继承和原创性发展，推动中国传统森林文化创造性转化与发展，传承和弘扬历代中国共产党领导人的林业民生理念，体现了习近平总书记宏大战略思维和深邃的历史眼光，是指导新时代林业高质量发展的重要理念，是习近平生态文明思想的重大理论贡献。

（一）对马克思恩格斯森林观的继承和原创性发展

马克思、恩格斯的森林观时至今日依然闪耀着真理的光辉，是马克思主义生态观的重要组成部分。首先，马克思、恩格斯阐释了森林资源的重要价值。马克思在《资本论》中指出"劳动并不是它所生产的使用价值即物质财富的唯一源泉"，[①]"自然界同劳动一样也是使用价值（而物质财富就是由使用价值构成的！）的源泉"。[②] 马克思认为自然界也是使用价值的来源之一，主张人类应该在尊重自然、保护自然的基础上合理开发利用自然资源。森林是自然生态系统中的重要组成部分，因此森林也具有使用价值。马克思指出："造林要成为一种正规化的经济，就比种庄稼需要更大的土地面积，因为面积小，就不能合理地采伐森林，几乎不能利用副产品，森林保护就更加困难，等等。"[③] 马克思不仅认为森林具有经济价值，还指出要采取科学的方法进行生产经营以最大化开发森林的经济效益和生态效益。其次，马克思、恩格斯剖析了森林对于水土保持、涵养水源的重要性。随着人类社会的发展和工业文明的推进，大面积的毁林开荒和抢占森林资源，造成森林锐减，水土流失严重。恩格斯指出："美索不达米亚、希腊、小亚细亚以及其他各地的居民，为了得到耕地，毁灭了森林……因为他们使这些地方失去了森林，也就失去了水分的积聚中心和贮

---

① 《马克思恩格斯选集》第 2 卷，人民出版社 2012 年版，第 103 页。
② 《马克思恩格斯选集》第 3 卷，人民出版社 2012 年版，第 357 页。
③ 《马克思恩格斯文集》第六卷，人民出版社 2009 年版，第 271 页。

藏库。"① "无情地砍伐林木毁坏了土壤水分的贮藏所，雨水和雪水没有来得及渗进地里就很快顺着小溪和大河流走，造成了严重的水灾。"② 马克思、恩格斯以现实的案例详细论证了森林对于水土保持、涵养水源的巨大作用，进而指出森林对人类社会永续发展的极端重要性。马克思、恩格斯的森林观开拓了人与森林关系问题的认识范畴，不仅凸显了森林资源之于人类生产生活的重要地位，也剖析了资本逻辑下森林遭受毁坏，进而造成严重生态问题的现实必然性。习近平总书记在继承马克思、恩格斯上述思想的基础上，结合新中国国土绿化 70 多年的伟大实践，特别是党的十八大以来，习近平总书记身体力行连续 11 年参加首都义务植树活动，围绕植树造林问题提出了一系列重要思想、观点、方法，③ 从森林的经济、社会、生态效益出发，把马克思、恩格斯森林观同中国具体实际相结合，提出了森林"四库"论，是对马克思、恩格斯森林观的继承和原创性发展。

（二）推动中国传统森林文化创造性转化与发展

中华民族 5000 多年的优秀传统文化中蕴含着丰富的森林文化。上古时期，有巢氏"构木为巢"，燧人氏"钻木取火"，神农氏"斫木为耜"，古代人民凭借聪明才智将森林资源为人类利用，创造了辉煌的华夏文明。④ 中华民族关于森林资源开发和利用的历史文化传统是森林"四库"论的文化基因。首先，森林具有保持水土、改善生态环境的功能。孟子指出，"牛山之木尝美矣，以其郊于大国也，斧斤伐之，可以为美乎？是其日夜之所息，雨露之所润，非无萌蘖之生焉，牛羊又从而牧之，是以若彼濯濯也"（《孟子·告子篇》），揭示了森林对保持水土的重要性。西汉的贡禹指出，"斩伐林木，亡有时禁，水旱之灾，未必不由此也"（《汉书·贡禹传》），揭示了水旱灾是由于无节制地砍伐森林而引起的。西晋文学家左思认为"林木为之润黩"（《三都赋·吴都赋》），

---

① 《马克思恩格斯选集》第 3 卷，人民出版社 2012 年版，第 998 页。

② 《马克思恩格斯全集》第 29 卷，人民出版社 2020 年版，第 485 页。

③ 罗贤宇：《习近平关于植树造林重要论述的理论溯源、科学内涵与时代价值》，《福建师范大学学报》（哲学社会科学版）2022 年第 6 期。

④ 李晖、许等平、张煜星：《中国传统森林观浅议》，《北京林业大学学报》（社会科学版）2011 年第 2 期。

指出森林是涵养水源的重要资源。中国古代人民对森林保持水土、涵养水源的功能具有深刻的认识，并意识到破坏森林将引起水土流失，引发天灾，继而提出要保护森林资源的思想观点，这正是习近平总书记关于"森林是水库"重要理念的理论来源。其次，"取之有时，用之有节"是中国传统森林思想的基本观点。这一观点是宋代哲学家朱熹在吸收前人思想认识并对人与自然关系进行深入思考之后总结提出的，构成了中国传统森林思想文化的主要内容。所谓"取之有时"是指要在尊重森林资源的自然生长规律的前提下，按照时令来开发和利用森林资源。周文王提出的"山林非时不升斤斧，以成草木之长"（《逸周书·文传解》），孟子主张的"斧斤以时入山林，材木不可胜用也"（《孟子·梁惠王上》）都是强调对森林"取之有时"的观点。中国古代关于对森林"取之有时，用之有节"观点的根本出发点在于不违背自然规律的前提下，保障人类生产生活资源的充足供给，使百姓有"余食""余用""余材"，这些也是习近平总书记关于"森林是粮库"重要理念的理论资源。最后，把开发森林作为发展经济、改善百姓生计的重要手段。中国古代重视林业商品经济的发展，多鼓励种植经济林、用材林。《汉书·景帝本纪》记载："黄金珠玉，饥不可食，寒不可衣……其令郡国务劝农桑，益种树，可得衣食物。"《管子·立政》指出，"山泽救于火，草木殖成，国之富也"，认为草木繁殖成长，国家就会富足。《史记·货殖列传》中有"安邑千树枣；燕、秦千树栗；蜀、汉、江陵千树橘……此其人皆与千户侯等"的记载，反映出当时枣树、栗树、橘树的种植规模很大，农户收益可观，就相当于"千户侯"。习近平总书记高度重视弘扬中华优秀传统生态文化，曾撰文强调，"中华民族向来尊重自然、热爱自然，绵延5000多年的中华文明孕育着丰富的生态文化"。① 森林"四库"论根植本国、本民族森林文化沃土，深刻阐释了人与森林和谐共生的内在规律和本质要求，并不断吸收现代林业科学知识，赋予中国传统森林文化崭新的时代内涵，推动其进行创造性转化和创新性发展，让古老的森林文化在21世纪的当代中国焕发出新的生机活力，体现了森林"四库"论对中国传统森林文化的创造性转化与发展。

---

① 习近平：《推动我国生态文明建设迈上新台阶》，《求是》2019年第3期。

（三）传承和弘扬历代中国共产党领导人的林业民生理念

中国共产党自成立以来就把青山常在、永续利用作为林业建设方面的重要目标，并始终坚持林业民生理念。毛泽东同志在革命时期就认识到了森林的重要性，他指出"森林的培养，畜产的增殖，也是农业的重要部分"。[①] 1949 年，新中国成立之前"保护森林，并有计划地发展林业"[②] 就被写入《中国人民政治协商会议共同纲领》。1955 年，毛泽东同志提出"在十二年内，基本上消灭荒地荒山……即在一切可能的地方，均要按规格种起树来，实行绿化"。[③] 1956 年，毛泽东同志向全国发出了"绿化祖国"的伟大号召。改革开放后，全国人大常委会于 1979 年 2 月通过的《森林法（试行）》，标志着新中国第一部综合性的林业基本法的出台。邓小平同志对植树造林，改善民生也有许多重要的论述，他指出："要带领群众多种树，改善生产、生活环境"。[④] 1981 年12 月，在邓小平同志的倡导下五届全国人大四次会议审议通过的《关于开展全民义务植树运动的决议》，拉开了持续 40 多年全民义务植树运动的帷幕。江泽民同志高度重视森林对于保护生态环境、造福百姓的重要作用，他指出："植树造林，绿化祖国，改善生态环境，这是利国利民的大事，也是造福千秋万代的事业"，[⑤]"林业与农业生产密切相关，从保持水土，为农业提供良好生态环境角度讲，林业也是农业持续发展的重要基础条件"。[⑥] 胡锦涛同志强调要把林业发展作为生态文明建设的重要内容，指出："开展全民义务植树活动，是应对气候变化、改善生态环境、实现绿色增长的有效途径。"[⑦] 2003 年 6 月

---

① 中共中央文献研究室、国家林业局编：《毛泽东论林业》，中央文献出版社 2003 年版，第 14 页。

② 中共中央文献研究室编：《建国以来重要文献选编》（第一册），中央文献出版社 1992 年版，第 9 页。

③ 中共中央文献研究室、国家林业局编：《毛泽东论林业》，中央文献出版社 2003 年版，第 26 页。

④ 中共中央文献研究室编：《回忆邓小平》，中央文献出版社 1998 年版，第 455 页。

⑤ 杨继平：《林业真是一个大事业》，人民出版社 2011 年版，第 91 页。

⑥ 中共中央文献研究室、国家林业局编：《新时期党和国家领导人论林业与生态建设》，中央文献出版社 2001 年版，第 46—47 页。

⑦ 《为祖国大地披上美丽绿装　为科学发展提供生态保障》，《人民日报》2012 年 4 月 4 日。

出台的《中共中央国务院关于加快林业发展的决定》提出："在贯彻可持续发展战略中，要赋予林业以重要地位；在生态建设中，要赋予林业以首要地位；在西部大开发中，要赋予林业以基础地位。"① 这"三个赋予"明确了林业的重要地位。新时代，以习近平同志为核心的党中央始终关心推动国土绿化事业，并围绕林业民生提出了一系列重要论述，习近平总书记提出的"植树造林是实现天蓝、地绿、水净的重要途径，是最普惠的民生工程"。② "植树既是履行法定义务，也是建设美丽中国、推进生态文明建设、改善民生福祉的具体行动"③ 等理念与历代中国共产党人的林业民生理念一脉相承。习近平总书记传承和弘扬历代中国共产党领导人的林业民生理念，胸怀"良好生态环境是最普惠的民生福祉"的为民情怀，坚定"林业为民"的根本立场，围绕森林的内在价值，创造性地提出森林"四库"论，是林业民生理念的具象化表达，生动形象地阐释了森林的四大功能，体现了中国共产党人对林业民生理念认识的日益深化，并在实践中不断丰富和发展，是习近平生态文明思想在林业领域的理论贡献。

二、森林"四库"论的科学内涵

森林"四库"论不仅具有厚重的理论基础，还具有深刻的科学内涵。"森林是水库"阐明森林涵养水源的生态价值，实现林水和谐共生有助于促进人类文明发展；"森林是钱库"反映森林具有的巨大经济价值，确证了绿水青山就是金山银山理念；"森林是粮库"，彰显维护粮食安全的底线思维；"森林是碳库"要求辩证认识森林的对立统一性，增强森林碳汇功能以解决全球气候变暖问题。从系统上看，森林"四库"之间紧密相连、互相交叉融合，共同构成统一的森林生态系统。

---

① 《中共中央　国务院关于加快林业发展的决定》，人民出版社 2003 年版，第 3—4 页。

② 《坚持全国动员全民动手植树造林　把建设美丽中国化为人民自觉行动》，《人民日报》2015 年 4 月 4 日。

③ 《像对待生命一样对待生态环境　让祖国大地不断绿起来美起来》，《人民日报》2018 年 4 月 3 日。

（一）森林是水库：以林水和谐共生促进人类文明发展

"山上栽满树，等于修水库"，这是我国民间对森林涵养水源功能的最形象概括。一方面，"森林是水库"说明森林能够起到有效截留降水、涵养水源、净化水质的功能，对于改善区域水文条件，提高生态环境质量具有重要作用。另一方面，"森林是水库"也蕴含深刻的系统思维。习近平总书记指出"山水林田湖是一个生命共同体"，[①] 强调自然界是一个统一的整体，要用系统的思维方法来认识森林与水的关系。森林能够涵养水源、调节径流、维持区域生态系统的稳定，丰富的水资源亦可以滋养森林、促进森林的发展，森林与水在同一个生态系统内互相作用、相互依赖、共荣共生。习近平总书记指出"林草兴则生态兴"，[②] "生态兴则文明兴"。[③] 从文明发展的视角来看，森林与水的和谐共生是促进人类文明发展的重要基石。四大文明古国均发源于森林茂密、水量丰沛的地区。由于人类毁林开荒、乱砍滥伐，致使古代埃及、古代巴比伦等地区水土大量流失与生态环境衰退，最终导致文明的陨落，充分说明了失去森林资源就会失去水资源，最终将导致文明的衰退。"森林是水库"所蕴含的林水和谐共生理念为人民群众开展水土流失治理提供了科学的理论指导。福建省长汀县曾经是水土流失的重灾区，据1985年遥感普查，长汀县水土流失面积达146.2万亩，占该县国土面积的31.5%，成为中国四大水土流失严重地之一，"山光、水浊、田瘦、人穷"写尽了当时长汀的困境。[④] 1999年11月，时任福建省委副书记、代省长的习近平来到长汀县河田镇考察并明确表示："长汀水土流失是'癞痢头'、是顽症，久治不愈。"[⑤] 在福建工作期间，习近平同志先后5次赴长汀调研，持续推动水土流失治理。经过几代长汀人坚持不懈地植树

---

① 中共中央文献研究室编：《习近平关于社会主义生态文明建设论述摘编》，中央文献出版社2017年版，第47页。

② 《全社会都做生态文明建设的实践者推动者 让祖国天更蓝山更绿水更清生态环境更美好》，《人民日报》2022年3月31日。

③ 中共中央文献研究室编：《习近平关于社会主义生态文明建设论述摘编》，中央文献出版社2017年版，第6页。

④ 本书编写组：《闽山闽水物华新：习近平福建足迹》，福建人民出版社、人民出版社2022年版，第616页。

⑤ 中央党校采访实录编辑室：《习近平在福建》（下），中共中央党校出版社2021年版，第149页。

造林，绿化荒山，至 2021 年长汀累计综合治理水土流失和生态修复面积 146.8 万亩，森林覆盖率提高到 80.31%，森林蓄积量提高到 1915.4 万立方米，水土流失率降到 6.78%。[①] 长汀通过植树造林等系列措施根治了水土流失问题，还大地山青水绿，充分证明了"森林是水库"论断的科学性。

（二）森林是钱库：确证"绿水青山就是金山银山"理念

"森林是钱库"，是"绿水青山就是金山银山"理念的具象表达，理解"森林是钱库"的深刻内涵，要准确把握"绿水青山就是金山银山"的内在逻辑。"绿水青山"是指自然要素的客观存在，具有稳定支撑社会经济发展的自然价值，"金山银山"则是促进经济社会发展所不可或缺的物质财富。可见，"绿水青山"与"金山银山"抽象统一于物的有用性——使用价值，即两者都能满足人们必不可少的生存、生活与生产的需要。[②] 森林是"绿水青山"最具代表性的因子，某种意义上就是"绿水青山"本身，蕴含着巨大的自然价值。"森林是钱库"直观表明了森林具有的自然价值能够源源不断转化为经济价值，确证了"绿水青山就是金山银山"理念。一方面，森林蕴含着丰富的物质财富。2021 年发布的《3060 零碳生物质能发展潜力蓝皮书》指出，中国目前主要的生物质资源年产量约为 34.94 亿吨。[③] 科学合理开发森林生物质能源具有显著的经济效益，对于拓宽能源供给渠道，维护能源安全具有重要意义。另一方面，森林潜藏巨大的生态产品和生态服务价值，能够持续不断转化为经济价值。据统计，全国平均每亩森林年涵养水源量 192.34 吨、年吸收大气污染物量 12.1 千克、年释氧量 315 千克，森林生态系统提供的生态服务总价值约为 15.88 万亿元。[④] 森林旅游、森林康养、森林文化等新业态的兴起和发展推动森林生态服务价值的转化，带动大量人员就业增收，推动森林生态产品价值实

[①] 陈晨、杨雪丹、高建进等：《长汀，常青！——福建长汀水土流失综合治理纪实》，《光明日报》2021 年 12 月 10 日。

[②] 黄登良、罗贤宇、陈杰：《基于"两山"转化逻辑的森林生态产品价值实现模式》，《林业经济问题》2022 年第 5 期。

[③] 中国产业发展促进会生物质能产业分会等编写：《3060 零碳生物质能发展潜力蓝皮书》，2021 年，第 8 页。见网站：https://huanbao.bjx.com.cn/news/20210915/1177039.shtml。

[④] 蒋剑春：《森林"四库"系列解读：森林是钱库》，《中国绿色时报》2022 年 4 月 20 日。

现。森林蕴含的巨大的经济价值，是推进森林生态产品价值实现成为践行"森林是钱库"生态理念的关键。福建省顺昌县森林资源丰富，依托国有林场为主体成立"森林生态银行"，鼓励林农通过"入股、托管、租赁、赎买"等方式将森林资源经营权和使用权集中流转到"森林生态银行"，继而引入专业运营商对森林资源进行整合优化和规模经营。截至 2021 年底，顺昌县"森林生态银行"共纳入山林 8.15 万亩，惠及全县林农 2510 户，促进林农增收 5.94 亿元。[①] 实践证明，顺昌县已经形成一条以森林资源产权流转为主的生态产品价值实现路径，发挥了"森林是钱库"的作用，推动森林生态资源的价值实现和增值。

（三）森林是粮库：彰显维护国家粮食安全的底线思维

党的十八大以来，习近平总书记多次强调，要善于运用"底线思维"的方法，凡事从坏处准备，努力争取最好的结果，这样才能有备无患、遇事不慌，牢牢把握主动权。[②] "森林是粮库"在强调森林拥有丰富食物资源，有助于满足人类对食物多样化需求的同时，也彰显了习近平总书记对维护国家粮食安全的强烈底线思维。他高度重视我国粮食安全问题，强调"保障国家粮食安全是实现经济发展、社会稳定、国家安全的重要基础"。[③] 首先，"森林是粮库"说明森林能够丰富人类的食物来源，进一步拓展传统的粮食边界，有助于"构建多元化食物供给体系"，[④] 满足人类对食物多样化、高品质的需求。其次，森林具有保障农业稳产增收的功能侧面验证"森林是粮库"。森林具有防风固沙、保护农田免受风沙侵袭的作用，还能够保护当地生态环境，调节小气候，改善农业生产条件，促进农业高质量发展，是守住我国粮食安全底线基础。发挥

---

① 颜珂、刘晓宇：《福建省顺昌县探索森林生态银行——绿了山林，富了口袋》，《人民日报》2022 年 3 月 1 日。

② 中共中央宣传部：《习近平总书记系列重要讲话读本》，学习出版社、人民出版社2014 年版，第 180—181 页。

③ 中共中央党史和文献研究室编：《习近平关于"三农"工作论述摘编》，中央文献出版社 2019 年版，第 73 页。

④ 习近平：《高举中国特色社会主义伟大旗帜　为全面建设社会主义现代化国家而团结奋斗——在中国共产党第二十次全国代表大会上的报告》，人民出版社 2022 年版，第31 页。

"森林是粮库"的作用，关键在于对森林食物的永续利用。一方面，森林具有良好的自我更新机制，在无外界干预的前提下，森林能够源源不断地生产出满足人类需要的食物。另一方面，强化森林食品科技支撑，依托先进的科技和设备，全方位、多途径地开发森林食物品种，能够保证森林食物的永续利用。根据国家林业和草原局统计年鉴数据，2020 年中国森林食品的产量增至 1.94 亿吨，需求量达到 1.91 亿吨。森林食品得到越来越多消费者青睐，森林食品市场规模逐年稳步增长，努力做大做强做优森林食物产业，推进森林食物的永续利用，有助于进一步保障国家粮食安全，把饭碗牢牢端在自己手中。

（四）森林是碳库：厘清森林碳功能的对立统一关系

"森林是碳库"是习近平总书记在"森林是水库、钱库、粮库"基础上提出来的最新科学论断，充分体现了森林"四库"论与时俱进的时代特征。森林不仅具有显著的碳汇（碳固定）功能，同时也是一个庞大的碳源（碳排放）。森林通过光合作用吸收二氧化碳从而固碳，也要进行呼吸作用消耗一部分生物质并释放一定量的二氧化碳。但森林是陆地生态系统的主体，也是陆地上最大的碳储库，其碳汇的作用更突出，在森林生长过程中，光合作用总是强于呼吸作用，从而使其生物质的量不断增大。2020 年联合国粮农组织《全球森林资源评估报告》指出，全球森林总碳储量达到 6620 亿吨。[1] 因此，要从马克思主义唯物辩证法角度准确理解"森林是碳库"这一重要论断，既要认识到森林是由相互对立、互相影响的碳源与碳汇组成的矛盾体，也要认识到森林碳源和碳汇双方具有内在统一性，两者对维持地球生态系统的稳定都扮演着重要的角色。在全球气候变暖背景下，森林碳汇是矛盾的主要方面，要通过植树造林、修复森林生态等方式不断增强森林碳汇功能，有效应对全球气候变暖。习近平总书记提出"森林是碳库"主要是基于森林具有显著的碳汇功能。2021 年，我国完成森林抚育 3467 万亩，退化林修复 1400 万亩，完成造林 5400 万亩，森林碳汇功能不断增强，[2] 有助于我国"双碳"目标顺利实现。此外，森林碳汇的生态效益能够转化为显著的经济效益。例如，福建省三明市率先开发"林

---

① 董玮：《为什么说森林是"碳库"？》，《学习时报》2022 年 6 月 6 日。

② 《生态环境部发布〈中国应对气候变化的政策与行动 2022 年度报告〉》，https://www.mee.gov.cn/ywdt/xwfb/202210/t20221027_998171.shtml。

业碳票",旨在破解生态产品价值实现中难度量、难抵押、难交易、难变现的"四难"问题,促进碳汇生态产品价值实现,实现森林资源变资产。"林业碳票"是指三明市内权属清晰的林地、林木,依据以林木生长量增量为测算基础的碳减排量计量方法,以"票"的形式发给林木所有权人,从而把空气变成具有收益权的凭证。2021 年 5 月 18 日,三明市常口村村民领取了编号为"0000001"的全国第一张林业碳票,该村也成为中国"碳票"第一村。2022 年 10 月,常口村村民收到了林业碳票分红 14 万元,实现"碳票"变"钞票"。[①] 三明市坚持绿色发展理念,创新"碳票"制度,推动森林生态保护、经济社会发展、民生福祉改善协同发展,充分验证了"森林是碳库"的巨大价值。

(五)森林"四库"之间的辩证关系

森林是多元功能价值的集合体,"水、钱、粮、碳"分别阐释的是森林的四大功能,"库"意味着充沛、丰盈,蕴含着储存容量大。"森林是水库、钱库、粮库、碳库",生动形象地阐明了森林在生态安全、水资源安全、粮食安全、气候安全在国家安全中的基础性和战略性地位与作用。我国作为具有世界影响力的林业大国和全球"增绿"主力军,要充分发挥森林水库、钱库、粮库、碳库的作用,统筹协调"四库"之间的关系,系统推进林业高质量发展,充分发挥森林的"三大效益"。水库和碳库是森林的基础性功能,更多体现的是森林的生态效益。发挥森林水库和碳库的作用对于保障森林生态系统稳定,改善生态环境、涵养水源、保持水土、增加大气环流、吸收二氧化碳、应对全球气候变暖等具有不可替代的作用。因此,决不能为了追求经济的短期高速发展,而无节制地毁林开荒、占用林地,过度开发森林资源,破坏森林生态环境,必须严守生态保护红线。钱库和粮库是森林的拓展性功能,体现的是森林的经济效益,合理利用森林资源能够满足人类对物质利益的需求。充分开发森林钱库和粮库的作用,对于改善人类的生活品质,从更高层次满足人民对美好生活的需要,推动全体人民实现共同富裕具有现实意义。要辩证地看待发展和保护的关系,牢固树立"绿水青山就是金山银山"理念,树立绿色 GDP 观念,

---

① 郑春锡、谢裕红:《全国第一张林业碳票首次分红》,《中国绿色时报》2022 年 10 月 13 日。

探索绿色 GDP 核算，通过科学合理开发森林资源，因地制宜发展特色森林生态产业和森林食品产业，站在"大食物观"高度积极开发多元化森林食物，创造更多森林生态系统的绿色 GDP。总之，森林"四库"是一个相互联系、相互促进、辩证统一的整体，既要看到水库和碳库所蕴含的生态效益，也不能忽视钱库和粮库所拥有的经济效益，深刻把握森林"四库"之间的辩证关系，将森林"四库"论作为统筹山水林田湖草沙系统治理和协调人与自然关系的科学指南与根本遵循，系统推进社会主义生态文明建设。

三、森林"四库"论的践行路径

习近平总书记指出："林业建设是事关经济社会可持续发展的根本性问题。"[①] 林业高质量发展对建设美丽中国、如期实现"双碳"目标具有重要意义。新发展阶段，必须坚持以森林"四库"论为指导，构筑国家森林"水库"，实现林水和谐共生，实现"森林是水库"的功能；完善森林生态产品价值实现机制，推动"两山"有效转化，重视"森林是钱库"的价值；牢固树立"大食物观"，科学开发森林食物，构建多元化森林食物供给体系，挖掘"森林是粮库"的潜力；推动森林资源"扩、增、固"，巩固提升森林碳汇能力，助力"双碳"愿景的实现，发挥"森林是碳库"的作用。

（一）构筑国家森林"水库"，实现林水和谐共生

习近平总书记指出："水已经成为了我国严重短缺的产品，成了制约环境质量的主要因素，成了经济社会发展面临的严重安全问题。"[②] 其指明了水安全是关乎我国经济社会可持续发展的重要方面。因此，要持续加强森林生态建设，充分发挥森林涵养水源、净化水质、防治水土流失的作用，构筑国家森林水库，维护国家水安全，推动林水和谐共生，形成"林因水而生，水因林成景"和谐共生的新格局。一方面，提高森林整体战略地位，将其纳入国家水安全战略考量。将森林生态建设作为维护国家水安全的重要战略举措，加快重要

[①] 习近平：《论坚持人与自然和谐共生》，中央文献出版社 2022 年版，第 70 页。

[②] 中共中央文献研究室编：《习近平关于社会主义生态文明建设论述摘编》，中央文献出版社 2017 年版，第 53 页。

生态保护区、水源涵养区、江河源头区等重点区域森林的保护与修复，加大水源地基础设施建设和水源林保护，将恢复水源涵养功能纳入森林经营重点领域，着力提升森林涵养水源能力，为推进我国生态文明建设和实现美丽中国的目标奠定基础。另一方面，坚持系统思维，推动实现林水互补。"山水林田湖是一个生命共同体"，生态系统是一个各要素紧密联系、相互制约的有机整体，对任何一个要素的治理都必须兼顾与其他要素之间的关系。因此，要从系统的角度辩证看待森林保护与水安全之间的关系，牢固树立"一盘棋"思维，加强各省市之间、各地区之间、林业和水利等各部门之间、政府各层级之间的协同合作和同向发力，协同推进林长制与河湖长制的有效融合，把巡林与巡河、巡湖相结合，用数字化赋能全域监管，实现信息共享共治，保障森林生态和水安全。因地制宜地开展造林绿化空间规划，对全国江、河、湖、库等重要水源地周边的土地进行统筹规划，在水系两侧科学种植水土保持林和水源涵养林，大力建设绿色化基础设施，在"江河湖库"中打造森林生态空间，构筑国家森林"水库"，统筹森林生态保护、水资源开发利用与经济社会发展之间的关系，提高森林蓄水效能，推动实现林水互补，循环发展。[①]

（二）打通"两山"转化路径，推动森林生态产品价值实现

习近平总书记在党的二十大报告中提出要"建立生态产品价值实现机制"。[②] 我国林业产业潜力巨大，2022 年全国林业产业总产值达 8.04 万亿，林产品进出口贸易额 1883 亿美元。[③] 因此，推进森林生态产品价值实现是践行"两山"理念，实现"森林是钱库"的重要路径。要加快林业现代化建设，建立健全森林生态产品价值实现的多元机制，发挥其在"两山"转化中的润滑剂作用，让生态资源转化为"富民资本"，千方百计增进人与自然和谐共生的生态福祉。首先，健全森林生态产业发展机制。结合森林生态产品的特征，因地制宜培育高质量的现代森林生态产业体系，推动林业三产融合发展，提高产业

---

① 薛永基、林震：《打造"四库"统筹林业高质量发展》，《光明日报》2022 年 7 月 21 日。

② 习近平：《高举中国特色社会主义伟大旗帜 为全面建设社会主义现代化国家而团结奋斗——在中国共产党第二十次全国代表大会上的报告》，第 51 页。

③ 刘倩玮：《全国林业和草原工作视频会议召开》，《中国绿色时报》2023 年 1 月 16 日。

规模化、数字化水平，深入挖掘各地森林生态文化特色，大力发展森林康养和森林人家等新业态，打造森林生态标志产品品牌，全方位推动森林生态产业提质增效。[①] 其次，完善森林生态产品市场化交易机制。建立全国统一的森林资源资产登记平台和森林生态产品权属交易平台，形成一套规范的交易机制和规则，鼓励各类市场主体到统一的交易平台参与森林生态产品交易。同时，守正创新构建森林生态产品交易的制度体系，提升市场监管效能，保障森林生态产品交易活动健康有序开展。最后，建立社会资本有序介入机制。鼓励社会资本采取自主投资、政企合作、公益参与等模式参与森林生态产品价值实现，以赎买、合股等形式丰富森林生态产品市场主体的融资渠道，采取多元方式探索林业碳票金融属性，创造性开发多样化的森林生态产品金融产品，探索相应的融资担保服务，不断推动森林生态产品效益最大化。

（三）牢固树立"大食物观"，构建多元化森林食物供给体系

随着我国社会主要矛盾的变化，在满足人民"吃得饱"的基础上，充分利用森林食物丰富的营养价值满足人民对食物"吃得好"的需要，逐步改善国民的食物结构、实现合理膳食成为未来发展方向。习近平总书记在党的二十大报告中指出，要"树立大食物观，发展设施农业，构建多元化食物供给体系"。[②] 因此，要夯实人与自然和谐共生的生态之本，合理开发利用森林资源，正如习近平总书记强调的，"要向森林要食物，发展木本粮油、森林食品"。[③] 首先，提高优质森林食品的供给能力。大力发展油茶、竹子等绿色富民产业，积极培育森林食品生态化生产的绿色供应链，促进培育、生产、加工、物流全过程的技术创新和应用推广，不断提高森林食品品质。同时，根据地理环境和气候条件的特点，因地制宜合理种植适合当地的森林食品品种，鼓励社会资本有序介入森林食品产业，推动实现森林食品产业化、规模化、多元化发展，不断提升高质量森林食品的产量。其次，建立健全森林食品安全生产体系。建立严格的

---

① 黄登良、罗贤宇、陈杰：《基于"两山"转化逻辑的森林生态产品价值实现模式》，《林业经济问题》2022 年第 5 期。

② 习近平：《高举中国特色社会主义伟大旗帜 为全面建设社会主义现代化国家而团结奋斗——在中国共产党第二十次全国代表大会上的报告》，第 31 页。

③ 习近平：《论"三农"工作》，中央文献出版社 2022 年版，第 333 页。

森林食品质量安全相关法律法规，完善森林食品溯源标准化体系建设，全面加强森林食品生产、加工、运输、销售的全过程监督，确保森林食品安全可靠，有效维护消费者权益。最后，积极培育森林食品市场。加强森林食品的宣传推广，打破消费者对森林食品安全和营养等方面的质疑，提高市场对森林食品的认可度和接受度。运用大数据、云计算等方法评估森林食品市场容量，精准掌握消费者市场需求，推动实现森林食品的多元化和高质量供给。借助直播带货等新兴模式拓展森林食品销售渠道，打造线上线下相结合的森林食品销售平台，推进巩固生态脱贫成果同乡村振兴有效衔接。

（四）巩固提升森林碳汇能力，助力"双碳"愿景的实现

森林资源是陆地上最重要的贮碳库，在维持生态平衡、改善区域环境以及实现"双碳"目标中具有不可替代的作用。因此，要站在人与自然和谐共生的高度谋划和推进林业工作，充分利用森林固碳增汇的作用，发挥林业碳汇优势，推动我国如期实现"双碳"目标。首先，科学开展国土绿化，提升碳汇增量。从服务国家重大区域战略出发，科学布局大规模国土绿化项目，合理安排绿化用地，全面开展义务植树造林活动，有序推进森林城市建设和乡村绿化美化，多途径推动增绿增汇，力争到2050年中国森林覆盖率达到并稳定在26％以上。其次，精准提升森林质量，增强碳汇能力。习近平总书记在党的二十大报告中强调要"提升生态系统碳汇能力"。[①] 因此要通过实施森林质量精准提升工程，科学编制森林经营方案，规范开展森林经营活动，加强对系统功能退化的低质低效林改造，科学抚育中幼林，优化林分结构，优选固碳效率高的树种用于造林，提升森林"碳库"质量，增强森林固碳增汇水平，努力实现到2060年中国森林平均每公顷蓄积量达到或超过世界平均水平的目标。最后，巩固森林固碳能力，保护现有碳储存。严守生态保护红线，加强国土空间用途管控，构建以国家公园为主体的自然保护地体系，稳妥推进自然保护地整合优化，有效保护森林生态系统的原真性、完整性、生物多样性，大力发展林业生物质能源和木竹替代，实现生物减排固碳。开展森林经营等生态工程建设，大力推进森林可持续经营，通过科学培育优化固碳品种，发挥森林固碳作用。同

---

① 习近平：《高举中国特色社会主义伟大旗帜　为全面建设社会主义现代化国家而团结奋斗——在中国共产党第二十次全国代表大会上的报告》，第52页。

时，还要充分发挥林长制引领作用，强化对森林资源保护监管和督导问责，健全森林防灭火一体化运行机制，减少因火灾和病虫害等引起森林资源损失而造成碳排放，杜绝因违法毁林和土地破坏等行为导致的碳排放，巩固森林现有固碳能力。

总而言之，为成功实现"双碳"目标，要以森林"四库"论为科学指引，将推动林业高质量发展作为抓手，提高林业资源总量，提升生态系统质量，建立森林碳汇多元化投入机制，有效发挥森林生态系统固碳作用，持续巩固提升森林碳汇能力。

结　语

习近平总书记把森林形象地比喻为"水库、钱库、粮库、碳库"，将森林的多元功能和多重价值的辩证统一关系生动地表达出来，不仅通俗易懂而且充满哲学意蕴，为新时期林业高质量发展提供了理论指导。"森林是水库"阐明森林涵养水源的生态价值，推动林水和谐共生促进人类文明发展；"森林是钱库"反映森林具有的巨大经济价值，确证了绿水青山就是金山银山理念；"森林是粮库"彰显维护粮食安全的底线思维；"森林是碳库"要求辩证认识森林的对立统一性，增强森林碳汇功能以解决全球气候变暖问题。从整体上看，森林"四库"之间紧密相连、融合发展，共同构成统一的森林生态系统。总而言之，森林"四库"论深深根植于中国优秀传统森林文化，又继承和发展了中国共产党历代领导人的林业民生理念，是马克思主义理论与当代中国森林发展实践相结合的时代产物，是习近平生态文明思想在林业领域的原创性贡献，是新时期推动林业高质量发展的科学世界观和方法论，对建设人与自然和谐共生的现代化具有重要理论指导意义。

党的二十大报告将建设人与自然和谐共生的中国式现代化确立为新时代新征程中国共产党的使命任务之一，并提出要建立生态产品价值实现机制。[①] 森林是我国重要的生态产品，森林高质量发展是中国式现代化建设的题中之义，这就决定了森林"四库"论研究不应仅是经济学的研究范畴，而是一项涉及马

---

① 习近平：《高举中国特色社会主义伟大旗帜　为全面建设社会主义现代化国家而团结奋斗——在中国共产党第二十次全国代表大会上的报告》，第23、51页。

克思主义、经济学、管理学、政治学、林学、法学等多学科交叉研究的系统工程，还要在森林这一重要生态产品的价值视域下，通过顶层设计、多元主体与协同机制，深入挖掘森林的经济效益、生态效益和社会效益，以森林生态产品价值实现促进共同富裕，最终实现建成美丽中国的宏伟目标。

（选自《东南学术》2023 年第 4 期）

"绿水青山就是金山银山"
理念的深刻内涵和价值观基础
——基于中西生态哲学视野

◎徐朝旭　裴士军[*]

党的十九大报告明确提出要树立和践行"绿水青山就是金山银山"的理念，2018年全国环境保护大会又将它作为生态文明建设的六大基本原则之一。对于"绿水青山就是金山银山"理念的内涵，学者多有论述，普遍认为它代表了绿色发展理念。无疑这是"绿水青山就是金山银山"理念的主要内容，但仅此一点无法涵盖这一理念的丰富内涵。自2005年提出"绿水青山就是金山银山"理念之后，习近平总书记在不同时期不同场合以"绿水青山"为话题阐述生态文明思想，将这些话语联系起来研究，对于全面、深刻地理解"绿水青山就是金山银山"理念的内涵意义重大。此外，"绿水青山就是金山银山"理念是一个具有中国话语色彩的理论观点，要全面、深刻理解这一理念的丰富内涵，还必须进一步追问"绿水青山"的文化内涵和哲学意味是什么。

一、"绿水青山就是金山银山"理念的生态整体观

"绿水青山就是金山银山"理念蕴涵了习近平的生态整体观。"绿水青山"不能仅仅理解为一座青山、一条清澈的河流，它代表的是自然生态系统的和谐、稳定和美丽。山川河流是人类最早接触到的自然现象，人类的产生与发展都与山川河流有着千丝万缕的联系。《管子》云："水是也。万物莫不以生……

---

　　* 作者简介：徐朝旭，哲学博士，厦门大学哲学系教授、博士生导师；裴士军，厦门大学哲学系博士研究生。

水者何也？万物之本源，诸生之宗室也。"① 山川河流还是人类最早认识自然生态系统整体性的基本的参照系。山川河流分别为自然界陆地和水上相对独立的自然生态系统。人类在与山川河流的朝夕相处中滋生生态情怀，形成对自然生态系统整体性的认识。对此，汉代刘向曾有一段形象的描述："夫仁者何以乐山也？曰：夫山巃嵸礨嶵，万民之所观仰，草木生焉，众物立焉，飞禽萃焉，走兽休焉，宝藏殖焉，奇夫息焉，育群物而不倦焉，四方并取而不限焉，出云风通气于天地之间，国家以成，是仁者所以乐山也。"② 不仅儒家"乐水乐山"的生态情怀源自"绿水青山"，而且儒家生态智慧也与"绿水青山"有着渊源关系，这一点可以从孟子的"牛山之忧"得到充分的体现。《孟子》载："牛山之木尝美矣，以其郊于大国也，斧斤伐之，可以为美乎？是其日夜之所息，雨露之所润，非无萌蘖之生焉，牛羊又从而牧之，是以若彼濯濯也。人见其濯濯也，以为未尝有材焉，此岂山之性也哉？"③ 孟子说的是先秦时期齐国国都临淄郊外的牛山，原来林木葱郁秀美，却因位于国都郊外，被人们任意砍伐、放牧，结果变成光秃秃的山包。这个牛山悲剧体现了古人的生态忧患意识。孟子从中引申出一条具有生态智慧的道理："苟得其养，无物不长，苟失其养，无物不消。"④ 孟子以"养"的范畴来导引人们的活动，告诫人们对自然资源的获取和利用不能违背自然生态系统生生不息的本性。显然儒家这种生态思维方式与利奥波德倡导的"像山一样思考"是相通的。习近平对"绿水青山"的思考与中国传统生态思想具有文化渊源的关系，"绿水青山就是金山银山"理念汲取了中西生态哲学的整体论的思想。我们将习近平在不同场合关于"绿水青山"的话语勾连起来，不难看出其中贯穿着习近平生态整体观的思想。习近平说："如果破坏了山、砍光了林，也就破坏了水，山就变成了秃山，水就变成了洪水，泥沙俱下，地就变成了没有养分的不毛之地，水土流失、沟壑纵横。"⑤ 习近平指出"山水林田湖是生命共同体"，人类只是生命共同体中的

---

① 《管子校注》，黎翔凤校注，中华书局 2004 年版，第 831 页。
② 《说苑全译》，王瑛、王天海译注，贵州人民出版社 1992 年版，第 749—750 页。
③ 《孟子》，万丽华、蓝旭译注，中华书局 2006 年版，第 249 页。
④ 《孟子》，万丽华、蓝旭译注，中华书局 2006 年版，第 250 页。
⑤ 《为了中华民族永续发展——习近平总书记关心生态文明建设纪实》，《人民日报》2015 年 3 月 10 日。

一个部分，人类的生存与发展依赖于生命共同体的完整性。他说："人的命脉在田，田的命脉在水，水的命脉在山，山的命脉在土，土的命脉在树。"① 自然界是一个有机的系统，在这个有机系统中，生态链环环相扣，自然物作为人类资源的意涵应当从环环相扣的价值链条来理解，人类只能从自然生态系统的和谐、稳定和美丽中求得自身的生存与发展。

"山水林田湖是生命共同体"的观点是习近平共同体理念体系的一个组成部分，习近平还提出了"人类命运共同体"和"中华民族命运共同体"的观点，三种命运共同体的构想相互关联，构成了习近平的共同体理念体系。习近平的共同体理念体系是对中西生态思想的继承和发展。在西方环境伦理思想史中，利奥波德曾经提出生命共同体的命题，他将人类视为生命共同体中的一个成员，提出了大地伦理学的核心观点："一件事情，当它有助于保护生命共同体的完整、稳定和美丽时，它就是正确的；反之，它就是错误的。"② 利奥波德将维护"生命共同体"的完整、稳定和美丽作为基本的道德原则。习近平也从"生命共同体"的视角阐述人的道德责任，他指出："要像保护眼睛一样保护生态环境，像对待生命一样对待生态环境。"③ 同时，习近平还将"生命共同体"提升到经济发展的战略高度来认识，强调在处理经济发展与资源、环境的关系上，一定要秉持"生命共同体"的理念，"算大账、算长远账、算整体账、算综合账"。④ 罗马俱乐部成员针对全球存在的不公正、人口过剩和饥饿、能源和资源的短缺与凋敝，提出要建立"世界共同体"⑤"全球共同体"。⑥ 习近平将生态思想家的"共同体"思想进一步具体化，他在马克思主义"共同体"思想的指导下，继承了中国传统文化中"和"的文化，借鉴了西方"世界共同体"的思想，针对环境困境等全球问题，提出了"人类命运共同体"的构

---

① 《习近平谈治国理政》，外文出版社 2014 年版，第 85 页。

② 奥尔多·利奥波德：《沙乡年鉴》，侯文蕙译，商务印书馆 2017 年版，第 258 页。

③ 《习近平谈治国理政》第二卷，外文出版社 2017 年版，第 395 页。

④ 中共中央文献研究室编：《习近平关于社会主义生态文明建设论述摘编》，中央文献出版社 2017 年版，第 8 页。

⑤ 梅萨罗维克、佩斯特尔：《人类处于转折点——给罗马俱乐部的第二个报告》，梅艳译，生活·读书·新知三联书店 1987 年版，第 196 页。

⑥ 奥雷利奥·佩西：《人类的素质》，薛荣久译，中国展望出版社 1988 年版，第 223—224 页。

想，并从"伙伴关系、安全格局、经济发展、文明交流、生态建设"五个方面全面阐述"构建人类命运共同体"的主要内容，从而丰富了人类基于应对环境困境而形成的"共同体"思想。三种共同体观点的相继提出，标志着习近平共同体理念体系已然成形，体现了党中央在领导人民实现中华民族伟大复兴过程中的战略大格局，及其应对环境困境问题上的宽广视野。构建三个命运共同体，坚持种际层面（人与其他生命物种）共生、国际层面的共赢、国内层面各民族和全体人民的共享，实现人类两种基本关系即人与人、人与自然的和谐相处，是解决环境困境等全球问题的客观要求。

二、"绿水青山就是金山银山"理念的绿色发展观

发展观与幸福观、自然观具有内在联系。发展是实现国民幸福的方式，人对幸福的理解决定了他追求幸福的方式；同时，人类发展离不开对自然资源的获取和利用，而对自然资源的获取和利用的方式又与人是如何看待自然以及人与自然的关系有关。工业社会主流的幸福观将物质的占有和消费作为幸福的标志，与此相联系，人们将国民幸福的实现途径归结为 GDP 的增长。这种发展观是建立在将自然看成是人类征服、改造的对象，认定自然是供人类驱使的取之不尽、用之不竭的资源库的自然观基础上。在这种发展观驱动下，各个国家以 GDP 的增长作为政府工作的核心目标和衡量执政水平的根本标准。事实证明唯 GDP 论的发展模式在使经济高速增长的同时，也带来了生活资料的高度消费和资源的高度消耗，从而造成了人的需求的无限增长与自然资源的日益短缺之间的尖锐矛盾。

在人类生态困境的背景下，人们开始反思环境保护与人的发展的关系。有一种环境伦理学流派认为人类自身的永续生存与发展应当成为环境保护的道德维度，而另一种环境伦理学流派则认为环境保护的道德理由是基于人以外的自然物自身的内在价值，从终极依据的视角看，自然界所拥有的受到尊重和不受侵犯的权利与人类社会的生存与发展无关，而是取决于它本身的内在价值。与环境伦理学家关注环境保护的形而上问题不同，罗马俱乐部更关注现实的环境保护与发展问题。自从罗马俱乐部《增长的极限》报告出炉后，罗马俱乐部对于发展模式的探讨由零增长向有机增长，再到发展的转变。尽管三种发展模式

内涵有所不同，但是力图解决人类发展与地球资源有限性的矛盾是贯穿其中的线索。《增长的极限》问世几十年来，摒弃只考虑数量增加的"无变异增长"模式已经日益成为人们的道德共识。

"绿水青山就是金山银山"理念体现了以习近平同志为核心的党中央在人类发展进程的转折关头，决心带领全国人民走出一条绿色的发展道路。如习近平所言："推动形成绿色发展方式和生活方式，是发展观的一场深刻革命。"① 习近平将资源的开发和利用提高到道德的高度来认识，指出绿水青山的保护是公正伦理的要求，关系民生的福祉。2013 年 4 月，习近平在海南考察时指出："良好生态环境是最公平的公共产品，是最普惠的民生福祉。青山绿水、碧海蓝天是建设国际旅游岛的最大本钱，必须倍加珍爱、精心呵护。"② 在 2014 年 12 月 25 日中央政治局常委会会议上，习近平又指出："森林是陆地生态的主体，是国家、民族最大的生存资本，是人类生存的根基，关系生存安全、淡水安全、国土安全、物种安全、气候安全和国家外交大局。必须从中华民族历史发展的高度来看待这个问题，为子孙后代留下美丽家园，让历史的春秋之笔为当代中国人留下正能量的记录。"③ 对于绿水青山的保护不仅是当代人对中华民族的责任和义务，也是对人类乃至地球生命共同体的责任和义务。2017 年 1 月 18 日，习近平在联合国日内瓦总部发表演讲时呼吁构建人类命运共同体："人与自然共生共存，伤害自然最终将伤及人类。空气、水、土壤、蓝天等自然资源用之不觉、失之难续。工业化创造了前所未有的物质财富，也产生了难以弥补的生态创伤。我们不能吃祖宗饭、断子孙路，用破坏性方式搞发展。绿水青山就是金山银山。我们应该遵循天人合一、道法自然的理念，寻求永续发展之路。"④ "绿水青山就是金山银山"理念的提出和践行意味着中国决心推动发展方式的转型，走一条环境保护与经济社会的发展内在统一的绿色发展道路。如习近平所指出的，"保护生态环境就是保护生产力，改善生态环境就是

---

① 《习近平谈治国理政》第二卷，外文出版社 2017 年版，第 395 页。

② 《青山绿水、碧海蓝天是最大的本钱》，《光明日报》2016 年 6 月 14 日。

③ 《为了中华民族永续发展——习近平总书记关心生态文明建设纪实》，《人民日报》2015 年 3 月 10 日。

④ 《习近平谈治国理政》第二卷，外文出版社 2017 年版，第 544 页。

发展生产力",[①] "保护生态环境就应该而且必须成为发展的题中应有之义"。[②]

绿色发展不是现在完成时，而是现在进行时，从目前来看，"绿色发展"至少有四个方面的内涵：一是发展要树立底线思维和红线意识，"坚决摒弃损害甚至破坏生态环境的发展模式，坚决摒弃以牺牲生态环境换取一时一地经济发展的做法"。[③] 二是致力于走出一条低能耗、低污染、经济社会效益好的发展道路，从源头上缓解中国环境、资源的承载力与经济增长之间日益突出的矛盾。三是从生态需要中寻找经济发展的增长点。随着环境破坏日益加重和人的生态意识的日益增强，生态需要将成为人类社会发展的一个动力。"在当今世界已经掀起了一股'绿色风潮'，在环境问题日益成为全世界的焦点以来，改变传统制造业模式，推行绿色制造模式已经在全世界广泛进行。"[④] 中国要将产业转型升级与发展绿色产业结合起来，力争走在世界绿色技术与绿色产业发展的前列。四是绿色发展是全方位、多维度的发展。从生态哲学的视角看，发展与经济增长的范畴有着本质的区别，罗马俱乐部创始人奥雷利奥·佩西说："人类在某些最低限度的生活需求和物质利益得到满足后，又提出了一系列范围广泛的其他需要的欲望，渴望舒适安全，追求信仰、自我完善、社会地位和通常称为生活质量的东西。'发展'一词通常含有合理满足人类所有这些要求的意思，发展的概念正迅速取代增长的概念。"[⑤] 总之，影响人的幸福感的因素是多方面的，各种影响人的幸福感的因素的改善与增进都是绿色发展的应有之义。

三、"绿水青山就是金山银山"理念的资源多元化价值观

自然生态系统的价值具有多元性，对于人类的生存与发展具有多方面的意义。环境伦理学家罗尔斯顿提出自然界有十四种价值，即生命支撑价值、经济

---

① 《习近平谈治国理政》，外文出版社 2014 年版，第 209 页。

② 《习近平谈治国理政》第二卷，外文出版社 2017 年版，第 393 页。

③ 《习近平谈治国理政》第二卷，外文出版社 2017 年版，第 392 页。

④ 赵建军、杨博：《绿色制造：未来制造技术的发展方向》，《学习时报》2016 年 3 月 31 日。

⑤ 奥雷利奥·佩西：《人类的素质》，薛荣久译，中国展望出版社 1988 年版，第 181—182 页。

41

价值、消遣价值、科学价值、审美价值、基因多样性价值、历史价值、文化象征价值、塑造性格价值、辩证的价值、稳定性与开放性的价值、多样性与统一性的价值、生命价值、宗教价值等。然而工业社会文化片面夸大了自然界的经济价值，忽略了其他价值，导致了对自然界的过度开发。在生态危机背景下，人们对工业文明的资源观进行反思，提出了生态资源观。生态资源观是从生态宇宙观、价值观的视角对"何为资源""人类应如何开发、利用、消费和管理资源"，以及"资源保护与人类发展的关系"等问题进行哲学思考的理论体系。

"绿水青山就是金山银山"理念包含了丰富的生态资源观的思想，除了前面提到的习近平主张从生命共同体的价值链角度看待人类资源以外，还体现了自然界资源的多元价值观。具体有以下三个方面：首先，"绿水青山"所代表的自然生态系统具有经济价值、生命价值。习近平指出，人与自然是一个生命共同体，破坏式地开发自然资源将使人类失去永续发展的基础。其次，"绿水青山"所代表的自然生态系统具有审美、陶冶精神、增进人的身心健康的价值。在"绿水青山"中诗意地栖居，可以提高人的幸福感。如习近平所言："环境就是民生，青山就是美丽，蓝天也是幸福。"[①]习近平还强调，"蓝天白云、繁星闪烁，清水绿岸、鱼翔浅底""鸟语花香田园风光"对于人类的重要性。人类诞生与发展的万年历史中，始终与"绿水青山"相依相伴，"绿水青山"给予人类审美的愉悦，成为人类的精神家园。这一点在中华传统文化中表现得尤为突出。山水文化是中华传统文化不可分割的组成部分。"绿水青山"是培育中华民族哲学思维的天然课堂，早在商周时期，我们的祖先就从"绿水青山"中滋生宗教情怀，《礼记·祭法》云："山林川谷丘陵能出云，为风雨，见怪物，皆曰神。"[②]《诗经》已有祭祀山川的篇章。随着轴心时代的到来，中华民族的哲学思想从宗教文化中脱胎出来，然而"绿水青山"依然是启发古人哲学思维的媒介，儒家从山水中体悟仁德精神，道家从山水中证悟自然无为的道，禅宗通过"见山见水"明心见性，这一切都体现中国哲学与中国山水文化的内在关联性。"绿水青山"还是中华民族的审美对象，从《诗经》开始，中国古代有无数诗歌及其他文学作品都从"绿水青山"中得到审美情趣，如南朝

---

① 中共中央文献研究室编：《习近平关于社会主义生态文明建设论述摘编》，中央文献出版社 2017 年版，第 12 页。

② 《礼记》，陈成国校注，岳麓书社 2004 年版，第 354 页。

名士陶弘景所言："山川之美，古来共谈。"① 中国古人从"绿水青山"中取得精神动力，陶冶个人情操，获得内心安宁。儒家将山水之美的欣赏与心性修养融为一体。孔子说："知者乐水，仁者乐山。知者动，仁者静。知者乐，仁者寿。"② 朱熹对孔子这一思想进行阐释："知者达于事理，而周流无滞，有似于水，故乐水。仁者安于义理，而厚重不迁，有似于山，故乐山。动静以体言，乐寿以效言也。动而不括故乐，静而有常故寿。程子曰，非体仁知之深者，不能如此形容之。"③ 在儒家看来，山水之美是人的美德的象征，人们可以通过欣赏山水之美来陶冶自身的性格，达到对天理的体悟。山水之美不仅可以陶冶人的情操，还具有心理疗伤的功能。梭罗说："生活在大自然之中的人，只要感官仍然健全，就不可能极度抑郁。"④ 梭罗的观点与道家提出的山水"畅神"的观点不谋而合。庄子云："天地有大美而不言。"他主张在与自然混为一体之中，获得精神的自由。在熙熙攘攘为利而奔忙的现实世界中，"绿水青山"更显得弥足珍贵，现代人需要在欣赏青山绿水的审美活动中超越功利的羁绊，回归内心的安宁。再次，"绿水青山"具有满足人们生态安全需要的价值。以往人们将衣食住行的生活资料看成是人类的基本需要，但是在生态危机背景下，良好的生态环境越来越成为稀缺资源，越来越成为人类生存和发展的基本需要。习近平时常用"绿水青山"这一形象的概念来形容良好的生态环境，并多次强调良好的生态环境对于民生的重要性。他指出："多年快速发展积累的生态环境问题已经十分突出，老百姓意见大、怨言多，生态环境破坏和污染不仅影响经济社会可持续发展，而且对人民群众健康的影响已经成为一个突出的民生问题，必须下大力气解决好。"⑤ 正因为良好的生态环境是人民的基本需要，所以建设一个良好的生态环境就成为建设小康社会的一个目标，如习近平所指出的："小康全面不全面，生态环境质量是关键。"⑥ 正确认识资源价值的多元性，对于增进人民的幸福感具有重要意义，习近平在十九大报告中指出："既

---

① 《陶弘景集校注》，王京州校注，上海古籍出版社 2009 年版，第 95 页。

② 《论语》，杨伯峻注译，岳麓书社 2000 年版，第 54 页。

③ 朱熹：《论语集注》，齐鲁书社 1992 年版，第 57 页。

④ 梭罗：《瓦尔登湖》，王家湘译，北京十月文艺出版社 2009 年版，第 132 页。

⑤ 《习近平谈治国理政》第二卷，外文出版社 2017 年版，第 392 页。

⑥ 中共中央文献研究室编：《习近平关于社会主义生态文明建设论述摘编》，中央文献出版社 2017 年版，第 8 页。

要创造更多物质财富和精神财富以满足人民日益增长的美好生活需要，也要提供更多优质生态产品以满足人民日益增长的优美生态环境需要。"① 人民的美好需要是多维度的，因此发展也是多维度的，不仅包括满足人民物质需要的经济发展，也包括满足人民精神需要、生态需要的发展，因为这些发展同样能够增进人民的幸福。我们要通过解决精神财富增长和物质财富增长之间、环境保护与经济增长之间的不平衡与不充分，以及其他发展不平衡不充分的问题，来满足人民的美好生活的需要，提高人民的幸福感。

四、"绿水青山就是金山银山"理念的价值观基础

我们坚持"绿水青山就是金山银山"理念，就是要使自然生态系统的和谐、稳定和美丽与人们的幸福追求内在地统一起来，从这个意义上说"人与自然的和谐共生"是"绿水青山就是金山银山"理念的应有之义。在习近平的"绿水青山就是金山银山"理念乃至生态文明思想体系中，"人与自然和谐共生"价值观具有基础性的地位，它是生态文明建设的价值观基础。习近平多次强调"人与自然和谐共生"的观点，党的十九大把"坚持人与自然和谐共生"作为党的基本方略之一，并强调我们要建设的现代化是人与自然和谐共生的现代化。在 2018 年 5 月全国环境保护大会上，习近平提出了生态文明建设的六大原则，其中"坚持人与自然和谐共生"摆在第一条。习近平的人与自然和谐共生观包含相互联系的三个方面的内涵：一是强调人是自然界生态系统的一部分。习近平指出人类可以利用自然、改造自然，但归根结底是自然的一部分，必须呵护自然，不能凌驾于自然之上；二是人要尊重自然，与自然形成和谐共生的关系，正如习近平所说，人与自然是生命共同体，人类必须尊重自然、顺应自然、保护自然；三是人对自然资源的开发和利用必须以人和自然的共生共荣为前提，习近平指出："人与自然共生共存，伤害自然最终将伤及人类。"②

人与自然的关系是人类社会的基本关系，这一关系在不同的文明形式中具有不同的特征，在农业文明时代表现为人对自然的敬畏、半依附的关系，在工

---

① 习近平：《决胜全面建成小康社会　夺取新时代中国特色社会主义伟大胜利》，《人民日报》2017 年 10 月 28 日。

② 《习近平谈治国理政》第二卷，外文出版社 2017 年版，第 544 页。

业文明时代表现为人对自然的征服和单向度的利用关系。生态文明作为继工业文明后的一种新的文明形式，其中的一个根本特征就是人与自然的和谐共生。工业文明时代的三百年中，人类凌驾于自然之上，把自然界看成是取之不尽、用之不竭的材料库和可以随意处置各种废弃物的巨大垃圾箱。如生态学马克思主义者奥康纳所言，在资本主义社会中，"自然界对经济来说既是一个水龙头，又是一个污水池，不过，这个水龙头里的水是有可能被放干的，这个污水池也是有可能被塞满的"。① 人类的大量生产、大量消费和大量排放导致了生态危机，从而危及人类自身的生存和发展。当今人与自然关系的重构已经成为人类生存和发展的必然要求和文明发展的必由之路。"人与自然的和谐共生"是未来文明形式中人与自然关系的基本特征，它应当成为生态文明建设的目标和出发点。如习近平所指出的："我们要构筑尊崇自然、绿色发展的生态体系……我们要解决好工业文明带来的矛盾，以人与自然和谐相处为目标，实现世界的可持续发展和人的全面发展。"②

"人与自然的和谐共生"作为生态文明建设的价值观基础，体现了人们对人与自然关系认识的深化，同时对于环境伦理学的二元论范式也具有超越性的意义。"环境伦理学二元论范式将环境保护的权利与义务的问题作为环境伦理学的中心议题，并以内在价值论作为解决这一问题的方法论基础。在这一视阈中，人类中心主义环境伦理学认为只有人才具有内在价值，才具有受到道德关怀的权利，人对于自然物的保护是基于人自身的权利，而非人类中心主义环境伦理学则认为人以外的动物、植物或生态系统等自然物也具有内在价值，因而也具有受到道德关怀的权利，人对于自然物的保护是一种直接指向自然物的义务。"③ 人类中心主义环境伦理学的失误在于它从人类资源的视角来保护环境，没有认识到人只是自然生态系统中的一个成员，人以外的生命物质具有独立的生存权，因而其道德规范体系存在一定的局限性，而非人类中心主义环境伦理学的失误表现为它离开了人类的生存与发展去建构环境伦理学的体系，因此其

① 奥康纳：《自然的理由》，唐正东、臧佩洪译，南京大学出版社 2003 年版，第 295—296 页。

② 《习近平谈治国理政》第二卷，外文出版社 2017 年版，第 525 页。

③ 徐朝旭、黄宏伟：《儒家生态仁学的独特性及启示——基于对环境伦理学二元论范式反思的视角》，《厦门大学学报》（哲学社会科学版）2015 年第 4 期。

理论体系难免具有空想的色彩。"人与自然和谐共生"的价值观以时代问题作为建构环境伦理学的立脚点。现时代的一个基本问题是由于人类的扩张和过度开发，使地球生态系统稳定性遭到严重破坏，从而危及人类自身的生存和发展，正如梅萨罗维克和佩斯特尔在给罗马俱乐部的第二份报告中所指出的："造成这些'极限危机'的根本原因是人和自然间的差距，这种差距正在以惊人的速度扩大，要弥合这一差距，人类必须开始对自然采取一种新的态度，它必须建立在协调关系之上而不是征服关系之上。"[①] 面对人类的生态困境，我们关于人与自然关系的价值观需要发生变革，人类新价值观要求将生态系统的稳定性和人类的生存与发展有机联系起来，任何一种割裂了二者的统一，片面强调某一个方面的观点都有局限性。以儒家生态仁学为核心的中国传统生态伦理思想与西方环境伦理学不同，它不是一种权利论的环境伦理学，而是和谐论的环境伦理学，儒家主张生生之仁，以维护和促进地球生命系统的生生不息作为最高的善，强调人的"参赞化育"，道家主张"道法自然"，儒家、道家都认为天地人三才在生命系统稳定和繁荣中是缺一不可的，主张通过人与人、人与自然的和谐相处，维护和促进生命系统的生生不息。习近平指出："建设资源节约型社会是一场关系到人与自然和谐相处的社会革命。人类追求生存和发展的无限需求与地球资源的有限供给存在不可避免的矛盾。古代思想家说过'天育物有时，地生财有限，而人之欲无极'，从某种层面体现了这个矛盾。"[②]"人与自然和谐共生"的价值观既坚持了马克思主义关于人与人、人与自然辩证关系的唯物史观，又汲取了中华传统生态文化优秀思想成果，它将自然生态系统的和谐、稳定与美丽和人的生存与发展联系起来，着眼于在人与自然的和谐共生中谋求发展，避免了在环境保护问题上的权利与义务的纷争，因而有利于在环境问题上形成道德共识，进而为从制度和政策入手解决环境问题奠定基础。

"人与自然的和谐共生"作为生态文明建设的价值观基础，要求我们必须将这一价值观作为生态文明建设的根本目标，作为进行制度安排和政策制定的一个基本价值维度，作为生态文明道德规范体系的基本原则。我们的生态文明建设归根到底都是为了建构人与自然和谐共生的关系。梅萨罗维克和佩斯特尔

---

① 梅萨罗维克、佩斯特尔：《人类处于转折点——给罗马俱乐部的第二个报告》，梅艳译，生活·读书·新知三联书店1987年版，第148页。

② 习近平：《之江新语》，浙江人民出版社2007年版，第118页。

指出："人类一直如此深深埋头于建设日益庞大和复杂的人造系统，现在这些系统已变得难于控制了，人类也因而失去了命运感，同时也失去了同自然和超自然的交流感。"[1] 我们今天对人造系统的改造正是为了重构人与自然和谐共生的关系。工业社会"技术上盲目的、不从生态上做考虑的进步，已经在各方面大大改变了我们的环境，它们在较晚的时候，可能就成为健康的威胁。熟视而无睹，我们为自己创造了一个新的危险的世界"。[2] 因此，我们调整产业结构，改变生产方式和生活方式，目的就是为了还自然以宁静、和谐、美丽，实现人与自然的和谐共生。

综上所述，"绿水青山"是中华民族赖以生存和发展的生态系统，是中华民族的精神家园。古人在与"绿水青山"的相依相伴中形成了生态情怀和生态思维方式。这种生态情怀和思维方式积淀在中华文化的深层结构中，它不会因为现代性而消失得无影无踪，如普列汉诺夫所言："每一个民族的气质中，都保留着某些为自然环境影响所引起的特点，这些特点，可以由于适应社会环境而有所改变，但是决不因此完全消失。"[3] 习近平在马克思主义关于人与人、人与自然辩证关系唯物史观指导下，通过对我国生态文明建设实践的思考，汲取西方生态哲学的优秀思想成果，继承和发展了中华传统生态文化，提出了"绿水青山就是金山银山"理念，这一理念体现了习近平生态文明思想的整体观、绿色发展观、资源多元化价值观和人与自然和谐共生观，其中人与自然和谐共生观是习近平"绿水青山就是金山银山"理念乃至生态文明思想的价值观基础。我们要通过价值观、发展模式、生活方式的变革，科学技术和生产力体系的创新，经济结构的调整，解决人类幸福追求与地球资源有限性的矛盾，重构人与自然的和谐关系，而人与自然和谐关系的重构又与人与人之间的公正、和谐关系的建构交织在一起的，人类社会两种基本关系的公正、和谐是未来文明形式发展的根本目标。

（选自《东南学术》2019 年第 3 期）

---

[1] 梅萨罗维克、佩斯特尔：《人类处于转折点——给罗马俱乐部的第二个报告》，梅艳译，生活·读书·新知三联书店 1987 年版，第 147 页。

[2] 巴里·康芒纳：《封闭的循环》，侯文蕙译，吉林人民出版社 1997 年版，第 185 页。

[3] 《普列汉诺夫哲学著作选集》第 2 卷，生活·读书·新知三联书店 1961 年版，第 274 页。

中国生态文明国际话语权的
出场语境与建构路径

当今世界正在经历百年未有之大变局，全球治理日益陷入多重困境，"世界怎么了，我们怎么办"成为人类在现代化过程中无法回避的时代之问。在全球众多的治理困境中，生态治理困境因其覆盖范围广、涉及主体多元、治理时间紧迫而尤为凸显。"生态文明"一词是中国语境中的原创性概念，生态文明建设是人类文明史上前所未有的创举。有别于西方生态话语语系，中国生态文明话语植根于中国生态文明建设的伟大实践，抽象概括并形象阐释了中国生态文明建设的进程与成效，在理论层面有效回应了全球生态治理赤字，为世界生态治理提供了宝贵经验。

国际话语权是指国际关系中掌握了一定资源、知识和规则的国际行为体，通过各种话语文本表达形式而对外产生的、足以改变其他行为体认识和行动的能力。对国际话语权的掌握是界定国家软实力的关键指标，也是衡量中华民族伟大复兴成就的重要标志。习近平总书记曾在不同场合多次强调争夺国际话语权是一个重大的时代课题，"要努力提高国际话语权，要加强国际传播能力建设，精心构建对外话语体系……讲好中国故事，传播好中国声音，阐释好中国特色"。[①] 生态文明话语的研究作为一个横跨生态学、政治学、语言学、传播学等学科领域的"中间地带"正在成型，但在国际上尚未形成关于生态治理的

* 作者简介：李全喜，哲学博士，北京邮电大学马克思主义学院教授；李培鑫，北京邮电大学马克思主义学院研究生。

① 《习近平谈治国理政》，外文出版社 2014 年版，第 162 页。

中国话语体系，提升中国生态文明国际话语权亟待加强。目前，国内学界已开始重视中国生态文明国际话语权的相关问题：有学者对中国生态文明话语的基本内涵进行解读，提出生态文明话语是中国在生态文明建设中的独特创造；[①]有学者分析了中国生态文明话语国际传播的现实意义，为提升中国生态文明国际话语权作了合理性辩护；[②]也有学者着眼于中国生态文明话语在国际传播中遭遇的挑战与困境，并剖析了这些挑战与困境的深层影响因素。[③] 但总体上看，既有研究鲜有在国际比较的视野下结合语言学与传播学理论，对西方生态话语的内在痼疾与中国生态文明话语的比较优势进行考察。本文以中西生态话语的横向对比为研究视角，以西方生态话语所遭遇的叙事危机为切入点，发掘中国生态文明话语在国际场域具有的比较优势，并为进一步提升中国生态文明国际话语提出有针对性的建构策略。

一、时代境遇：西方生态话语遭遇叙事危机

资本的全球化运动与西方国家的"知识围堵"，使得西方生态话语逐渐被其他国家主动吸纳或被动接收，成为全球生态治理的主导性话语。但随着西方生态治理实践的不彻底性、理论的滞后性、"普世价值"的虚假性日益暴露，西方生态话语已陷入失实、失效、失信的三重困境，遭遇了严重的叙事危机。

（一）西方生态治理实践的不彻底性导致西方生态话语失实

"语言的分解—结合机制构建起了'逻辑空间'，世界是在这个逻辑空间中显现的现实"，[④] 话语具有解释世界与建构现实的作用，但现实世界中的物质实践才是话语的根本基础。生态话语的言说倘若没有生态治理的实效作为支撑，难免沦为有唯心主义之嫌的空谈。"生态治理能力是综合国力的一个重要

---

① 华启和：《生态文明话语权三题》，《理论导刊》2015 年第 7 期。

② 张永红：《生态文明视阈下中国国际话语权三重审视》，《广西社会科学》2020 年第 4 期。

③ 廖小平、董成：《论新时代中国生态文明国际话语权的提升》，《湖南大学学报》（社会科学版）2020 年第 3 期。

④ 陈嘉映：《简明语言哲学》，中国人民大学出版社 2013 年版，第 244 页。

体现，与国际社会的认同度和国际话语权的掌控息息相关"，① 在生态治理的国际空间内，话语主体所取得的生态治理成果、所作出的生态治理贡献是支撑其话语权的根基，如果话语主体的生态治理不彻底，甚至反过来加剧环境问题，那么其生态话语自然就没有说服力。

随着科技革命与工业化的持续推进，西方资本主义现代化实现了迅猛发展，"物的世界"持续增值，在看似繁盛蓬勃的物质图景背后，"日益迫近的工业危机的明显征兆"② 也悄然来临。人与自然的对立以生态危机这一景象显露出来，为了缓和生态矛盾，西方资本主义国家最早开始了生态治理。然而，西方资本主义国家的生态治理有两个顽疾，即生态治理不彻底与生态矛盾被转移。

一方面，从国家内部看，资本逻辑从根本上讲就是与生态逻辑相抵触的，有限储备的自然资源与无限扩张的资本之间天然存在着尖锐的供需矛盾，导致资本主义与生态治理作为矛盾的对立面而存在。就制度属性来说，资本主义制度之所以能不断自我维持与革新，其最重要的核心驱动力就是对于利润与增殖的追求，所以资本主义制度设计的最终指向就是要为资本服务。无论是宏观方面上层建筑的搭建，还是微观方面机制规章的调适，均要围绕资本扩张的逻辑而展开。因此，资本的反生态本质得以"借制度之名"而具备了权威化、体制化和合法化特征。

在西方环境整治的群体性行动中，形成了综合绿色党派、官僚政府、社团公众等多元化的生态治理主体，但各主体的行动举措均未触及生态危机的真正制度根源。首先，在西方政坛上独树一帜的绿色党派最终也难逃被资本裹挟的命运。从阶级分析的视角来看，绿色党派的成员以中产阶级和新中产阶级为主而底层色彩淡薄，其生态保护的决议往往是出于维护自身阶级既得利益的目的，且迫于选票的压力不得不向大资本妥协。例如，有"欧洲绿党之父"称号的德国绿党将生态原则作为其基本纲领的第一原则，却也必须向实力雄厚的德

---

① 杨晶：《赢得国际话语权：中国生态文明建设的全球视野与现实策略》，《马克思主义与现实》2020 年第 3 期。

② 《马克思恩格斯文集》第二卷，人民出版社 2009 年版，第 610 页。

国工业财阀妥协退让，并在利益诱导与政治筹码的压力下不断调整自身的环保政策。① 其次，在资本主义制度中，政府的环境治理举措要依靠市场化机制来运作，自由市场固有的自发性、盲目性等弊端导致其生态治理程度与范围都极为有限且带有高度排他性②——通过市场招标介入生态治理的大公司把持着治理举措的走向，集中于高附加值回报的行业与领域，而难以顾及整个自然生态系统。最后，社团公众是由个人利益高度分散的原子化个人组成，难以形成体系化的生态话语和广泛的话语认同，并且，以社团公众为主体的生态整治行动游离于现存体制之外。由于政治层级较低与视野的局限，社团公众往往只关注环境对于切身生计的直接影响，集群抗议是社团公众表达环境诉求的最常见形式，这种"自下而上"的维权性行为无力撼动已然"制度化"的资本逻辑。

另一方面，从世界范围来看，西方资本主义国家借助其先发优势一手操持不公正的国际政治经济秩序，并牢牢占据国际分工的制高点，从而以转移低端产业实现了对国内生态矛盾的转嫁。具体来看，资本不会局限于狭小的市场而力图向更大的空间扩张，"资产阶级，由于开拓了世界市场，使一切国家的生产和消费都成为世界性的了"。③ 化工、钢铁、有色金属冶炼等低端高污染产业被西方国家以经济援助的名义不断地转移至广大发展中国家与地区，引发全球生态危机。据联合国 2021 年《世界水发展报告》显示，拉美与加勒比地区遭遇了极为严峻的水资源紧张，包括农业、水电、采矿在内的各个领域都在争夺稀缺的水资源，④ 而这与西方资本掠夺式的农业转移、产业迁移有密切联系。在进行生态矛盾转嫁的同时，西方国家开始对本国的生态资源进行立法保护，纷纷制定了长远的环境发展计划，并严格限制本国境内对非可再生资源的开采。也就是说，资本主义对全球资源的劫掠式开发与落后生产方式的对外输送，才是造成生态危机全球蔓延的真正元凶。

概而言之，西方资本主义国家在国内面临经济发展与环境保护的两难窘

① 王聪聪：《激进左翼政治的回归：德国左翼党的政治发展与走向》，《社会主义研究》2019 年第 4 期。

② 郇庆治：《生态马克思主义的中国化：意涵、进路及其限度》，《中国地质大学学报》（社会科学版）2019 年第 4 期。

③ 《马克思恩格斯文集》第二卷，人民出版社 2009 年版，第 35 页。

④ 《联合国发布：2021〈世界水发展报告〉》，https://www.h2o-china.com/news/322579.html。

境，只能以生态矛盾国外转嫁的方式来缓解本国生态危机。资本主义国家的生态治理悖论，有力地证明了资本主义制度是造成生态危机的根源。

（二）理论的滞后性导致西方生态话语失效

话语是人类思维活动、理论观念和文化价值的表征，话语内容的产生、运用与更新，体现了人类认知世界的动态过程，科学的话语必须能够解答时代之问、回应现实关切、解决现实问题。西方生态话语的出现，是人类在遭受生态灾难后进行思考的反映，但是西方生态话语存在基本的理论误区，导致其在"建构现实"层面缺乏可操作性。

近代以降，机械式的工业图景潜移默化地影响着人类对于物质世界包括人与自然关系的理解，机器与"机器隐喻"使人类对世界的认知出现了孤立化、静止化与片面化转向。在西方生态思潮的理论演进中，总是存在"人与自然二元对立"的思维定式与"人与自然非此即彼"的思维惯性。纵观西方形形色色的生态理论与生态话语，不难发现其总是围绕着一个核心问题：人与自然究竟谁才是世界的主宰。基于此，西方学界形成了人类中心主义与自然中心主义两大话语范式，并深刻影响着西方生态思想的流变。

其中，人类中心主义伴随着人类智识的高涨而兴起。近代自然科学实现了对自然界的"祛魅"，人类逐渐背离了传统的存在状态，走上了愈发信赖自身、依靠自身进而高估自身的道路，对资源的掠夺式开发成了人类彰显主体性的方式。人类中心主义认为人类的利益需求是世间万物的最终尺度，将人类的福祉凌驾于其他生物之上，以至于自然界被贬低为隶属于人类的单向性存在。可以说，虽然人类中心主义话语的出发点是通过"控制自然"来使人类获得更好的发展前景，但这无疑也助长了诸多破坏环境的功利性行为，甚至衍生出人类沙文主义等极端话语形式。与之相反，生态中心主义主张将人类的伦理关怀延伸至自然界，以人类的视角去感知自然界的伦理德行、体验觉知与生命情感，并强调自然界有不需要人来确证的内在价值，其代表性的话语是美国环保主义者利奥波德提出的"大地伦理"（Land Ethic）。生态中心主义虽然发出了生态保护的先声，但武断地反对人类现代性的发展方向，期冀着回归"万物有灵"的前工业社会，对自然的情感带有超验主义性质的宗教色彩，以至于深陷对文明世界的消极否定和倒退性质的浪漫幻想之中。

可以看出，这两大话语体系将人与自然的二元对立作为理论前提，割裂了人类对自然的整体性认识，从而总是陷于两种"中心论"的话语之争；把生态问题简单地归纳为"谁是中心"的主观认知问题，丧失了透视生态危机的现实维度。因此，这两大西方生态话语体系在谈及生态危机的发端时，总是将人类主体认知的偏颇视作生态危机产生的根源；在谈及如何走出生态危机困境时，将人类主体价值观的改造视为改善生态环境的"灵丹妙药"。

不同时代有不同的话语语境，话语内容会随着话语语境的改变而不断变化。20 世纪 50 年代以来，生态危机持续加深，气候变暖、能源枯竭、生物多样性锐减等生态灾害使许多西方生态学者认识到"中心论"之争的话语空洞性，于是纷纷提出在资本主义的制度框架内通过调整宏观经济指标、加大科技研发力度、促进市场经济体制改革、发动绿色环保运动等改良手段缓和生态矛盾，试图消解资本主义在生态之维的弊端，但均未触及生态危机的制度根源这一"痛点"。

此外，一些学者和学术流派意识到资本主义的制度属性才是招致生态矛盾的祸首罪魁，具有代表性的是生态学马克思主义。作为一种左翼思潮的生态学马克思主义以全面批判西方资本主义社会的形象登场，并与 1980 年代在欧洲兴起的绿色政党运动与群众环保运动相结合，在实践中构建了由资本主义转向生态社会主义的"绿色转型"话语范式。但在生态学马克思主义的话语谱系中，"非集权的技术""绿色新政""人道地占有""经济理性""生态重建"等诸多概念偏离了马克思主义从生产力与生产关系角度去批判资本主义的根本原则，且"普遍缺乏实证依据"，[①] 不具备转化为公共政策的可操作性。就生态话语而言，话语的实践效能是不可或缺的关键因素，以上概念的内涵与外延均未得到严格界定，只能作为一种理论尝试而缺乏规范、系统、有效的实践转化路径，甚至一些概念在随后的历史进程中被不断证伪。

(三)"普世价值"的虚假性导致西方生态话语失信

法国社会思想家福柯曾指出，话语天然就具备权力属性，话语与权力之间是相互交织、相伴相生的关系。"基于福柯的话语论，既不存在什么纯粹客观

---

① 张晓：《21 世纪以来西方生态马克思主义的发展格局、理论形态与当代反思》，《马克思主义与现实》2018 年第 4 期。

或中立的知识，也没有什么自然朴素的认识，一切知识最终都是话语实践中隐而不现的权力和知识的共谋。"[1] 因此，国际话语权的更迭，本质上就是不同国家在国际交往中纵横交错的权力演绎、利益流变与意识形态纷争。

与以价值中立为绝对准则的自然科学不同，生态治理既需要解决人与自然的冲突，又需要整合人与人的利益，因此，生态话语并非语言符号的简单堆砌，其在描述生态问题的性状、根源和治理时始终难以挣脱话语的权力逻辑与意识形态"纠葛"。西方的诸多生态话语本质上是一种以西方利益为中心的、"西方中心主义"式的话语表达，其表面上推崇"普世性"的生态规范和"放之四海而皆准"的绿色发展方式，却选择性地忽视了发展中国家的切实生存问题，其真正目的在于维护西方发达资本主义国家的既得利益。历史与现实的经验已经表明，西方生态话语并非发达国家向落后国家传播的"福音"，而是暗藏以邻为壑的"普世价值陷阱"。

从历史的逻辑来看，西方生态治理模式难以复制，导致西方生态话语适用范围极为有限。人类生态意识的觉醒最早就源于西方，震惊世界的"八大公害事件"催逼西方发达资本主义国家另谋发展出路。问题的关键在于，此时的西方资本积累已较为雄厚，且享受着工业现代化带来的科技福利，可以承担风电、光伏、核电等绿色技术研发和基建投资的高昂费用，有条件"先污染后治理"。然而，发展中国家在应对生态灾害时却面临着技术落后、资金稀缺、人口众多等"先天不足"，无法移植西方生态治理模式，或将自身的境况带入西方生态话语的分析之中。与此同时，西方国家将其生态治理经验奉为圭臬，经常罔顾实际或混淆话语语境与话语内容，以一种猎奇式"想象"的方式去描述发展中国家的生态治理困境。例如，西方国家以倡议环保为由在国际上大力推行碳排放权交易机制，但碳排放配额的分配却严重偏向发达国家，[2] 且对其他国家拟定了绝对化的约束性减排指标，而发展中国家对于经济发展却有着刚性的需求，西方国家的碳排放话语就暴露出明显的逻辑漏洞。这种生态治理的"价值观推销"以"撒播化"而非"对话式"的形式传播，只是为了更多地将发展中国家与西方资本主义强国进行利益捆绑，愈发使发展中国家难以摆脱与

---

① 周宪：《福柯话语理论批判》，《文艺理论研究》2013 年第 1 期。

② 王璟珉、窦晓铭、季芮虹：《碳排放权交易机制对全球气候治理有效性研究——低碳经济学术前沿进展》，《山东大学学报》（哲学社会科学版）2019 年第 2 期。

生俱来的"资源诅咒",[①] 从而沦为旧有国际体系的附庸。例如在"去工业化"话语体系指导下南非陷入混乱、在"华盛顿共识"诱导下中东国家陷入以石油换经济的窘境等，便是明证。

从现实的逻辑来看，西方生态话语多表里不一，推卸责任。西方发达国家的生态治理常以耗损广大后发国家的环境成本为代价，这意味着西方发达国家必须担负全球生态恶化的首要责任。然而，特定的话语总是为特定实践服务的，西方生态话语之所以普遍带有强调伦理检视与道德反思的特征，甚至"自囿"于抽象的文化决定论与概念游戏，是因为它在一定程度上起到了为西方发达资本主义国家推脱生态责任的作用。西方国家手握先进的绿色科研技术，自诩拥有完善的环保法律法规，面对日益严峻的全球性灾害，却秉持狭隘的"环境利己主义"信条。例如，近年来，美国打着"美国优先"的旗号，罔顾环保责任而悍然退出《巴黎协定》，并重新转向化石能源依赖型的发展路径；日本公然违反国际法，不顾周边海域安全向太平洋倾倒核废水与核废料；等等。与此同时，西方的生态话语却明显表现出向政治诉求屈从的迹象，严重背离科学原则与国际公理，力图为破坏环境的行为开脱辩解。如美方将气候问题称作"最昂贵的谎言"，环保政策收缩是为了削减美国提供国际公共产品的"负担"；[②] 日方辩称核废水会在过滤和稀释后排放，并表示"储存在水箱中的核废水经过处理已无污染"。[③] 而在评价后发国家的生态治理时，西方往往会使用饱含偏见、挟恨和攻讦等具有对抗性意味的话语，[④] 直接展现其背后充满歧视性的情感要素。

因此，西方诸多生态话语以打击快速崛起的新兴国家为目标，却对本国

---

① 1993年，美国经济学家奥蒂（Auty）第一次提出了"资源诅咒"（Resource Curse）这个概念，其含义是指自然资源丰富的国家，经济却反而受到拖累。

② 朱光胜、刘胜湘：《权力与制度的张力：美国国际制度策略的选择逻辑》，《世界经济与政治论坛》2021年第2期。

③ 郭言：《核废水排放决定不能突破人权底线》，《经济日报》2021年4月28日。

④ Lester R. Brown, "Who Will Feed China: Wake-Up Call for a Small Planet", *New York: W. W. Norton&Company*, 1995, p. 163; Keith Bradsher, "China Asks Other Nation Not to Release Its Air Data", *The NewYork Times*, June 6, 2012, p. 4; Scott James and Wilkinson Rorden, "China Threat? Evidence from the WTO", *World Trade*, July 2013, pp. 761-782.

"双标"以确保资本的持续获利，在国际道义层面上是无法立足的。可以说，西方生态话语不是依靠科学有效的生态治理去说服人，也不是依靠其他国家的心理认同或情感理解去感染人，而是依靠经济和政治霸权去征服人。这势必导致西方在国际生态治理领域中的"霸权独白"，无疑会引发其他国家对于西方生态话语的普遍质疑。今后，随着各国人民对于生态治理经验的总结与反思，西方生态话语的"普世价值"虚假性终将暴露无遗。

二、历史出场：中国生态文明话语的比较优势

随着生态危机席卷全球，局限在某个民族国家或区域的独立式生态话语叙事已经无法顺应全球生态治理的要求，人们越来越倾向于从全球化的时代背景中思考答案，寻求一种既能谋求人类整体利益又能考虑各国利益差异的生态话语。与西方生态话语相比，中国生态文明话语具有三重比较优势，展现出中国生态文明话语的世界胸怀与强大的世界历史统摄力。

（一）中国生态文明话语以中国生态文明建设为实践依托

"讲好故事，怎么讲、讲得好不好固然重要，但最重要、最基本的还是故事本身要好。"[①] 中国生态文明话语来自中国的生态文明实践，中国生态治理的伟大实践源源不断地生产出科学、优质的中国生态文明话语。回顾中国生态治理的历史，是一部发现生态问题、聚焦生态问题、解决生态问题的历史，中国生态文明治理走出了西方资本主义社会一直以来所面临的生态保护与经济发展"两难"困境。中国生态文明建设事业不断取得的"中国奇迹"，向世界展示了中国生态文明话语的实践效能。因此，中国生态文明话语是有科学依据、有实践支撑的话语。

在中国生态文明实践中，有两点特质是西方生态治理无法比拟的：其一是中国共产党高度的生态自觉支撑着中国生态文明实践。与西方易受利益诱惑且带有明显妥协性与软弱性的绿色党派不同，中国共产党在生态治理中具有沉稳的战略定力和高度的生态自觉。习近平总书记曾对中国共产党的生态执政理念

---

① 楚树龙：《"中国故事"与中国的国际形象》，《现代国际关系》2015 年第 9 期。

进行了精练概括:"我们党历来高度重视生态环境保护,把节约资源和保护环境确立为基本国策,把可持续发展确立为国家战略。"① 党的十八大将生态文明建设纳入"五位一体"的总体布局,在国家大政方针的设计中实现了生态文明建设与经济建设、政治建设、文化建设、社会建设之间的统筹考虑与协调平衡,为进一步谋求生态效益型的现代化发展奠定了基础。在党的十八大报告中,出现了对于未来美好生态环境的描述性词汇,如"山清水秀""天蓝、地绿、水净"等,鲜活生动地展现出我国生态文明实践的崭新气象。为了保障生态文明建设的一以贯之,中国共产党跳出西式政党的政治博弈困局,积极发挥总揽全局的执政能力:党中央在战略部署中积极进行政策引领,先后提出了"健全环保信用评价制度"②"构建国土空间开发保护制度"③ 等富有远见的顶层设计,有力地促进了我国生态文明体制改革;全国人大履行立法职能,以《环保法修订案》为代表的各类生态文明保障法律与规章细则日渐完善;各级政府贯彻落实生态文明建设规划,响应生态示范区建设,先后出现了塞罕坝经验、右玉经验、长汀经验等具有中国特色的生态治理实践,中国生态文明话语得到了极大丰富。党的十九大报告中的新"两步走"发展规划更是对美丽中国建设的方向与任务进行了擘画,这些话语描述为中国未来的生态文明建设绘制出一幅壮丽远景。可以看到,在生态治理的过程中,中国共产党根据经济社会发展的实际,不断提出一系列新概念、新范畴与新表述,体现了中国生态文明话语在历史、现实与未来的三维时态变换中不断更新和与时俱进,实现了话语与实践的良性互动与有机统一。其二是社会主义公有制的制度属性保障着中国生态文明实践。公有制在社会生产关系中占主体地位,是社会主义的本质特征,也是在社会制度层面对经济运作的最基本规约。早在《1844 年经济学哲学手稿》中,马克思就敏锐地发现在私有化的财产制度下,不仅人本身的生命活动异化为一种"异己力量",而且人与自然之间的关系也会嬗变为一种异化关系,大自然不再作为人类"无机的身体"而存在,彻底消弭了人与自然之间

---

① 《习近平谈治国理政》第三卷,外文出版社 2020 年版,第 359 页。
② 习近平:《决胜全面建成小康社会 夺取新时代中国特色社会主义伟大胜利——在中国共产党第十九次全国代表大会上的报告》,人民出版社 2017 年版,第 65 页。
③ 习近平:《决胜全面建成小康社会 夺取新时代中国特色社会主义伟大胜利——在中国共产党第十九次全国代表大会上的报告》,人民出版社 2017 年版,第 67 页。

的交融合一性。在私有制社会里，生产资料总是为少数人所掌握，生产的真实目的是为了迎合无限扩张的资本逻辑，人们沉溺于消费主义、拜金主义等物欲横流的生活，全面丧失了对生态破坏的感知和对自然界的亲近。作为对资本主义私有制的根本颠覆，社会主义公有制的制度属性决定了我国社会生产的宗旨是为了满足广大人民群众的发展需要。"保护生态环境就是保护生产力、改善生态环境就是发展生产力"，[①] 只有在社会主义公有制这一制度前提下，才能不断凝聚共识，协调各方投入中国生态文明建设的伟大实践，实现经济繁荣与生态优良的内在兼容。

(二) 中国生态文明话语以马中西资源融通为理论滋养

马克思主义自然观、中国传统天人观与西方生态理念共同构成了中国生态文明话语的思想养料。具体来看，马克思主义生态思想和语言思想为中国生态文明话语提供了科学的话语范式，中国传统天人观为中国生态文明话语提供了独特的话语表达，西方生态理念为中国生态文明话语供应了丰富的语料借鉴。

马克思曾说："语言是一种实践的、既为别人存在因而也为我自身而存在的、现实的意识。"[②] 在他看来，语言不是务虚的符号游戏，也不是脱离于社会现实而存在的"独立王国"，语言要以语言的实际应用为导向，人类可以用语言去把握客观世界。这种务实性的话语理解为中国生态文明话语奠定了以通识性为特征的总基调，"生态兴则文明兴，生态衰则文明衰"[③] "像保护眼睛一样保护生态环境，像对待生命一样对待生态环境"。[④] 习近平总书记这些通俗简洁的话语体现了平实、晓畅、接地气的话语取向，既科学精准地概括了生态文明建设的重要性，又以生动直观的表述方式使广大人民群众易于理解。此外，马克思深入社会历史领域探索人与自然的内在关联，提出人类的劳动实践是调控人与自然新陈代谢与物质变换的中介，并指出资本主义制度是生态危机

---

① 中共中央文献研究室编：《习近平关于社会主义生态文明建设论述摘编》，中央文献出版社 2017 年版，第 9 页。

② 《马克思恩格斯文集》第一卷，人民出版社 2009 年版，第 533 页。

③ 中共中央文献研究室编：《习近平关于社会主义生态文明建设论述摘编》，中央文献出版社 2017 年版，第 6 页。

④ 中共中央文献研究室编：《习近平关于社会主义生态文明建设论述摘编》，中央文献出版社 2017 年版，第 8 页。

爆发的真正缘由，建构了生态问题的历史唯物主义分析路径。马克思主义自然观明确了自然与社会的对立统一关系，牢牢把握住了生态问题的历史脉搏，为中国生态文明话语注入了科学的理论依据。

人类"生于斯、长于斯"客观环境就是自然界，在中国传统文化概念中，自然界可以用"天"来表述。对天人关系的界定是中国传统文化的一大元问题，所谓"天人之道，经之大训萃焉"（戴震《原善》上卷）。与西方原子式、机械式的思维方式不同，中国传统天人观并没有将自然界对象化为被人类所"凝视"的客体，而是以"天人合一"的整体式哲学眼光去看待人与自然。与中国传统天人观相一致，习近平总书记提出了"绿水青山就是金山银山"[①]"山水林田湖草是一个生命共同体"[②] 等生态文明话语，着重阐明大自然是不可分割的有机系统，人类与自然界之间是运动的、有机的、辩证的发展关系，超越了西方将人类与自然、主体与客体二元对立的僵化思维。另外，与西方在科学主义和工具理性塑造下的话语不同，中国传统文化赋予中国生态文明话语独有的阐释技巧、特色标识和话语风格，如善用比喻、宏观统筹、高度凝练等。

中国生态文明话语作为一种生态话语的创造性综合，在立足于国内生态文明建设的特殊国情与具体实际的基础上，广泛引介、转述、吸收国外生态话语的有益元素，不断丰富自身的语料储备。西方生态话语的产生和应用，往往会与西方国家的经济诉求、社会思潮和哲学底蕴相互交融，直接照搬西方生态话语注定会产生"语境误置"。具有代表性的是，"可持续发展"（Sustainable Development）概念源于西方，[③] 自 1992 年联合国环发大会将"可持续发展"作为讨论主题之后，其理论热度节节攀升。不可否认，可持续发展概念确实顺应了广大民众对于环保的诉求，但实质上也起到了为西方环保政策造势的作用，进一步强化了西方所精心营造的注重环保的国际形象，为西方政府在国际生态舆论场塑造了有利的话语环境。可是，从概念范畴看，西方国家对"可持

---

① 中共中央文献研究室编：《习近平关于社会主义生态文明建设论述摘编》，中央文献出版社 2017 年版，第 21 页。

② 中共中央文献研究室编：《习近平关于社会主义生态文明建设论述摘编》，中央文献出版社 2017 年版，第 47 页。

③ 1987 年，挪威前首相布伦特兰夫人领导的世界环境与发展委员会的报告《我们共同的未来》首次提出了"可持续发展"概念。

续发展"内涵的界定是模糊不清的，且缺乏明显的实践效能。① 由于"可持续发展"具有明显的绿色底蕴，切合我国社会生态化转型的现实需要，中国吸纳了这一外来理念，且立足于国内生态建设的时空场景，对"什么是可持续、什么是可持续发展"作了更加清晰明确的界定，并将如何推进可持续发展的实践方案纳入这一整体性话语系统中，克服了西方生态话语与中国情境的时空差异。类似的，我国学界对"碳平衡"（Carbon Balance）、"生态农业"（Eco-agriculture）、"生态资本"（Ecological Capital）等诸多外来生态话语进行了本土化阐释与内涵重构，为我国生态文明话语提供了丰富的语料补充。

（三）中国生态文明话语以人类命运共同体为价值旨归

随着生态危机在全球的蔓延，西方生态话语的"普世价值"也日益暴露其虚假性。以西方发达资本主义国家为代表的生态治理具有明显的片面性、单向性，其生态话语也具有"西方中心主义"的特征。而中国生态文明建设具备应对全球生态问题的国际视野，以向人们提供优良的生态环境为终极价值取向，② 中国生态文明话语以构筑人类命运共同体为旨归，能以理服人、以行服人，具有国际道义层面的传播优势。

冷战结束后，国际关系趋于缓和，一大批后发国家迈入了现代化的快车道，并在全球事务中日益发挥重要的作用。其中，中国作为世界上最大的发展中国家取得了世所瞩目的成就，这种"外来挑战"使西方开始恣意鼓吹"中国威胁论、中国崩溃论及各种诋毁中国形象的国际言论"，③ 力求遏制中国的发展。但是，不同于西方惯有的冷战思维和以"文明冲突论"为基底的外交政策，中国始终秉持和平崛起的发展原则。在生态文明建设方面，中国探索出后发国家如何实现生态现代化的新鲜经验，突破了经济发展与生态保护之间张力的影响，为世界上其他国家的生态治理提供了生动的示范与借鉴；在国际环境

---

① 李传轩：《从妥协到融合：对可持续发展原则的批判与发展》，《清华大学学报》（哲学社会科学版）2017 年第 5 期。

② 李全喜：《习近平生态文明建设思想的内涵体系、理论创新与现实践履》，《河海大学学报》（哲学社会科学版）2015 年第 3 期。

③ 王文：《美国的焦虑：一位智库学者对美国的调研手记》，人民出版社 2016 年版，第 78 页。

的协作交流过程中，中国一直致力于宣传绿色现代化理念，以引领者的身份不断发挥在生态治理中的模范作用，大力促进环境双边、多边和区域性合作的落实，主动参加了多种类、多体系的环境保护协定或公约的签订工作。比如，在《京都议定书》《哥本哈根协定》《斯德哥尔摩公约》等一系列绿色协定的缔结过程中，中国树立积极担当环保职责的大国形象，直接展现了中国生态文明实践的世界胸怀。

党的十九大报告指出，"要坚持环境友好，合作应对气候变化，保护好人类赖以生存的地球家园"，[①] 强调以构筑人类命运共同体为抓手破解全球生态治理赤字。人类命运共同体启示世界各国要摒弃独善其身的陈旧思维，建立互助互利、优势互补的发展新思路。在人类命运共同体理念的指导下，中国将"清洁美丽"设定为未来世界的重要衡量指标，并秉持着"共同但有区别的责任"行为准则，在此基础上广泛开展破解环境矛盾的国际协同举措。随着中国的和平崛起与人类命运共同体理念的实践和传播，中国生态文明理念与话语产生良好的外溢效应。比如在绿色"一带一路"建设中，中国为沿线国家的生态建设提供帮扶性的资金支持，并牵头推动沿线国家环保大数据平台搭建，受到了其他国家的广泛认同和普遍赞誉。世界自然基金会全球总干事兰博蒂尼（Marco Lambertini）指出中国的生态治理探索对世界具有借鉴意义，"中国的实践为世界提供了一些绿色转型的可选项"，"中国的新发展理念体现了全球对可持续发展理念的共识"。[②]

"问题是时代的声音，人心是最大的政治"，[③] 获得其他国家越来越多的情感认同体现出中国生态文明话语是真正赢得民心的话语。虽然中国尚未掌握国际生态治理的话语主导权，但中国生态治理的实践模式具有极强的可复制性和可借鉴性，中国生态文明话语表现出强大的语境适应性和价值感召力。

---

① 习近平：《决胜全面建成小康社会 夺取新时代中国特色社会主义伟大胜利——在中国共产党第十九次全国代表大会上的报告》，第 75 页。

② 马克·兰博蒂尼、肖连兵：《中国为世界提供了绿色转型方案》，《光明日报》2020年 12 月 23 日。

③ 习近平：《在全国政协新年茶话会上的讲话（2014 年 12 月 31 日）》，《人民日报》2015 年 1 月 1 日。

三、优势巩固：建构中国生态文明国际话语权的具体路径

可以看出，中国生态文明话语具有西方生态话语所无法比拟的内在优势，但囿于内部与外部各种条件的限制，中国生态文明话语的比较优势尚未凸显，需要采取一系列长期而有效的工作来加以巩固。

（一）筑牢实践基础，以提振中国生态文明话语自信为出发点

自信，即自我效能感，其含义是主体对自身能否应对特定情境的素质评估。具备自信力，才能执着坚守自身的目标追求和价值立场。从 20 世纪七八十年代以来，西方一些人就没有停止过对中国生态治理的无端指控与妖魔化，在西方强势的话语挤压下，作为异质性"他者"的中国虽然不断取得生态治理成果，但仍饱受诘难而在国际上常处于失语或失声状态，国内也出现了言必称西方的自卑和自我矮化现象。与之相反，也有一些人陶醉于中国生态文明建设所取得的划时代成就，忽略了我国当前面临"生态文明建设挑战重重、压力过大、矛盾突出"① 的严峻考验，从而陷入了盲目乐观、骄傲自负的泥沼。

为此，一方面我们要坚持问题意识，正视当前国内生态文明建设中存在的难题，努力解决生态治理法规不健全、生态治理措施落实不到位、生态责任互相推诿等体制机制上的顽瘴痼疾，以生态治理的新实践、新理论丰富中国生态文明的话语体系；另一方面，要时刻对西方非理性话语保持警醒，积极承担生态治理的国际义务，推进生态治理合作的"东西对话""南北对话"。要学习西方生态治理的先进经验，但最重要的是牢牢依托中国生态文明建设实践这一生态文明话语的"生产机器"，源源不断地产出具有中国风格与中国气派的生态文明话语。只有不断提振中国生态文明话语自信，才能为中国生态文明话语上升为世界生态治理的主导性话语提供动力支持。

（二）坚守话语内核，以创新中国生态文明话语表述为着力点

话语内核的继承与话语表述的创新之间存在张力。一种好的生态话语既是

---

① 习近平：《推动我国生态文明建设迈上新台阶》，《求是》2019 年第 3 期。

坚守话语内核、贴合生态治理科学原则的"实话"，又是不断推陈出新、具有时代内涵和实践指向的"新话"。

话语内核即话语所描述的中心问题。也就是说，话语要围绕着一个中心问题展开，否则就会逻辑混乱、表述不清；在把握好话语内核的前提下，话语实践才能做到有的放矢。总的来说，如何把握好生态保护与经济发展的关系就是中国生态文明话语的中心问题。

话语表述是话语的外在表达，不同时期的生态问题会表现出不同的特点，所以生态话语的表述形式要因时而变、因势而变。生态文明是超越工业文明的崭新发展阶段，我国依托于生态治理的实际，进行了"生态文明""生态文明建设"等一系列重要的概念创新和话语创造。但总体而言，与西方学界相比，我国对于生态问题的话语描述仍存在着创新不足的短板，具体表现为话语的原创性概念、抽象性表述和体系化理论较少，在一些领域仍沿袭西方的话语分析范式。要增强中国生态文明话语的话语创造与表述创新，一个重要的环节就是打通生态文明话语系统中政治表述、学术表述与公众表述的交流渠道。即在党和政府给予生态文明话语以权威解读之后，要促进社会各界对于生态文明话语的阐发与诠释，拉近大众与生态文明话语的距离，使生态文明话语真正"入耳入脑入心入行"，提升全民族的生态自觉。同时，在多元交流的过程中利用各个主体的思维碰撞来丰富中国生态文明话语表述，将相对平实的个体微观叙事与宏大的社会群体叙事相结合，提升生态文明话语的表述层次，拓展研究视域，寻找具有世界普遍意义的中国生态文明话语元素。

（三）构建话语场域，以完善中国生态文明话语传播为关键点

"行胜于言"是中国古训，并非要求"不言"，而是"言必求实，以行证言"。回望历史，中华民族一直崇尚以和为贵、讲求涵养，注重实干而对宣传工作的重视不够。这在一定程度上难以适应今天国际场域内日益激荡的话语交锋与理念冲突。当今西方生态话语的持续对外扩张并非源自话语主体"做得好"或者话语内容"讲得好"，而是依赖于西方国家强权的支撑，在不占据道义优势的情况下利用"西强东弱"的国际传播格局得以"传得好"。虽然中国生态文明话语以人类命运共同体为价值旨归，占据国际道义的高地，但实际传播效果却并不佳，仍面临着"有理说不出"的局面。

话语场域是话语赖以存在、使用、发展的场所和空间，对话语的公共化传播施加至关重要的影响。语言学家索绪尔曾提出，在对话中言说者与听话者的同时在场可以保证话语准确达意。然而，在信息化时代，生态文明话语的发声场域不再局限于面对面，而更多地要利用网络媒介。一些西方国家以各大媒体为核心，建立起全球网络传播空间，把控着信息传播流向与信息资源分配，从中竭力抹黑中国生态文明建设、扭曲中国生态文明话语。"真实是大众传播的生命"，[①] 一些西方媒体对于中国生态文明话语的歪曲服务于西方国家的霸权战略，严重干扰公众对于中国环保实践的认知。针对这种不利条件，中国生态文明话语在国际传播中要具备线下和线上布局的双重视野：一是线下布局。其内容包括共同创设国际环保组织、举办领导人气候峰会、召开环境学术会议等多元化的对外交流活动，可以借此规避西方的"媒介霸权"，以面对面、手拉手、心贴心的方式讲好中国绿色故事、传递好中国生态话语。国际生态安全合作组织、中国生态发展论坛、生态文明贵阳国际论坛、昆明《生物多样性公约》第十五次缔约方大会便是拓展话语场域的可喜尝试。二是线上布局。网络媒介是生态话语场域的"主阵地"，可以通过优化网络信号与频道覆盖、完善网络基础设施建设等"硬件"举措来弥合"数字鸿沟"，提升对国外环境信息的采集能力，构建对国际环境信息流的筛选机制，掌握国际环境最新动态；同时，打造一批国际性新闻媒体，强化中国生态文明网、中国生态环保网等环保专业网站的外宣属性，引导我国一批优质的生态研究期刊与著作"走出去"，不断增强中国生态文明话语在网络场域内的话语感召力、理论影响力和新闻传播力，为促进中国生态文明话语的国际传播进而提高国际话语权建立长效的输出机制。

（选自《东南学术》2022 年第 1 期）

---

　　① 索燕华、纪秀生：《传播语言学》，北京师范大学出版社 2010 年版，第 249 页。

以生命与生态一体化安全
构建人类安全共同体

◎方世南[*]

席卷全球的新冠肺炎疫情带来的人类生命危机，与以气候变化为主要表现的全球性生态危机越来越紧密地交织叠加在一起，人类安全已经超越了传统安全界限而呈现出一种严峻而复杂的生命安全与生态安全的一体化特征。构建人类命运共同体虽然具有多种向度和多样性历史任务，然而，其最为基础的目标和任务是构建人类安全共同体。在马克思、恩格斯所说的"历史向世界历史转变"已经成为客观现实的全球化时代，生命危机与生态危机交织叠加的一体化危机状态在当今时代已经充分地表现了出来。世界上已经不存在单独的国家、民族或区域可以选择独善其身的封闭而自足、安全而舒适的孤岛式生存方式，人类已经是不可分割的安全共同体。因此，将生命安全与生态安全紧密结合起来一体化地予以谋划和实践，是构建人类安全共同体并走向人类命运共同体目标的一项重大任务。为此，需要深刻把握人类命运共同体蕴涵的生命安全与生态安全的一体化关系，以人类是不可分割的安全共同体理念以及全人类共同价值为指引，自觉将生命安全与生态安全有机联结，用二者形成的总体性安全之力夯实我国国家安全基石。同时，以胸怀天下的视野着眼于促进世界安危与共，以建设全球性的共同、综合、合作、可持续的安全目标迈向人类安全共同体，确保人类能够顺利告别生命危机与生态危机交织并存的"至暗时刻"，而走向与每个国家、每个人都息息相关的人类命运共同体，在人类同心协力建设

作者简介：方世南，苏州大学特聘教授、博士生导师，苏州大学东吴智库首席专家。

利益共同体、责任共同体、发展共同体、安全共同体、共享共同体中获得世世代代永续发展。

一、生命与生态一体化安全体现了
人类安全共同体的本质要义

习近平指出："人民生命安全和身体健康是人类发展进步的前提。""安全是发展的前提，人类是不可分割的安全共同体。"[①] 为了维护世界和平与安全，他提出了坚持共同、综合、合作、可持续的安全观的全球安全倡议，将构建人类命运共同体与构建人类安全共同体紧密结合起来，深刻地揭示了人类命运共同体的本质要义和主要内容是人类安全共同体，而人类安全共同体的深刻意涵是确保人类达到共同、综合、合作、可持续的安全。其主体内容和重大价值诉求是积极应对生态危机和生命危机，确保生态健康、生态安全和全世界人民生命安全、身体健康，而这需要生命与生态一体化安全予以保障。

倡导构建人类安全共同体和人类命运共同体，是以习近平同志为核心的党中央以胸怀天下的博大胸襟提出的一个重大价值理念和实践方略，也展示了高扬马克思、恩格斯的共同体思想为实现全人类福祉而奋斗的中国共产党人的马克思主义全球价值理念。在党的十九大报告中，习近平提出"坚持和平发展道路，推动构建人类命运共同体"，并从政治、经济、文化、安全、生态等维度就人类命运共同体构建的主要内容作出概括："建设持久和平、普遍安全、共同繁荣、开放包容、清洁美丽的世界。"[②] 这充分彰显了构建人类命运共同体的历史任务是中国共产党人应对全球性挑战而提出的促进全球安全发展的有效对策，深刻地揭示了人民生命安全与全球生态安全有机结合和辩证统一的人类安全共同体，是人类命运共同体的本质要义和价值旨归，体现了中国为促进全球共同安全和共同发展提供的智慧与方案。

从其最初本意来说，人类命运共同体是在生命与生态一体化安全中结成的

---

① 《习近平在博鳌亚洲论坛 2022 年年会开幕式上的主旨演讲》，《人民日报》2022 年 4 月 22 日。

② 习近平：《决胜全面建成小康社会　夺取新时代中国特色社会主义伟大胜利——在中国共产党第十九次全国代表大会上的报告》，人民出版社 2017 年版，第 58—59 页。

人类安全共同体。人类命运共同体最根本的价值诉求和价值目标是构建确保人类整体安全的共同体。人类共同体思想是马克思主义基于"历史向世界历史转变"理论、人的类本质理论、社会有机体理论、社会全面生产理论、社会形态发展阶段理论、人的自由而全面发展理论等多维度,考察人类社会在普遍联系、相互依存、合作共赢、共同进步中发展的诸多理论基础上形成的,体现了马克思主义以唯物史观分析人的本质、人类解放、人类普遍安全和人的自由而全面发展等诸多思想的重要内容。马克思作为"世界公民",有着宽广的全球性视野。他在《评一个普鲁士人的〈普鲁士国王和社会改革〉》一文中提出了"人的本质是人的真正的共同体"①的观点,认为真正的共同体是代表一切人的共同利益的集合体,只有在消灭了阶级对立、个人特殊利益与人类普遍性利益的基础上构建的真正的共同体中,才能使人自身的类本质与发展本质得到有机整合,从而能够对人的本质和人类历史予以科学说明。马克思彻底否定了基于统治阶级少数人的个体利益、个体安全角度考虑,而与人类整体性利益、整体性安全相对立的"虚假共同体"学说,描绘了将个体利益自觉融入人类整体利益并有助于人的自由而全面发展的真实的共同体图景,即自由人的联合体以及每个人的自由发展是一切人的自由发展的条件的图景。恩格斯将人与自然、人与社会的关系作为人类面临的两大关系,指出解决这两大关系形成的人与自然的矛盾对立以及人与社会的矛盾对立,达到"人类与自然的和解以及人类本身的和解"②的境地,就是人类解决好人与自然矛盾以达到生态安全以及人类解决好人与社会矛盾以达到生命安全的境地。

人类命运共同体是因人类具有共同利益、共同命运、共同安全需要而形成的集合体。人类命运是既有区别又有内在紧密联系的两个要素,两者有机结合、辩证统一于人类生存和发展的全过程。就字面上来说,人类命运是人类之"命"与人类之"运"的有机统一。前者是人类的生命以及存在方式,后者则是影响人类生命的各种环境要素。构建人类命运共同体,就其本意来说,就是要构建确保生命安全与生态安全一体化安全的人类安全共同体。

中国共产党人站在人类利益和人类道义的制高点上,提出构建人类命运共同体和人类安全共同体的倡议,目的是应对全球面临的生命危机与生态危机交

---

① 《马克思恩格斯全集》第 3 卷,人民出版社 2002 年版,第 394 页。
② 《马克思恩格斯文集》第一卷,人民出版社 2009 年版,第 63 页。

织叠加形成的一体化危机，维护好世界各国人民的利益，并在此基础上实现全人类共同价值。这体现了一种强烈的问题意识、危机意识和超前意识，也体现了中国共产党人在"世界面临百年未有之大变局"态势下坚定不移地走和平发展道路，坚持合作共赢的开放战略，以共同、综合、合作、可持续的安全观引领人类摆脱共同风险挑战的使命担当。人类社会已经进入了如同德国思想家、全球风险社会理论创始人乌尔里希·贝克所说的全球风险社会，而全球风险社会的历史境遇和所要追求的共同目标正是全球安全。乌尔里希·贝克提出，全球风险需要全人类团结起来予以应对，全球必须增强安全对策，人们在行为过程中要增强风险意识，提高防范风险的安全标准，构建防控风险的预警机制，建立决策机制和安全举证机制。[①] 当前人类面临的风险既来自人与社会关系领域，也来自人与自然关系领域。这些风险涉及面广，经常迅速传导、叠加放大，以一种风险综合体或系统性风险出现。其中，生态风险就是一种主要来自人与自然关系领域的风险，是由于人类破坏生态而导致的生态系统不可逆的损害，从而危及生态系统的平衡稳定导致生态不安全，与此同时导致人类身体健康受影响甚至生命不安全。联合国 2005 年发布的《千年生态环境评估报告》描绘了全球生态环境恶化以及由此形成的生命与生态一体化不安全问题。该报告指出，半个世纪以来全球水资源、煤炭资源、森林资源等都遭到了巨大破坏，1945 年以来全球开垦的农田比 18 世纪和 19 世纪的总和还要多，全球过度农耕造成了土壤贫瘠和荒漠化，对海洋的污染导致了海洋"无生命区"的形成，地球气候亦出现异常变化。[②] 在生态环境遭到破坏的同时，全球病毒大流行更将人类带到了"至暗时刻"。

因此，只有着眼于人类安全共同体构建，协调好生命安全与生态安全的关系，才能以人类共同体之力安然度过人类处于百年未有之大变局以及"至暗时刻"这一共同的安全危局。共同体意味着安全，"失去共同体，意味着失去安全感"。[③] 当今世界，各国各民族各地区因社会制度、精神文化、国民心理、生产力和科技发展水平、资源禀赋等方面的不同而存在着差异性和特殊性，然

---

① 乌尔里希·贝克：《世界风险社会》，吴英姿、孙淑敏译，南京大学出版社 2004 年版，第 18—22 页。

② 郭林：《谁来拯救我们的环境》，《光明日报》2005 年 4 月 8 日。

③ 齐格蒙特·鲍曼：《共同体》，欧阳景根译，江苏人民出版社 2003 年版，第 6 页。

而，人类具有"类本质""类特性"，全人类有着共同的利益以及在此基础上的普遍价值诉求，如尊重生命、捍卫人权、保护生态、渴求安全、追求发展等。总之，全人类都有着基于共同利益、共同需要和应对共同危机的"类"安全这一价值共识，都需要达到在普遍追求的价值目标和共同遵循的价值规范上的价值共识和价值认同。要度过人类共同的"类危机"，走向"类安全"，必须依靠全人类共同的力量。因为"没有哪个国家能够独自应对人类面临的各种挑战，也没有哪个国家能够退回到自我封闭的孤岛"。① 构建人类命运共同体和人类安全共同体，是由于生态环境、公共卫生、生命安全等全人类共同的事业受到威胁，单一的民族和国家难以有效应对，必须依靠全人类在资源、力量、信息知识、科学技术等方面的整合，构筑各发展主体自主、平等参与全球安全合作的治理格局，以共建、共享、共赢的价值目标走向生命安全与生态安全一体化安全的人类安全共同体。

二、生命与生态一体化安全彰显了
人类安全共同体的重大价值

当今世界，影响安全的重大风险是多种多样的。习近平将我国当前面临的重大风险概括为："既包括国内的经济、政治、意识形态、社会风险以及来自自然界的风险，也包括国际经济、政治、军事风险等。"② 《中共中央关于党的百年奋斗重大成就和历史经验的决议》在"开创中国特色社会主义新时代"这一部分，从十三个方面系统总结了党和国家事业取得的历史性成就和发生的历史性变革。其中第十一个部分"在维护国家安全上"提出，国家总体安全观"涵盖政治、军事、国土、经济、文化、社会、科技、网络、生态、资源、核、海外利益、太空、深海、极地、生物等诸多领域"。③ 就人与自然、人与社会的关系这两大维度来看，影响安全的重大风险可以归结为两大类，即来自自然

---

① 习近平：《携手构建合作共赢新伙伴　同心打造人类命运共同体——在第七十届联合国大会一般性辩论时的讲话》，《人民日报》2015 年 9 月 29 日。

② 《习近平谈治国理政》第二卷，外文出版社 2017 年版，第 81 页。

③ 《中共中央关于党的百年奋斗重大成就和历史经验的决议》，人民出版社 2021 年版，第 56 页。

界的重大风险和来自社会的重大风险，与此相对应的是两大类安全议题，即生命安全与生态安全以及两者集聚形成的生命与生态一体化安全问题。生态安全与生命安全是紧密关联着并呈现出一体化趋势的全新安全，是同一个安全的两个不可分割的重要组成部分。在整个人类社会所构成的普遍联系网络中，生态环境是人类社会和人的生命存活与发展的重要条件，生态风险以生态系统的不协调、不和谐、不稳定现象直接影响人的生命安全和国家政治稳定、社会和谐，以及经济社会可持续发展。而人的生命安全程度反过来也会直接影响生态安全程度。人是生态文明建设的主体，只有人类生命安全、身体健康，才能充分发挥出自己的主体性、能动性，将生态文明建设好。当代社会，人与自然、人与社会之关系并不是两个漠不相关的关系，而是交织互动的，生命生态化与生态生命化已形成紧密交融的发展趋势，进一步加大了生态风险与生命风险一体化的重大风险的发生概率。所谓生命生态化，就是生命与生态密不可分的联系。如同马克思揭示的那样，人类生命是依赖生态环境而产生和发展的，人靠自然界而生活，人身上的一切物质都来自自然界，自然界是人的无机身体，人类智商再高明、体力再强健、科技再进步，都无法脱离赖以生存和发展的生态环境，生态安全与否直接关系到个体、种族、民族以及全人类的生命安全与否。同时，人类的生命安全与否也直接影响到生态安全与否。马克思、恩格斯认为，人类历史的前提是有生命的个人存在，"全部人类历史的第一个前提无疑是有生命的个人的存在。因此，第一个需要确认的事实就是这些个人的肉体组织以及由此产生的个人对其他自然的关系"。① 所谓生态生命化，就是生态环境与人的内在联系以及生态环境具有的生命特征。一方面，它是指与人类生命具有对象性关系的生态环境，从对人类的影响而言，其实也是具有思想情感和记忆功能的，自从人类生命诞生以来，生态与生命一直都具有相互作用、相互影响的辩证互动关系。恩格斯在《自然辩证法》中揭示了自然界对人类的报复现象："我们不要过分陶醉于我们对自然界的胜利。对于每一次这样的胜利，自然界都报复了我们。"② 另一方面，只有人类生命安全了，才能从事积极的创造性活动，并以此促进生态环境与人类形成和谐共生、共荣共赢的良好关系，促使全人类迈向"生产发展、生活富裕、生态良好"的美好境界。

---

① 《马克思恩格斯文集》第一卷，人民出版社 2009 年版，第 519 页。
② 《马克思恩格斯文集》第九卷，人民出版社 2009 年版，第 559—560 页。

当今人类面临的生态危机与生命危机越来越超越国别的、地区的、民族的界限而具有全球化趋势，而"全球化的时代也就是全球传染的时代"。① 在生态危机方面，以全球气候变化为主要内容的生态灾难，影响的不只是几个国家而是全人类，解决这些问题需要世界各国的共同努力。全人类只有树立休戚与共、合作共治的理念，自觉将"我"融入"我们"、将"个体"融入"群体"、将"人"融入"人类"，才能牢固确立"和平、发展、公平、正义、民主、自由的全人类共同价值"，同心协力应对这场严峻的"类"危机。习近平说："当今世界，各国人民是一个休戚与共的命运共同体，市场、资金、资源、信息、人才等等都是高度全球化的。只有世界发展，各国才能发展；只有各国发展，世界才能发展。"②

在生命与生态一体化安全态势下构建人类安全共同体，又以全人类共同价值以及人类安全共同体理念、实践活动、体制机制建设助推生命与生态一体化安全，是摆脱目前存在的阻碍人类安全共同体构建的"安全困境"的重要法宝。"安全困境"（security dilemma）也叫"安全两难"，最早由美国国际关系研究者约翰·赫兹提出，指的是一个国家为了保障自身安全而采取的措施，反而会降低其他国家的安全感，从而导致该国自身更加不安全。如一个国家即使是出于加强自身防御的目的而增强军备，该行为也会被其他国家视为需要作出反应的威胁，这样一种相互作用的过程是国家难以摆脱的安全困境。赫兹认为，各群体（权力的单位）由相互猜疑和恐惧而产生的不安全感会强烈地驱使这些主体去争夺更多的权力以获得更大的所谓安全，"对权力的持续争夺产生螺旋效应，形成不断累积的安全的恶性循环"，③ 其结果是人类安全这一公共物品并不能得到有效保障，反而加剧了不安全。由此可见，要走出安全困境，必须依靠人类安全共同体。总之，构建人类安全共同体是打破安全困境、促进各国实现共同安全目标的不二法宝。因此，中国共产党人以人类共同利益和共同发展为重，倡导构建人类命运共同体、人类安全共同体、人类卫生健康共同

---

① 麦克尔·哈特、安东尼奥·奈格里：《帝国：全球化的政治秩序》，杨建国、范一亭译，江苏人民出版社2003年版，第138页。

② 习近平：《携手追寻中澳发展梦想 并肩实现地区繁荣稳定——在澳大利亚联邦议会的演讲》，《人民日报》2014年11月18日。

③ 员欣依：《从"安全困境"走向安全与生存——约翰·赫兹"安全困境"理论阐释》，《国际政治研究》2015年第2期。

体、人类发展共同体，有助于在全世界进一步强化"类安全"理念，消解"安全困境"，走向构建人类命运共同体的"持久和平、普遍安全、共同繁荣、开放包容、清洁美丽的世界"这一价值目标。

三、以生命与生态一体化安全构建人类安全共同体的实践路径

在生命与生态一体化安全视野下构建人类安全共同体，是一个内容丰富的复杂系统工程。"生命与生态一体化安全"和"人类安全共同体"这些命题本身就鲜明昭示出安全问题的整体性、系统性、过程性，需要全球在共同合作中久久为功、持续发力，进行一场涉及安全理念、安全体制机制、安全实践方式等诸多方面的整体性变革。

以生命与生态一体化安全构建人类安全共同体，安全理念创新是重要前提。构建人类安全共同体并走向人类命运共同体，端正思想认识并在此基础上获得价值认同和价值共识是重要前提条件。要以全人类共同价值为指导，既按照全球生命危机与生态危机交织并存与一体化爆发的时代特点更新思想和转换观念，又按照现代生命安全与生态安全紧密融合形成安全一体化格局的新特点更新思想和转换观念，从而达到以全人类共同价值为导向，引领体制机制变革和实践方式变革的目的。

必须看到，现代社会发生的由生命与生态一体化危机所引发的，必须以生命与生态一体化构建推动形成人类安全共同体的时代课题，是由人与自然、人与社会越来越突出的紧张关系所决定的。人对自然的不友好态度以及人与社会（包括国际社会）的不友好、不合作态度，使得这一危机越来越趋向严重。人类控制自然的结果，是令自己遭到了自然界的无情报复，这种报复以生态不安全与生命不安全的双重性突出地表现出来，正如马克思所说："随着人类愈益控制自然，个人却似乎愈益成为别人的奴隶或自身的卑劣行为的奴隶……我们的一切发现和进步，似乎结果是使物质力量具有理智生命，而人的生命则化为愚钝的物质力量。"① 马尔库塞也认为："商业化了的自然界、污染了的自然

---

① 《马克思恩格斯全集》第 12 卷，人民出版社 1998 年版，第 4 页。

界、军事化了的自然界,不仅在生态学意义上,而且在实存本身的意义上,切断了人的生命氛围。"① 这充分说明人类只有采取敬畏自然、顺从自然、呵护自然、与自然和谐共生共荣的态度,才能确保生态安全,而只有生态安全了,才能确保人的生命安全和身体健康。人的生命安全与自然界的生态安全又构成一个共生体,形成生态与生命一体化安全格局。因此,也只有将人的生命健康与自然界的生态健康、人的生命安全与自然界的生态安全看作是一个相互影响、相互作用的统一体,才能推动人类安全共同体的形成和发展。人类历史上的生态危机总是与生命危机紧密关联。霍乱是《国际卫生条例》规定的必须实施国际卫生检疫的三种人类烈性传染病之一,主要是由于人类接触了被人为污染的水源而引起的。该传染病发病急、传播快、致死率极高。而人类大流行的各种病毒,究其根源,都与人类过度干预自然、扰乱自然生态平衡有关。天灾背后往往有人祸,全球生态危机与生命危机一体化的发生,通常与人类之间不能展开有效合作密切相关。而这与缺乏"同一个安全""同一个健康"的思想认识有关。"同一个安全""同一个健康"倡导的是在整体性安全和整体性健康态势下才能获得个体的安全与健康。病毒的大流行和生态灾难的全球化,意味着只有采取主体际式的安全方式和健康方式,才能实现人类安全共同体。在病毒和生态危机面前,"只有你安全,才有我安全""只有你健康,才有我健康"这种主体际式的安全和健康模式,已经成为被实践反复证明了的客观事实。只管自身安全和健康的那种单边主义做法,既是一种短视行为,在实践中也是达不到预期目标的。正如美国《经济学人》杂志所说,"他们认为'别人'会传染'我们',而没有意识到传染就存在于'我们'中间。"② 严峻的客观现实与全球新的安全形势,要求世界各国必须树立全新的安全理念。在经济全球化深入发展的今天,已经不可能有一个国家能脱离世界整体安全而实现自身单独安全,更没有建立在其他国家不安全基础上的自身单独安全。各国只有主动顺应时代潮流、呼应时代呼唤,合作开创一条共建共享共赢的安全之路,才能实现自身安全以及全人类的长治久安。只有以团结合作的共同体力量,才能应对生态危机与生命危机的一体化危机,达到人类安全共同体构建的理想目标,走向

---

① 马尔库塞:《审美之维》,李小兵译,生活·读书·新知三联书店 1989 年版,第 131 页。

② "Going Global", *The Economist*, vol. 9, 2020, p. 7.

共同繁荣发展、安定祥和的人类命运共同体。

以生命与生态一体化安全构建人类安全共同体，安全体制机制创新是根本保障。加强生命与生态一体化安全视野下人类安全共同体的体制机制建设，有助于通过发挥国际安全体制机制的规约作用，切实提高全球生命安全与生态安全一体化安全的能力水平。以生命与生态一体化安全格局走向全球安全共同体，体制机制建设是根本。全球性问题需要全球性治理，全球性生命安全与生态安全的一体化安全问题更需要完善并能够得到切实遵守的全球安全治理体制机制。当前，国际社会的进步与发展使全球生命安全和生态安全的国际合作机制得到了极大发展，世界卫生组织、联合国环境规划署、国际环境情报网等相关组织在这方面发挥了积极作用，世界银行、国际货币基金组织、二十国集团、金砖国家组织等也发挥了促进作用。同时，《联合国气候变化框架公约》《生物多样性公约》《巴黎协定》等国际公约和重要文件，对于确保全球生命安全和生态安全起着重要的规约作用。但是，如同习近平所指出的，"全球治理体系未能反映新格局"，[1] 目前一个不容忽视的客观现实是"全球治理体系和多边机制受到冲击"。[2] 由于"现行全球治理体系不适应的地方越来越多"，[3]"全球治理体系亟待改革和完善"。[4] 加强全球治理、推动全球治理体系变革是时代之需，也是大势所趋。世界各国要以全人类共同价值为指导，推进国际民主政治发展，构建共商共建共享的全球治理规则和制度机制。各国应"坚持共商共建共享的全球治理观"，[5] 坚决摒弃旧的冷战思维，终止单边主义行为，坚持在联合国框架下，着力构建和畅通有助于生命安全与生态安全的协商对话机制，以对话方式凝聚共识，以和平方式解决分歧和争端，以合作共赢的态度推进环境治理、健康治理，促进全球生态环境改善和公共卫生安全事业发展，以面向未来的眼光解决现实中的生命危机与生态危机一体化带来的不安全问

---

① 习近平：《习近平主席在出席世界经济论坛 2017 年年会和访问联合国日内瓦总部时的演讲》，人民出版社 2017 年版，第 6 页。

② 《习近平谈治国理政》第三卷，外文出版社 2020 年版，第 460 页。

③ 《习近平谈治国理政》第二卷，外文出版社 2017 年版，第 449 页。

④ 习近平：《习近平在联合国成立 75 周年系列高级别会议上的讲话》，人民出版社 2020 年版，第 10—11 页。

⑤ 习近平：《在第三届中国国际进口博览会开幕式上的主旨演讲》，人民出版社 2020 年版，第 5 页。

题，为国家间化解矛盾分歧实现地区和平稳定，为应对全球气候变化等生态危机带来的重大挑战，创造一切有利条件和可靠保障。针对全球新冠肺炎疫情和气候变化等带来的生命危机、生态危机，必须建立健全全球公共卫生安全以及生态安全一体化的长效融资机制、全球公共卫生安全产品供给机制、全球公共卫生问题威胁监测预警与联合响应机制、资源储备和资源配置机制等，同时，加强全球生态环境合作治理体系建设，推进全球安全治理体系改革和建设，致力于推动国际社会以更加有力有效的举措应对各类全球性生态与生命一体化安全问题。要按照生态安全影响生命安全以及生命安全反作用于生态安全的客观规律，健全生命安全和生态安全一体化联动的预警响应机制，把增强对生态环境异常和生命安全异常的早期监测预警能力作为健全全球生态治理体系和公共卫生体系的当务之急，进一步完善全球生态危机、传染病疫情，以及突发生态事件、公共卫生事件的监测系统，改进对于生态危机、不明原因疾病和异常健康事件的监测机制，提高评估监测不安全因素的敏感性和准确性。

以生命与生态一体化安全构建人类安全共同体，安全行为方式创新是关键因素。要优化以生命与生态一体化安全促进人类安全共同体构建，行胜于言。安全的行为方式创新，首先在于要努力改变单个的、区域的、民族的、国别的安全行为而统合到国际性的安全集体合作行动上，以人类安全共同体的合力助推全球整体性安全。生命安全与生态安全的一体化安全问题有着极大的跨国性、不确定性和非对称性，这决定了构建人类安全共同体是世界各国共同的责任和使命，并且这一责任和使命还延伸至各种社会组织、跨国企业乃至个人等非国家行为体。世界各国需要以目标一致、利益共生、权利共享、责任共担的价值理念，通力合作、同舟共济、协调行动，共同应对人类的安全挑战。在严重威胁到人类生存和发展的全球生态危机与全球性公共卫生和健康问题上，任何国家都不应"事不关己，高高挂起"，而必须加强国际合作、守望相助，凝聚力量共同战胜生态风险和疫情病魔一起袭来的挑战，确保人类在生命安全与生态安全的一体化安全中走向人类安全共同体。其次要努力促使全球生产方式和生活方式的企业行为、国民行为符合生命安全与生态安全的一体化安全需要。不同的生产、生活方式对生命安全和生态安全产生不同的影响，直接关系到二者的一体化安全程度。美好生活要通过美好的生产、生活方式表现出来，而美好的生产、生活方式就是有助于生命安全和生态安全一体化实现的文明健康、绿色低碳、环保安全的生产和生活方式。掌握科学的生态健康与身体健康知识，树立良好饮食风尚，推广文明健康生活习惯，选择绿色低碳环保的消费方式、交往方式、出行方式、旅游方式、餐饮方式等，都会体现出社会文明程度与人民幸福程度，都会充分反映出一个民族和国家的生命质量和生态文明实际水平，展示出人类安全共同体构建的实际成效。

（选自《东南学术》2022 年第 4 期）

生态文明建设的中国方案
及其世界意义

◎杨　晶　陈永森*

生态文明建设是关系中华民族永续发展的根本大计。从"环境保护"到
"可持续发展","两型社会"再到"生态文明",党和国家关于生态环境的理论
和体制机制不断完善。尤其是党的十八大以来,我国把生态文明建设作为"五
位一体"总体布局和"四个全面"战略布局的重要内容,不断推进生态文明建
设。这几年来,我国开展的一系列根本性、开创性、长远性工作,推动生态环
境保护发生历史性、转折性、全局性变化。[①] 短短几年所取得的成就充分说明
了中国有能力在较短的时间内改善生存环境,并为世界的生态环境治理提供中
国智慧和中国方案。当然,中国的生态环境问题还很多,中国方案还在不断探
索和完善中。

一、中国特色社会主义制度为生态文明建设提供根本保障

中国生态文明建设有着得天独厚的文化和思想优势。天人合一的传统文
化、马克思主义人与自然关系的思想、习近平总书记的生态文明理论为生态文
明建设提供了思想资源和精神动力。但文化和思想要付诸实践,还需要有制度

---

　*　作者简介:杨晶,福建师范大学讲师,马克思主义学院博士研究生;陈永森(通讯
作者),福建师范大学马克思主义学院教授、博士生导师。

　①　《坚决打好污染防治攻坚战　推动生态文明建设迈上新台阶》,《人民日报》2018年
5月20日。

的支持。中国特色社会主义制度显然有助于生态文明建设。

首先，社会主义的公有制经济为生态文明建设提供了有利条件。我国《宪法》规定：中华人民共和国的社会主义经济制度的基础是生产资料的社会主义公有制，即全民所有制和劳动群众集体所有制；国家在社会主义初级阶段，坚持公有制为主体、多种所有制经济共同发展的基本经济制度。生产资料公有制有助于国家调节经济社会发展与环境保护的矛盾，通过宏观调控解决资源危机和环境恶化问题。国有企业更能够服务国家生态文明建设的大局，推进产业升级换代，追求高质量的发展。当然，中国还要发展混合所有制经济，支持民营企业的发展，且无论是什么样类型的经济都要在市场中竞争，但庞大的公有制经济显然更能服从国家的宏观调控，顺应绿色发展要求。

其次，土地资源公有性质有助于合理使用和保护自然资源。《宪法》第九条规定：矿藏、水流、森林、山岭、草原、荒地、滩涂等自然资源，都属于国家所有，即全民所有；由法律规定属于集体所有的森林和山岭、草原、荒地、滩涂除外。国家保障自然资源的合理利用，保护珍贵的动物和植物。禁止任何组织或者个人用任何手段侵占或者破坏自然资源。第十条规定：城市的土地属于国家所有。农村和城市郊区的土地，除由法律规定属于国家所有的以外，属于集体所有；宅基地和自留地、自留山，也属于集体所有。国家为了公共利益的需要，可以依照法律规定对土地实行征收或者征用并给予补偿。任何组织或者个人不得侵占、买卖或者以其他形式非法转让土地。土地的使用权可以依照法律的规定转让。一切使用土地的组织和个人必须合理地利用土地。自然资源的公有为主体功能区和三条控制线（生态保护红线、永久基本农田、城镇开发边界）的划定提供了制度保障和便利。自然资源的公有是社会主义在生态环境保护上的一种优越性。生态马克思主义者就很赞赏这一点。在他们看来，林地的私人所有使所有者往往依据林地的经济性而不是生态性来考虑林地的用途。林地所有者可能砍伐原始森林，并在其土地上种植经济林。而经济林在保持生态平衡、涵养水分、调节气候、净化空气等作用比原始森林差远了。① 自然资源尤其是土地公有制意味着山水林田湖草能够统一管理和治理，合理使用自然资源，有目标、有步骤地使自然生态朝着有利于人类生存和发展的方向演化。

---

① JohnBallamy Foster. "Ecology against Capitalism". Mohthly Reeview Press，New York，p. 115.

再次，政党制和干部考核任免制提高了生态文明政策的执行力。中国共产党领导是中国特色社会主义最本质特征。党的领导地位保证了作为党的意志的生态文明建设能够得到有效实施。十九大报告指出，"坚持党对一切工作的领导。党政军民学，东西南北中，党是领导一切的"。[①] 党把生态文明建设写入党章，通过党的意志把生态文明建设写入宪法。新的《中国共产党章程》"总纲"中明确规定，"中国共产党领导人民建设社会主义生态文明"。中国共产党是生态文明建设的引领者和推动者。国家通过党政同责、一岗双责来保证生态文明建设任务的实施，通过"环保一票否决制"、自然资源资产离任审计、绿色政绩、环保督查、河长制和湖长制等制度来确保各级领导干部履行生态文明建设的领导职责。2016 年 12 月中共中央办公厅、国务院办公厅印发了《生态文明建设目标评价考核办法》。一年一评价、五年一考核的党政同责考核制度被认为是最严的考核办法。2018 年 5 月，习近平总书记在全国生态环境保护大会上强调，要建立科学合理的考核评价体系，考核结果作为各级领导班子和领导干部奖惩和提拔使用的重要依据。对那些损害生态环境的领导干部，要真追责、敢追责、严追责，做到终身追责。要建设一支生态环境保护铁军，政治强、本领高、作风硬、敢担当、特别能吃苦、特别能战斗、特别能奉献。各级党委和政府要关心、支持生态环境保护队伍建设，主动为敢干事、能干事的干部撑腰打气。奖惩分明的考核机制激发了党员干部的积极性，增强了搞好生态文明建设的信心。此外，党和政府对宣传媒体和教育的管理也有助于生态文明意识的广泛传播。近年来，中国媒体对生态文明意识的广泛传播，在较短时间内普及了生态文明知识，提高了公民保护环境的自觉性。把生态文明的内容纳入各级学校的教育内容，生态文明知识和意识进教材、进课堂、进头脑，对于提高中国公民的生态文明素质起到了积极作用。

在西方，政策制定和实施中也有政党的意志在起作用，比如绿党以及逐渐绿化的其他政党，但多党政治使环境保护政策常常没有延续性。在美国，小布什上台就退出了《京都协定》，特朗普上台就宣布退出《巴黎协议》。一些发展中国家，由于土地的私有制、缺乏延续的政府和政策以及国民教育等缺陷，环境保护政策也常常无法得到有效实施。美国环保协会中国项目主任张建宇认

---

① 习近平：《决胜全面建成小康社会　夺取新时代中国特色社会主义伟大胜利——在中国共产党第十九次全国代表大会的报告》，人民出版社 2017 年版，第 20 页。

为，受西方选举制度局限，特殊利益集团的作祟，最终会阻碍本该畅通的执政渠道。与之相反，中国政府有强大的执行能力，因此，当政府意识到环保问题的重要性时，就可以打破利益藩篱。一旦中国生态文明建设的"睡狮"觉醒，所爆发出的优势和能量是传统的西方环保体系无法比拟的。① 日本国际贸易投资研究所首席经济学家江原规由表示，构建生态文明，需要完善国家政策，提高企业和个人的意识，在这些方面，中国具有得天独厚的优势，尤其是在制度上拥有巨大优势。

二、中国特色的生态文明理论为生态文明建设提供行动指南

在西方发达国家，官方、学界和民间谈"可持续发展""环境主义""保护生物多样性""环境治理""清洁能源"等等，但一般不用"生态文明"概念。这主要是由于中西方对历史进程的认识不同，西方往往把工业社会后的文明称之为后现代文明，但我国则顺应环境保护的趋势，把工业文明之后的文明称之为生态文明，同时又受实证或分析哲学的影响，不喜欢宏大叙述。在中国，无论是古代的天人合一，还是马克思主义的唯物辩证法，都强调整体性思维和系统性思维，所以中国顺利地接受了综合性、整体性、系统性的"生态文明概念"。我们用"生态文明"这一概念无疑可以更好地定义有别于工业文明的一种新的文明形态或文明要素，能够更好地推进拯救地球的行动。在中国，生态文明不仅从学界、官方走向民间，而且形成了比较完整的中国特色社会主义生态文明理论。生态文明理论对我国生态文明建设起先导作用。这种理论概括起来至少包含如下思想：

一是马克思主义人与自然关系思想。"学习马克思，就要学习和实践马克思主义关于人与自然关系的思想。"马克思认为，人是自然的一部分，自然是人的无机身体，人与自然是生命共同体。人靠自然界生活，自然不仅给人类提供了生活资料来源，也给人类提供了生产资料来源。为了生存和发展，人类利用自然和改造自然，但这种利用和改造必须尊重自然规律，否则将招致自然的报复。为此，人类必须敬畏自然、尊重自然、顺应自然、保护自然。② 习近平

---

① http：//world. people. com. cn/n/2015/0305/c1002-26638154. html.

② 习近平：《在纪念马克思诞辰 200 周年大会上的讲话》，《人民日报》2018 年 5 月 5 日。

总书记发展了马克思主义的人与自然关系的思想，提出了"绿水青山就是金山银山"的理论。必须把尊重自然规律与发挥人的主观能动性结合起来，把经济发展与保护自然结合起来，在理论和实践上避免西方环境主义的两个倾向：极端人类中心主义和极端生态中心主义。这是因为前者把人看作自然的主宰，只谈人的主体性、能动性，忽视人对自然规律的遵从；后者只谈顺应自然，否定人的创造性作用，否定科学技术发展对推进社会进步的作用，否定经济发展的必要性。

二是满足人民美好生活追求的思想。生态文明建设是为了满足人民的"美好生活"，给人民提供更多的生态产品。正如习近平总书记所言："良好生态环境是最公平的公共产品，是最普惠的民生福祉。对人的生存来说，金山银山固然重要，但绿水青山是人民幸福生活的重要内容，是金钱不能代替的。"[①] 当代中国社会的主要矛盾已经转变为人民日益增长的美好生活需要和不平衡不充分的发展之间的矛盾。中国人均收入水平与发达国家相比还有较大的距离，还存在贫富差距。为此，在强力推动生态文明建设中还要推进高质量和适度的经济发展。

三是协同治理思想。我们不能孤立理解生态文明，也不能单边推进生态文明建设，而是要把生态文明放到"五位一体"和"五大发展理念"中理解，协同推进生态文明建设。"五位一体"是一个有机整体，其中经济建设是根本，政治建设是保证，文化建设是灵魂，社会建设是条件，生态文明建设是基础。只有全面推进、协调发展，才能形成经济富裕、政治民主、文化繁荣、社会公平、生态良好的发展格局，把中国建设为富强、民主、文明、和谐、美丽的社会主义现代化国家。五大发展理念是一个整体，创新、协调、绿色、开放、共享五个方面相互联系，其中任何一个部分都不可能脱离其他部分而独立存在。当代中国尤其要处理好经济发展与生态文明建设的关系。党的十九大报告提出，"我们要实现的现代化是人与自然和谐的现代化"[②]。这表明中国的生态文明建设与经济发展、现代化的不可分离。没有经济的发展和现代的推进，中国

---

① 中共中央文献研究室编：《习近平关于生态文明建设论述摘编》，中央文献出版社2017年版，第4页。

② 习近平：《决胜全面建成小康社会 夺取新时代中国特色社会主义伟大胜利——在中国共产党第十九次全国代表大会的报告》，第50页。

就实现不了强国梦；而没有生态文明建设，人们美好生活的向往、强起来的梦想也无法实现。在"五位一体"中推进生态文明建设，在"五大发展理念"中推动绿色发展，在协调现代化与生态文明关系中建设生态文明，这种基于国情的、系统的、协同推进的思维对发展中国家的生态文明建设无疑具有参考价值。现代化与生态文明建设齐头并进，显示出新时代中国特色社会主义的生态文明的话语体系与欧美各种环境主义思潮有很大差异。后者往往把可持续发展与现代化对立起来。深层生态学（深绿）把生态危机归结为人类中心主义的现代性，排斥经济发展，否定现代化。多数生态社会主义（红绿）者对经济发展不感兴趣，萨拉·萨卡甚至重提"增长的极限"的口号，不仅要求发达国家要从经济发展的轨道上撤退，甚至呼吁像中国那样的发展中国家也要放弃经济增长的目标。西方学者是基于发达国家的背景而提出矫枉过正的对策，也许可以部分适用发达国家，但在中国，任何忽视生态文明建设与经济社会发展有机联系的做法都是错误的。我国还处在社会主义初期阶段，还是发展中国家，现代化的任务还未完成，还面临着人民美好生活的需要与发展不平衡不充分的矛盾。在发展过程中，我国确实面临严重的生态环境问题，但并没有像西方学者所想象的那样遇到了"增长的极限"。因此，我们的生态文明建设并不排斥现代化，而是与现代化同步。十九大提出我国社会主义现代化建设"三步走"战略目标就内含生态文明建设步骤和阶段性目标，体现了生态文明建设与经济社会发展协调推进的思想。

四是人类命运共同体思想。人类只有一个地球，各国共处一个世界，你中有我、我中有你。生态环境问题是世界性问题，诸如全球气候变暖、海洋污染、生物多样性锐减等等都是世界性问题，每个国家都不能独善其身。党的十九大报告呼吁："各国人民同心协力，构建人类命运共同体，建设持久和平、普遍安全、共同繁荣、开放包容、清洁美丽的世界……要坚持环境友好，合作应对气候变化，保护好人类赖以生存的地球家园。"[①] 作为社会主义大国，绝不会像一些早期的西方资本主义国家那样以邻为壑，实行生态帝国主义政策：把高污染和高耗能产业转移到发展中国家，把垃圾转运到发展中国家，让一些殖民地国家种植有害土壤的连续利用的单一作物，以农业种子控制发展中国家

---

① 习近平：《决胜全面建成小康社会 夺取新时代中国特色社会主义伟大胜利——在中国共产党第十九次全国代表大会的报告》，第58—59页。

的农业。"命运共同体"是中国政府反复强调的关于人类社会的新理念，也是中国特色社会主义生态文明观的重要组成部分。党的十九大报告强调要"为全球生态安全作出贡献""要积极参与全球环境治理，落实减排承诺"。这表明我国推进国内生态文明建设是秉承了社会主义公平正义基本原则的，是遵循了可持续发展国际公约的。我国的生态文明建设取得了令世界瞩目的成就，生态文明成功的经验为发展中国家提供了可资借鉴的范例，也将对国际的环保事业和可持续发展产生重大影响。

三、中国特色的政府主导模式为生态文明建设提供重要保证

生态环境的公共物品属性决定了市场机制在生态文明建设中的有限性，由于我国公民的生态环境保护意识总体上还不够强，生态环境保护的社会力量比较弱，这些就决定了党和政府是生态文明理念的倡导者，生态文明建设的主导者。理念的创立、制度体系的建立、机构的设置、政策的制定与实施、评估与监管都体现了从上到下的政府主导型模式。政府主导的作用表现为：

一是把生态文明建设上升为国家发展战略。中国是唯一把生态文明建设上升为国家发展战略的国家。从20世纪70年代初开始，党和国家就已经注意到生态环境问题，并作出种种改善生态环境的努力。1973年8月，国务院通过第一个环境保护文件《关于保护和改善环境的若干规定》，标志着我国环保事业正式进入起步阶段。1979年，第一部环境法律《中华人民共和国环境保护法（试行）》问世，我国环保事业进入发展阶段。从十五大到十九大，党对生态文明建设的认识逐步成熟，并在实践中不断完善。党的十五大明确提出实施可持续发展战略，十六大将生态良好作为社会文明发展的重要指标，为"生态文明"的提出奠定了基础。党的十六届五中全会提出加快建设资源节约型、环境友好型社会，"两型"社会的提出是我党深入认识生态可持续发展的重要表现。党的十七大首次提出建设生态文明，阐述了一系列建设生态文明的方针、政策和措施，深刻把握生态文明建设的重要性和紧迫性。为了实施这个战略，国家进行了生态文明建设的总体规划与顶层设计，出台了一系列关于生态文明建设的重要文件。党的十八大提出"五位一体"，十八届五中全会提出"五大发展理念"，党的十九大把坚持人与自然和谐共生作为新时代坚持和发展中国

特色社会主义基本方略的重要内容，强调要牢固树立社会主义生态文明观，推动形成人与自然和谐发展现代化建设新格局，中国生态文明思想不断丰富和完善，生态文明建设的战略地位不断提高。十八大之后，中共中央、国务院印发了一系列生态文明建设的文件，如《关于加快推进生态文明建设的意见》《生态文明体制改革总体方案》《全国生态保护"十三五"规划纲要》《国家环境保护"十三五"环境与健康工作规划》《中共中央国务院印发关于完善主体功能区战略和制度的若干意见》。一系列重磅文件的出台，对我国生态文明建设作出了顶层设计和总体部署，对当前和今后一个时期我国生态文明建设提出了具体任务、目标和措施。

二是统筹兼顾经济社会发展与生态文明建设。生态文明建设不可能靠单枪匹马式的狂飙突进，需要系统思维、协调各种重大关系，在当代中国尤其要处理好经济发展与生态文明建设的关系。这种战略的把握，各种重大关系的处理，只有靠党中央和政府的顶层设计才能完成。党的十八大以来，党中央坚持把发展作为第一要务，坚持以经济发展为中心，统筹推进"五位一体"的总体布局，落实"五大发展理念"，取得了经济发展和生态文明建设的双丰收。作为全局性、综合性、长期性的生态环境问题，在偌大的中国，没有政府来整合社会资源，协调各种复杂关系，是不可能得到解决的。在西方国家，发展经济和保护环境似乎是难以协调的。在理论上，有增长极限论、稳态经济论对抗经济发展；在社会上，环境主义者经常对抗政府发展经济的政策，比如发展核电力，往往就有反核的组织起来抗议。中国政府在坚持以经济建设为中心的同时积极推进生态文明建设，走出了一条经济发展与生态文明建设协调发展的中国特色社会主义发展道路。当代中国也曾走过曲折道路，片面追求经济增长，带来了严重的生态环境问题。十八大以来，中央政府特别关注生态文明，相继发布"大气十条""土十条"，全面推行河长制并逐步推行湖长制。在新常态中，经济不断趋向高质量发展，生态环境也明显改善。《中国应对气候变化的政策与行动 2017 年度报告》显示，中国二氧化碳排放强度比上年下降了 6.6%，全国单位 GDP 能耗下降了 5%。

三是逐步推进生态文明的制度建设。习近平总书记指出："只有实行最严格的制度，最严密的法治，才能为生态文明提供可靠保障。"① 目前，国家已经建立了一系列的生态文明建设制度并逐步落实。如已建立了最严格的生态环境损害赔偿和责任追究制度，建立了科学的政绩考核和经济社会发展考核评价体系，建立了环境保护督查工作制度。此外，党的十八大以来，生态文明制度体系加快形成，主体功能区制度逐步健全，国家公园体制试点积极推进。党的十九大还提出要加强对生态文明建设的总体设计和组织领导，拟设立国有自然资源资产管理和自然生态监管机构，统一行使全民所有自然资源资产所有者职责，统一行使所有国土空间用途管制和生态保护修复职责，统一行使监管城乡各类污染排放和行政执法职责。十三届全国人大一次会议表决通过了组建生态环境部，将分散在不同部门的生态环境保护职责整合起来，"从监管者的角度实现了五个打通：打通了地上和地下，打通了岸上和水里，打通了陆地和海洋，打通了城市和农村，打通了一氧化碳和二氧化碳，即统一了大气污染防治和气候变化应对"。②

四是扶贫与生态文明建设并举。生态文明建设与扶贫结合是新时代中国特色社会主义一个重要举措。中国政府扶贫的因地施策、精准扶贫和生态扶贫取得了生态环境保护和摆脱贫困的双赢。扶贫事业是中国特色社会主义制度优势的表现，体现了社会主义共同富裕的内在要求，扶贫尤其是生态扶贫也是促进人与自然和谐共生的重要途径。如何通过社会公平促进人与自然的和谐是西方有识之士尤其是生态马克思主义者试图解决的问题，但他们在制度面前无能为力，只能坐而论道，而中国则可以利用制度的优势把这一种理论和价值观付诸实践。在一些发展中国家，往往不断重蹈贫困与环境退化的恶性循环，而我们则可以通过扶贫来遏止贫困与生态环境破坏的恶性循环，通过生态环境的治理使人安居乐业。扶贫帮困是共产党人的职责和使命。走社会主义共同富裕的道路，以人民为中心，扶贫救弱，把生态文明建设与扶贫结合起来是中国共产党人的一项伟大创举，对于发展中的社会主义国家的生态文明建设具有借鉴意义。

---

① 中共中央文献研究室编：《习近平关于社会主义生态文明建设论述摘编》，中央文献出版社 2017 年版，第 99 页。

② http：//www. gov. cn/xinwen/2018-03/17/content＿5275063. htm.

四、生态文明建设中国方案的世界意义

立足于本国国情的中国生态文明建设，不仅能够在较短时间内实现生态环境的好转，而且对全球生态环境和环境治理都具有重要意义。

首先，在中国从事生态文明建设的伟大工程就是世界大事。中国是世界的一部分，人口占了世界五分之一左右，是世界第二大经济体，在快速的现代化进程中，消耗着越来越多的资源和能源。随着经济的发展、汽车社会的到来，中国已成为世界第二大石油消费国，2017年中国石油的对外依存度超过68％。中国的环境问题与世界息息相关，中国的节能减排对世界的能源储存和生态环境有特别重要的意义。解决好中国的生态环境问题也有助于周边国家生态环境的改善。

其次，对人类命运共同体的担当将使中国成为全球生态文明建设的重要参与者、贡献者、引导者。生态危机、环境危机成为全球挑战，没有哪个国家可以置身事外，独善其身。中国决不会走生态殖民主义的道路。习近平总书记提出解决世界全球气候问题的三大理念：摈弃"零和博弈"狭隘思维，树立互惠共赢新思维；摈弃对立思维，树立"包容互鉴、共同发展"的新思维；确立中华民族特有的天下观、义利观。中国近年来自主自愿采取减排措施，加大实施力度，并作出了艰苦卓绝的努力。2016年底，中国就发电量而言已经是全球最大的太阳能发电国。目前中国是全球最大的可再生能源生产和消费国，也是全球最大的可再生能源投资国，中国水电、风电、太阳能光伏发电装机规模居世界第一。"十三五"期间，我国在可再生能源领域的新增投资将达到2.5万亿元，比"十二五"期间增长近39％。作为13亿多人口的发展中国家，中国是遭受气候变化不利影响最为严重的国家之一。积极应对气候变化是中国实现可持续发展的内在要求，也是深度参与全球治理、打造人类命运共同体，推动全人类共同发展的责任担当，中国积极"引导应对气候国际合作，成为全球生态文明建设的重要参与者、贡献者、引导者"。[①]

再次，中国的生态文明建设的经验能为世界其他国家起示范作用。对于世

---

① 习近平：《决胜全面建成小康社会　夺取新时代中国特色社会主义伟大胜利——在中国共产党第十次全国代表大会的报告》，第6页。

界各国来说，基于中国智慧的整体治理观具有普遍的意义。自 20 世纪 70 年代以来，西方发达国家走的是一条治标不治本，头痛医头、脚痛医脚的道路，中国"五位一体"的生态文明建设理念已经得到世界普遍的认可。统筹兼顾，协调发展，把生态文明建设与经济社会建设统筹起来，走绿色发展的道路，破解发展与保护的矛盾，是中国方案的重大创新。

基于东方智慧、中国的政治体制和意识形态特征而形成的中国生态文明建设战略和实践成就，得到了国际社会与联合国的高度认可与赞同。在战略规划方面，2013 年 2 月，联合国环境署第二十七次理事会就通过了《推广中国生态文明理念》的决定草案。中国生态文明建设战略甚至被国际社会认为是能够从根本上化解环境危机、给世界未来带来和谐共赢的"中国方案"。2016 年 5 月，联合国环境规划署发布《绿水青山就是金山银山：中国生态文明战略与行动》报告，该报告对习近平总书记的绿色发展思想和中国的生态文明理念给予了高度评价。西班牙中国政策观察中心主任胡里奥·里奥斯表示："中国政府对生态文明建设中存在的问题有清醒准确的认识，对解决这些问题投入了大量资源，制定了中长期规划。这些都让人们相信，中国的生态文明建设将在未来取得更多令人赞叹的成就。"①

在治理环境污染方面，尽管中国还任重道远，但已取得明显的进步。美国库恩基金会主席罗伯特·库恩认为今天的中国环境有了很大改善，"中国在环境治理方面的措施很有效果。举例来说，今天中国政府对污染企业拿出的经济惩罚措施，能真正起到实效"。悉尼麦克里大学管理学院教授约翰·马修斯认为绿色能源革命正在发生，"中国的能源体系正在以更快的速度和更高的效率向绿色能源转变"。② 英国《卫报》报道了芝加哥大学能源政策研究所所长迈克尔·格林斯通对中国 2013 至 2017 年间收集到的政府空气监测数据分析发现，中国许多人口相对密集的城市空气污染都出现了大幅下降。他认为，"如果这些改善得以持续，中国将赢得这场战争，中国人的整体健康状况将得到显

① 《从中国的成功经验中寻找新路径——国际人士积极评价中国生态文明建设》，《人民日报》2018 年 3 月 14 日。

② https://www.project-syndicate.org/commentary/china-green-energy-revolution-by-john-a--mathews-and-hao-tan-2015-05? barrier＝accesspaylog.

著改善，包括延长寿命"。① 世界卫生组织公共卫生主任玛丽亚·内拉说，中国已取得的重大进步，印度应该仿效中国。②

在引领带动方面，《美国经济学与社会学杂志》主编克利福德·柯布指出，中国走过的发展道路完全不同于欧美国家。欧美国家为保护"自己的环境"，把高污染工厂输出到发展中国家，而中国不仅自己面对和解决困难，还在为其他国家提供样板。③ 美国人文与科学院院士小约翰·柯布认为，生态文明的希望在中国。他认为："在生态文明建设的很多方面，中国都可能成为领导者。我希望其他国家可以学习中国的经验。"④ 联合国副秘书长兼联合国开发计划署署长施泰纳则表示，"绿色发展""生态文明"等理念和词汇已被纳入联合国文件，是中国智慧对全球生态环境治理的贡献。⑤

当然，中国并不强行输出自己的制度和价值观。每个国家的政治和经济体制不同，文化和价值观不同，对中国方案的态度必然不同，也就有不同的取舍。

五、在实践中不断完善生态文明建设的中国方案

正如习近平总书记在十九大报告以及全国生态环境保护大会上指出的，总体上看，我国生态环境质量持续好转，出现了稳中向好趋势，但成效并不稳固。生态文明建设正处于压力叠加、负重前行的关键期，已进入提供更多优质生态产品以满足人民日益增长的优美生态环境需要的攻坚期，也到了有条件有能力解决生态环境突出问题的窗口期。我国经济已由高速增长阶段转向高质量发展阶段，需要跨越一些常规性和非常规性关口。因此，还要推进绿色发展，着力解决突出环境问题，加大生态系统保护力度，改革生态环境监测体制。为了更好地发挥我国制度优势，以下几个方面值得关注。

---

① https：//www. theguardian. com/world/2018/mar/31/china-environment-census-reveals-50-rise-in-pollution-sources.

② 《世卫组织敦促印度治污学习中国经验》，《参考消息》2018 年 5 月 3 日。

③ http：//www. jhnews. com. cn/2017/1207/792281. shtml.

④ http：//epaper. anhuinews. com/html/ahrb/20150607/article _ 3319570. shtml.

⑤ 《从中国的成功经验中寻找新路径——国际人士积极评价中国生态文明建设》，《人民日报》2018 年 3 月 14 日。

一是完善政府为主导的政府、市场和社会合作的协同治理模式。十九大报告中提出，"构建政府为主导、企业为主体、社会组织和公众共同参与的环境治理体系"。政府不可能包揽生态文明建设的一切，还需要利用市场的力量。有人认为，既然市场在资源配置中起决定作用，生态环境问题也应该通过市场机制来解决，这种观点是错误的。生态环境的治理可以利用市场机制，但生态环境是一种公共产品，不可能完全市场化。有人认为生态环境重在公民自觉，这种观点也是片面的，公民环保意识确实重要，生态环治理体系需要社会组织和公众的参与，但我国环保组织发育不够，公民的环境意识比较薄弱，因此，我们的生态环境保护不可能走美国早期的那种从下到上的路径，而应该走以政府为主导的中国特色社会主义生态文明建设的路径。

二是进一步强化生态文明建设中的制度作用。中国走的是政府为主导的生态文明建设模式，但政府的作用主要在于制度规约。制度能够有效地规范人们的生产和生活行为，减少生态文明建设中人为的干扰，能够保证生态文明建设的各项工作的稳定性和持续性。党的十八大以来，党和政府提出了一系列制度设想：《生态文明体制改革总体方案》提出了生态文明体制改革的目标，即到2020年，构建起由自然资源资产产权制度、国土空间开发保护制度、空间规划体系、资源总量管理和全面节约制度、资源有偿使用和生态补偿制度、环境治理体系、环境治理和生态保护市场体系、生态文明绩效评价考核和责任追究制度等八项制度构成的产权清晰，多元参与，激励约束并重，系统完整的生态文明制度体系，推进生态文明领域国家治理体系和治理能力现代化。党的十九大提出要设立国有自然资源资产管理和自然生态监管机构。生态文明建设战略思维已然清晰，但各种制度建设还要循序渐进。可以说，我们的制度供给还不能完全适应当前生态文明建设的需要，存在诸多短板。如，我国自然资源资产产权归属仍不清晰，诸如矿产资源资产产权到目前为止尚未用产权制度加以管控，还是用税费制度进行管理。由于税费制度是一种行政权力而缺少产权制度的刚性约束，造成许多地方矿产资源被不计成本地滥用。又如我国生活垃圾和工业垃圾混合收集，回收利用基本处于空白状态，造成资源浪费，占用大量土地资源，产生多方面污染。当前我国关于生活垃圾分类处理的立法还比较分散，一些制度可操作性不强，已不适应当前生活垃圾分类综合利用工作的需要。因此，加强包括生活垃圾在内的各类再生资源综合利用的立法，建立健全相关法律法规，对于我国的资源可持续利用、保护生态环境十分必要。目前，我国正在积极推动建立生活垃圾分类管理制度，致力于让垃圾分类法律法规制度更加明确，推动垃圾资源化综合利用。

三是确保生态文明建设与民生保障的协调。无视生态环境破坏的经济发展模式当然要抛弃，但也不能超越经济发展的水平，一味地强调提高环境保护的目标和标准。为了环境保护，关停并转一些企业并不难，难的是如何在生态环境治理的同时保障群众的就业和基本生活。为此，政府需要协调好生态环境保护与经济发展、民众生活、现代化建设和生态文明建设的关系。根据党的十九大的战略部署，2020 年、2035 年和 2050 年我国经济和社会发展的目标分别是全面建成小康社会，基本实现现代化和建成社会主义现代化强国，与之相应生态文明建设目标分别是打赢污染防治的攻坚战、生态环境根本好转和建成和谐美丽国家。鉴于最近一些地方为加速生态文明建设搞一刀切而影响了民众基本生活的现象，有专家提出要给经济发展一个整理和消化期，培育和积蓄环境保护所需要的经济基础，而不是一味地持续提升改善环境的质量目标，"不基于经济和技术发展战略协同建立环境保护和经济发展企业发展的战略目标，不夯实经济基础和遵守环境法律法规的能力，今后还会出现环境政策实施一刀切的不正常现象，不仅会挫伤经济的元气和企业创新发展的动力，也危及环境的持续保护"。[①] 美好的生活是所有人共同的追求，但美好生活的目标达成是需要分阶段的，而且同一时期不同群体对美好生活的理解也有区别。在满足生态环境良好这个共同福祉的同时，也要关心不同群体正当合理的诉求。

（选自《东南学术》2018 年第 5 期）

---

① 常纪文：《生态文明体制改革：不要超越承受能力搞一刀切》，《北京日报·理论周刊》2018 年 1 月 3 日。

美丽中国建设目标的三重逻辑
及其当代意义

◎王雨辰*

党的十八大报告首次提出了努力建设美丽中国的奋斗目标，明确了建设美丽中国是关系人民福祉、关乎民族未来的大计。十八大以来，党进一步将"美丽"作为社会主义现代化强国的目标内容，即到 2035 年生态环境根本好转，美丽中国建设目标基本实现；到 21 世纪中叶，建成富强民主文明和谐美丽的社会主义现代化强国，并明确把美丽中国建设目标归结为四个方面：推进生态优先、节约集约、绿色低碳发展；协同推进降碳、减污、扩绿、增长；积极稳妥推进碳达峰和碳中和，推动清洁能源低碳高效使用；着力解决突出环境问题，加大生态系统保护力度和改革生态环境监控体系。探讨美丽中国建设目标提出的历史逻辑、理论逻辑和实践逻辑，科学地揭示党是如何解决"为什么要提出美丽中国建设""建设什么样的美丽中国"和"如何建设美丽中国"这三个核心问题，阐发美丽中国建设目标的当代意义是我们理论工作者必须面对和回答的问题。

一、美丽中国建设目标提出的历史逻辑

美丽中国建设目标既是基于中国特色社会主义实践所处的历史方位和所面临的矛盾与问题提出的，又是对人类文明发展生态转向的积极回应，是中国共

---

* 作者简介：王雨辰，哲学博士，教育部"长江学者"特聘教授，三明学院教授，中南财经政法大学哲学院教授、博士生导师。

产党对社会主义建设规律和人类文明发展规律认识深化的结果。

（一）中国特色社会主义实践所处的历史方位

站在中国特色社会主义实践所处的历史方位上看，改革开放以来的中国特色社会主义实践使中华民族实现了从站起来到富起来的历史性变革，当前中国特色社会主义实践已进入从富起来到强起来的新时代。党立足于新时代中国特色社会主义实践所面临的矛盾与问题，从中国社会主要矛盾的转换、党的执政目的、实现高质量发展面临的生态制约和维系中华民族的永续发展四个维度，探索和科学回答"为什么要提出美丽中国建设"这一问题。

从中国社会主要矛盾转换来看，中国社会的主要矛盾已经转换成发展不平衡不充分与人民群众对美好生活向往之间的矛盾，如何解决好这一矛盾是实现从富起来到强起来的关键，这就要求转变长期流行的粗放型发展方式，实现绿色低碳高质量发展。从党的执政目的来看，中国共产党没有自己的特殊利益，始终把全心全意为人民服务作为宗旨和最终目的，这就要求党执政必须满足人民对美好生活的需要。习近平同志指出："我们的人民热爱生活，期盼有更好的教育、更稳定的工作、更满意的收入、更可靠的社会保障、更高水平的医疗卫生服务、更舒适的居住条件、更优美的环境，期盼孩子们能成长得更好、工作得更好、生活得更好。人民群众对美好生活的向往，就是我们的奋斗目标……这个重大责任，就是对党的责任。我们的党是全心全意为人民服务的政党。"[1] 这就要求党始终坚持人民至上的价值取向和以人民为中心的发展思想，把获得"民心"看作是最大的政治，要把人民对美好生活的向往与期待作为党的奋斗目标。从实现高质量发展面临的生态制约来看，改革开放使我国取得了巨大的发展成就，经济总量迅速跃居世界第二，实现了中华民族从站起来到富起来再到强起来的历史性飞跃。但是应该看到，巨大发展成就主要是依靠劳动要素投入为主的粗放型发展方式取得的，这种粗放型发展方式注重的是发展速度的提升和发展数量的增加，忽视了发展的质量和效率，这使得我国的发展呈现出大而不强、快而不优的缺陷，既造成了我国国民经济发展结构不合理，所生产的产品无法完全满足人民群众对美好生活的追求而沦为无效供给，也付出

---

[1] 《习近平谈治国理政》第一卷，外文出版社 2018 年版，第 4 页。

了沉重的生态环境代价，造成了自然资源短缺和生态环境被破坏等问题。因此，树立新的发展理念、转变发展方式成为实现绿色低碳高质量发展和美丽中国建设的必然选择。从维系中华民族的永续发展来看，生态危机不仅危及当代人的生存与发展，而且危及人类子孙后代生存与发展的根基，这就决定了在生态资源利用的问题上，"不仅要考虑人类和当代的需要，也要考虑大自然和后人的需要"。[①]为了维系中华民族的永续发展和人类子孙后代生存与发展的根基，必须实现发展与生态环境保护的有机统一。

(二) 生态问题日益成为人们关注的重要论题

生态科学等自然科学的发展所揭示的生态整体性规律，彰显了人类与自然之间是相互依赖、相互影响和相互作用有机联系的关系，使得人们逐渐突破了西方现代化发展的主客二分机械论的哲学世界观、自然观和人类中心主义价值观，促进了以普遍联系和发展为特征的整体论、有机论的生态思维方式的形成，并开始重新思考自然的价值以及人类和自然的关系，为生态哲学的形成提供了自然科学基础。伴随着西方工业文明所造成的生态危机日益向全球蔓延，人们开始认识到自然资源的稀缺性和有限性，形成了以维系整个生态系统稳定与和谐为目标的生态中心主义思潮，和以维系资本主义经济可持续发展为目标的绿色发展思潮，并以此为指导形成了片面强调自然的价值与权利的西方激进的环境保护运动和追求资本利益的可持续发展运动。西方生态思潮和生态运动对自然资源稀缺性与有限性的强调与托马斯·罗伯特·马尔萨斯的《人口论》一书和罗马俱乐部关于人口、资源和经济发展的系列报告存在着密切的关系。马尔萨斯在 1798 年出版的《人口论》一书中从为资本主义私有制辩护这一目的出发，反对历史唯物主义关于资本主义私有制是造成工人阶级贫困根源的论断，脱离社会历史因素杜撰出"人口的自然法则"和物质生产资料增长的矛盾，认为由于土壤肥力呈下降的趋势必然造成生活资料按算数级数增长，人口按几何级数增长和生活资料按算数级数增长的矛盾是造成了工人阶级贫困的根源。[②]此外，他在该书中关于"增长的极限"以及人口增长与生产资料之间关系的论述，被美国学者加特勒·哈丁在 1968 年发表的《公有地悲剧》一文中

---

① 习近平：《论坚持人与自然和谐共生》，中央文献出版社 2022 年版，第 11 页。
② 详见马尔萨斯的《人口论》，北京出版社 2008 年版。

进一步发展，其核心是强调应当关注人口增长与环境问题之间的联系，并使得人口问题、自然的极限问题和可持续发展问题成为人们关注的中心议题。① 而1972年罗马俱乐部出版的《增长的极限》一书对工业文明的经济增长观和技术乐观主义观点的批评，直接诱发了人类对发展与生态环境之间关系的探索与思考，使人们认识到地球生态系统和自然资源的稀缺性和有限性，要求应当重新审视人和自然的关系以及现有工业文明的发展模式，如何解决环境问题由此成为国际社会和各国政府的议事日程，联合国"世界环境委员会"这个专门处理全球性生态问题的机构也随之诞生。1987年，联合国世界环境委员会负责的《我们共同的未来》的报告提出"可持续发展"概念和理论，并成为国际社会的普遍共识并为各国政府付之于实践。

（三）美丽中国建设目标的提出是党对人类文明发展的生态转向积极回应的结果

生态中心主义生态文明理论和绿色发展思潮虽然都认识到了自然资源的有限性和维系生态平衡的重要性，但是前者为了维护生态系统的和谐与稳定，否定人类生存与发展的权利，后者把追求可持续发展的目的归结为维系资本追求利润的目的，而对他们上述观点的反思和批评又产生了生态学马克思主义和有机马克思主义的生态文明理论。生态中心主义生态文明理论和绿色发展思潮秉承西方中心主义的价值立场，忽视发达国家贫困人群和发展中国家人民群众的生存权与发展权，力图在资本主义制度框架内解决生态问题。生态学马克思主义和有机马克思主义的生态文明理论前者以历史唯物主义为理论基础，后者以"怀特海式"的马克思主义为理论基础，明确把资本主义制度和生产方式看作是当代生态危机的根源，强调以资本为基础的个人主义价值观、消费主义价值观强化了生态危机，强调变革资本主义制度和生产方式，前者建立生态社会主义社会和树立劳动幸福观，后者建立市场社会主义和树立共同体价值观，使生产目的服务于人民群众或穷人对于解决生态危机的重要性。尽管二者在理论性质和理论重点上存在区别，但他们都是非西方中心主义的"穷人生态学"。西方生态思潮的产生和发展既意味着生态问题日益成为人类关注的重要论题，也

---

① Prajitk, Dutta, Rangarajan K. Sundararm, "The tragedy of the commons?", *Economic Theory*, 1993, pp. 413-426.

意味着人类文明发展生态转向，美丽中国建设目标的提出是对人类文明发展的生态转向的积极回应。

党的十八大正是从新时代中国特色社会主义实践所处的历史方位出发，积极回应人民群众对美好生活的向往和人类文明发展的生态转向，对社会主义现代化事业作出了"五位一体"的总体布局，要求树立生态文明理念，通过走生态文明发展道路，维系中华民族永续发展。首次提出美丽中国建设的奋斗目标，既体现了党对社会主义建设规律认识的深化，又体现了党对人类文明发展规律认识的深化。

二、美丽中国建设目标提出的理论逻辑

习近平生态文明思想是以马克思主义生态学为基础，对西方生态文明思想的超越和对中国传统生态智慧创造性转换的结果，是人类生态文明思想史上的革命性变革，是美丽中国建设目标的理论基础。

马克思、恩格斯通过对近代主体形而上学的超越，创立了实践唯物主义哲学，提出了人类与自然相互依赖、相互影响和相互作用的生态共同体思想。其理论特质在于：第一，强调人类是自然界长期发展的结果，是一种受自然物质条件和自然规律制约的受动性的自然存在物，人类的生产和生活依赖自然，自然界提供人类生存和发展所需要的物质生活资料和生产资料。正因为如此，马克思把自然看作是人的无机身体。第二，人类又是一种能动性的存在物，可以通过实践活动利用和改造自然，使之满足自己的需要。如果说人类之外的一般动物的活动是被动适应自然的本能活动的话，人类的实践活动则是根据自己的主观需要，按照"美的规律"能动地改造自然满足自身需要的活动，人类的实践活动本质上是自由自觉的创造性活动。第三，人类把自然二重化为"自在自然"和"人化自然"，并在一定的社会制度和生产方式下，以实践为中介实现人类与自然之间的物质变换，从而使得人类与自然之间呈现出具体的、历史的统一关系，并强调人与自然关系的性质取决于人与人关系的性质，这就决定了探讨人类与自然的物质变换关系发生危机的根源和解决途径必须从分析社会制度和生产方式的性质入手。

马克思、恩格斯由此批评资本主义制度和生产方式不仅造成了本国自然资

源的枯竭、生态环境的破坏和人类与自然的物质变换关系的中断，而且资本的殖民活动造成生态危机的全球化发展趋势。他们强调只有实现"两个和解"，即人与人的关系和人与自然关系的和解，变革资本主义社会和建立共产主义社会，才能真正解决人类与自然之间的物质变换关系的中断，因为共产主义社会一方面是人道主义与自然主义的统一，"它是人和自然界之间、人和人之间的矛盾的真正解决，是存在和本质、对象化和自我确证、自由和必然、个体和类之间的斗争的真正解决。它是历史之谜的解答"，[①]另一方面只有在共产主义社会中，"社会化的人，联合起来的生产者，将合理地调节他们和自然之间的物质变换，把它置于他们的共同控制之下，而不让它作为一种盲目的力量来统治自己；靠消耗最小的力量，在最无愧于和最适合于他们的人类本性的条件下来进行这种物质变换"。[②]共产主义社会是合理协调了人与人、人与自然关系，实现人与人、人与自然关系和谐的生态型社会。习近平生态文明思想以马克思主义生态学为基础，通过对西方思潮的超越和对中国传统生态智慧的创造性转换，实现了人类生态文明思想的革命性变革，为美丽中国建设目标提供了科学的世界观和方法论指导。

从西方生态思潮的发展来看，学术界一般把 1949 年美国学者奥尔多·利奥波德出版的《沙乡年鉴》一书看作是理论形态的生态文明思想的诞生。他在该书中以生态科学所揭示的生态整体性规律为基础，要求人类放弃仅仅以经济和实用的态度看待自然的做法，应当放下征服者与主宰者的角色，而把自己看作是地球生态共同体中的普通一员。同时又根据权利关系在人类社会中不断拓展的历史，要求把权利关系进一步拓展到人类之外的自然上，形成了以保护自然的价值与自然的权利为目的的"大地伦理学"。利奥波德上述观点被美国学者霍尔姆斯·罗尔斯顿和挪威学者阿伦·奈斯等人进一步发展，形成了以"自然价值论"和"自然权利论"为基础的生态中心主义的生态文明理论。他们对人类中心主义价值观的质疑和批评促进了现代人类中心主义绿色发展思潮的产生和发展。而对生态中心主义和绿色发展思潮的质疑和批评又形成生态学马克思主义与有机马克思主义的生态文明理论，从而构成西方生态思潮的完整图景。生态学马克思主义与有机马克思主义的生态文明理论不同于生态中心主义

---

① 《马克思恩格斯文集》第一卷，人民出版社 2009 年版，第 185 页。
② 《马克思恩格斯文集》第七卷，人民出版社 2009 年版，第 928—929 页。

生态文明理论与绿色发展思潮秉承的西方中心主义价值立场，尽管存在着理论上的矛盾与弱点，但他们都是要求变革资本主义制度的非西方中心主义的生态文明理论。① 由于篇幅所限，本文只考察习近平生态文明思想对秉承西方中心主义价值立场的生态中心主义生态文明理论和西方绿色发展思潮的超越。

生态中心主义生态文明理论是以生态科学所揭示的生态整体性规律所形成的生态哲学为理论基础的，其特点是割裂了自然观与历史观的辩证统一关系，造成了其理论仅仅从人类对自然的态度，即生态价值观的维度考察生态危机的根源与解决途径。这一理论把生态危机的根源归结为人类中心主义价值观，以及建立在这一价值观基础上的技术运用和经济增长，把解决生态危机和实现人与自然和谐共生的途径归结为树立"自然价值论"和"自然权利论"，反对人类利用和改造自然的行为，否定技术运用和经济增长的必要性，把人与自然和谐共生的内涵理解为人类屈从于自然的生存状态，这实际上是一种否定人类生存与发展权利，以维系西方中产阶级的既得利益和审美趣味为目的的西方中心主义生态文明理论。

绿色发展思潮以近代机械论的哲学世界观与自然观为理论基础，认识到了生态系统和自然资源的有限性，要求把忽视和否定人类保护自然的责任和义务的近代人类中心主义价值观，修正为基于保护自然的责任和义务，体现人类整体利益和长期利益的现代人类中心主义价值观，以维系资本主义再生产的自然条件和可持续发展，这实际上是把人与自然和谐共生的内涵理解为保证资本主义再生产的生态平衡，并要求人们应当为此承担责任和义务。基于以上理解和理论目的，绿色发展思潮要求在实现技术进步和经济增长的基础上，制定严格的环境制度，规范人们的实践行为。但是问题在于绿色发展思潮所追求的技术进步和经济增长的目的并不是为了满足人民群众对使用价值的追求，而是为了满足资本对利润的追求，这就决定了其理论本质上是一种维护资本利益的绿色资本主义理论。

从中国传统生态智慧来看，中国传统生态智慧主要体现在主张"天人合一""天人相通"的整体论、有机论的哲学世界观和自然观，中庸之道和持中贵和的"和"的文化价值观，"民胞物与"和"万物一体"的万物平等观，以

---

① 关于西方生态思潮的理论观点和理论缺陷，可参见拙作《论西方绿色思潮的生态文明观》，《北京大学学报》（哲学社会科学版）2016 年第 4 期。

及"道法自然"、取之有时、取之有度的节俭的生活观。但中国传统生态智慧缺乏科学的理论形态，主要局限于一种经验形态的伦理价值观，需要对其加以改造和创造性转换，使之成为一种科学的理论形态，以适应生态文明建设的需要。

习近平生态文明思想正是以马克思主义生态学为基础，对西方生态思潮超越和中国传统生态智慧创造性转换的结果。第一，既吸收了西方生态思潮和中国传统生态智慧的整体论、有机论的哲学世界观与自然观，又克服了他们割裂自然观和历史观辩证统一关系的缺陷，用"生命共同体""人与自然生命共同体"和"地球生命共同体"三个具有浓厚中国特色的创造性概念，分别从生态本体论、生态价值观和尊重生态规律客观性三个维度继承和发展了马克思主义关于人与自然关系的理论，强调人类与自然是相互依赖、相互影响和相互作用的辩证统一关系，要求人类必须尊重自然规律、顺应自然规律，把人类实践限制在地球生态系统的底线的基础上，才能实现人与自然和谐共生关系，否则，就会遭到自然的报复和惩罚。第二，强调应当以"人与自然和谐共生"为基础，树立"绿水青山就是金山银山"的生态理念，践行保护和改善生态环境就是保护和发展生产力的生态生产力观，促进生产方式绿色转型，实现绿色低碳高质量发展，克服西方中心主义生态文明理论主张脱离经济发展实现人与自然和谐共生的缺陷。第三，既强调建立最严密的生态文明制度体系和最严密的生态法治，又强调吸收西方生态思潮构建的生态价值观和中国传统生态智慧"和"文化价值观的积极内容，并运用历史唯物主义加以改造，主张树立以环境正义价值取向为基础，包括实现人与人、人与社会、人的身心和人与自然关系和谐的"和"的生态文化价值观，提出了生态法治与生态德治有机统一的"德法兼备"的社会主义生态治理观，克服了西方生态思潮割裂生态法治和生态德治之间辩证关系的缺陷。第四，坚持党对生态文明建设的统一领导，坚持以人民为中心的发展思想，提出了良好的生态环境是最普惠的民生，并提出了"环境民生论"的生态文明建设归宿论，克服了西方生态思潮或者否定人类生存和发展的权利，或者否定人民群众生存与发展权利的缺陷。第五，坚持问题导向，以整体方法、系统方法、协同方法、重点论与两点论辩证统一辩证思维，展开生态环境治理，形成了党的统一领导和顶层设计，各级党和政府主导、市场主体和社会大众积极参与的"多中心"生态治理模式，克服了地方生态思潮或者在生态治理问题上的无政府主义缺陷，或者无法保证生态治理效率的缺陷。第六，提出了共谋全球生态文明建设论，既强调生态环境问题是每个民族国家必须面对的全球性问题，都承担保护人类唯一地球家园的责任和义务，又强调应当放弃"赢者通吃"和"零和博弈"的霸权思维，在相互尊重和平等协商的基础上，遵循"共同但有差别"的环境正义原则展开全球生态环境治理，把促进民族国家经济社会的绿色转型与推进全球生态治理有机结合起来，推进全球共同繁荣发展，实现美丽中国建设与和谐美丽世界有机结合起来。

作为人类生态文明思想革命性变革的习近平生态文明思想是美丽中国建设目标的理论基础，生态文明理论创新决定生态文明建设实践，也决定了美丽中国建设的实践逻辑。

三、实现美丽中国建设目标的实践逻辑

基于新时代中国特色社会主义实践所面临的生态制约和维系中华民族永续发展，党的十八大报告对社会主义现代化事业作了"五位一体"的总体布局，强调必须树立尊重自然、顺应自然和保护自然的生态文明理念，首次提出了美丽中国建设的目标，要求大力推进绿色发展、循环发展、低碳发展，形成节约资源和保护环境的空间布局、产业结构、生产方式与生活方式，努力走向社会主义生态文明新时代，明确了美丽中国建设是关系人民福祉、关乎民族未来的大计；党的十八届三中全会要求紧紧围绕美丽中国建设目标，深化生态文明体制改革，加快建设生态文明制度，健全国土空间开发、资源节约利用、生态环境保护的体制机制，划定生态保护红线，对造成生态环境损害的责任者实行追究刑事责任和赔偿制度，推动形成人与自然和谐发展现代化建设新格局；党的十八届四中全会强调要用严格的法律制度保护生态环境，建立有效约束开发行为和促进绿色发展、循环发展、低碳发展的生态文明法律制度，强化生产者环境保护的法律责任，大幅度地提高违法成本，促进生态文明建设和实现美丽中国建设目标；《中华人民共和国国民经济和社会发展第十四个五年规划和2035年远景目标纲要》提出应当坚持山水林田湖草系统治理，提高生态系统的自我修复能力和稳定性，守住自然生态安全边界，构建健全的生态安全屏障体系、

自然保护地体系、生态补偿制度和环境治理体系，深入展开环境污染治理，严密控制环境风险，积极应对全球气候变化，实现绿色发展和改善生态环境，并提出了坚持绿色富国、绿色惠民，为人民提供更多优质生态产品，推动形成绿色生产方式与生活方式，协同推进人民富裕、国家富强、中国美丽的要求。

党的十九大报告进一步提出要加快生态文明体制改革，建设美丽中国，并第一次将"美丽"作为社会主义现代化强国的目标内容，指出我们要建设的现代化是人与自然和谐共生的现代化，其核心是既要创造更多物质财富和精神财富，又要提供更多优质生态产品以满足人民对美好生活的需要，不仅把美丽中国建设目标归结为推进绿色发展、着力解决突出环境问题、加大生态系统保护力度和改革生态环境监管体制四个方面，而且提出了从2020年到21世纪中叶两步走的战略和实现美丽中国建设目标的时间表，即从2020年到2035年，在全面建成小康社会的基础上，基本实现社会主义现代化，表现为不仅经济实力、科技实力要实现大幅跃升，还应包含社会和谐与人民生活幸福，生态环境根本好转，美丽中国建设目标基本实现等；从2035年到21世纪中叶，使我国的物质文明、政治文明、精神文明、社会文明和生态文明实现全面提升，并建设成为富强民主文明和谐美丽的社会主义现代化强国。

2018年5月18日在全国生态环境保护大会上，习近平总书记强调加强生态文明建设对于推动绿色发展的重大意义，进一步提出了实现美丽中国建设目标的路线图。[①] 第一，应遵循"坚持人与自然和谐共生、绿水青山就是金山银山、良好的生态环境是最普惠的民生福祉、山水林田湖草是生命共同体、用最严格最严密法治保护生态环境和共谋全球生态文明建设"六项原则,[②] 要求实现美丽中国建设目标必须以"人与自然和谐共生"观念为指导，尊重自然、顺应自然，将经济发展与生态环境保护有机结合起来，并把"绿水青山就是金山银山"的生态文明理念转换为绿色发展方式与生活方式，使作为自然财富和生态财富的绿水青山转化为社会财富和经济财富，服务于提升人民群众的民生。在坚持上述六项原则的基础上，要求必须坚持整体论、系统论和协同论相统一的辩证思维，对山水林田湖草采取一体化的生态保护和综合治理，用严格的生态法律制度切实规范人们的实践行为，并把美丽中国建设与美丽清洁世界建设

[①] 习近平：《推动我国生态文明建设迈上新台阶》，《求是》2019年第3期。
[②] 习近平：《推动我国生态文明建设迈上新台阶》，《求是》2019年第3期。

有机结合起来，强调只有坚持上述六项原则，才能真正"让群众望得见山、看得见水、记得住乡愁，让自然生态美景永驻人间，还自然以宁静、和谐、美丽"。[①] 第二，加快构建包括生态文化体系、生态经济体系、目标责任体系、生态文明制度体系、生态安全体系在内的生态文明体系，切实保证绿色生产方式与生活方式得以形成，显著提升我国经济发展的质量和效益，为 2035 年基本建成和 21 世纪中叶建成美丽中国的奋斗目标提供坚实基础。第三，全面推进绿色发展，实现高质量发展。绿色发展就是要"改变传统的'大量生产、大量消耗、大量排放'的生产模式和消费模式，使资源、生产、消费等要素相匹配相适应，实现经济社会发展和生态环境保护协调统一、人与自然和谐共处"。[②] 只有实现绿色发展方式和生活方式，才能真正从源头上解决环境污染问题和自然资源浪费问题，从而形成与美丽中国建设目标相适应的产业结构和发展方式，真正实现绿色发展。第四，强调当前美丽中国建设的阶段性任务就是要把解决突出的生态环境问题作为民生优先领域，打好污染防治攻坚战、打赢蓝天保卫战，满足人民群众对美好生态环境的期盼。第五，美丽中国建设必须有效防范生态环境风险和保证国家安全，为我国经济社会持续健康发展提供必要的保障。第六，加快推进生态文明体制改革，坚持党对生态文明建设和美丽中国建设的统一领导和顶层设计，完善生态环境管理监管体系，实现生态环境治理体系和治理能力的现代化，提高环境治理水平。

党的二十大报告强调，党的中心任务是团结全国各族人民，以中国式现代化推进全面建成社会主义现代化强国和实现中华民族伟大复兴，实现党的第二个百年奋斗目标，并把中国式现代化的特质归结为人口规模巨大的现代化、全体人民共同富裕的现代化、物质文明与精神文明相协调的现代化、人与自然和谐共生的现代化、走和平发展的现代化五点内容，把"富强民主文明和谐美丽"作为社会主义现代化强国的特征和奋斗目标。建成社会主义现代化强国的前提和基础就是要通过克服发展不平衡不充分的问题，实现高质量发展，这就要求全面实施科教兴国战略和创新驱动发展战略，把教育、科技、人才看作是全面建成社会主义现代化强国的基础性和战略性支撑，要求"必须牢固树立和

---

① 习近平：《论坚持人与自然和谐共生》，中央文献出版社 2022 年版，第 10 页。
② 习近平：《论坚持人与自然和谐共生》，中央文献出版社 2022 年版，第 15 页。

践行绿水青山就是金山银山的理念，站在人与自然和谐共生的高度谋划发展"。[①] 在作出美丽中国建设目标分两步走的战略部署的同时，强调推进美丽中国建设必须要坚持整体思维、系统思维和协同思维，坚持山水林田湖草沙一体化治理和保护，促进发展方式绿色转型，并要求协同推进降碳、减污、扩绿、增长，积极稳妥推进碳达峰和碳中和，以科学技术创新积极推动清洁能源低碳高效使用，积极参与应对全球气候治理，推进生态优先、节约集约和绿色低碳发展。

党的十八大首次提出美丽中国建设目标，此后相继制定时间表和路线图，我们可以把推进美丽中国建设目标的实践和实现途径归结为文化路径、经济路径、制度路径、政治路径和技术路径五个方面。实现美丽中国建设目标的文化路径是指在全社会培育人与自然和谐共生的观念，作为美丽中国建设目标的本体论和科学世界观与方法论，塑造保护生态环境的人格与绿色生活方式，为实现美丽中国建设目标提供必要的文化支撑；实现美丽中国建设目标的经济路径是指如何把"绿水青山就是金山银山"的生态观念转化为绿色发展方式，正确处理经济发展与生态环境保护之间的辩证关系，通过创新驱动发展战略实现绿色低碳高质量发展，为实现美丽中国建设目标提供必要的经济支撑；实现美丽中国建设目标的制度路径是指通过制定系统的生态文明制度体系，用严密的生态法治切实规范人们的实践行为，保证生态系统的安全与稳定，为实现美丽中国建设目标提供必要的制度支撑；实现美丽中国建设目标的政治路径是指必须坚持党的统一领导和顶层设计，坚持以人民为中心的发展思想和"环境民生论"，为人民群众提供优质的生态产品，满足人民群众对美好生活的向往，为实现美丽中国建设目标提供必要的政治支撑；实现美丽中国建设目标的技术路径是指加快科学技术创新和科学技术生态化，降低自然资源耗费，建立高效低碳的能源体系，推进实现"碳达峰"和"碳中和"，为实现美丽中国建设目标提供必要的技术支撑。上述五个路径在实现美丽中国建设目标实践过程中是相互依赖和相辅相成的，应当以"人与自然和谐共生"观念作为科学的世界观和方法论，立足于新发展理念，协同发挥不同路径在实现美丽中国建设目标实践

---

① 习近平：《高举中国特色社会主义伟大旗帜　为全面建设社会主义现代化国家而团结奋斗——在中国共产党第二十次全国代表大会上的报告》，人民出版社 2022 年版，第 50 页。

中的作用，从而把实现美丽中国建设目标与实现中国式现代化和党的第二个百年奋斗目标有机统一起来。

四、美丽中国建设目标与实践的当代价值

党的十八大以来，党正是通过科学回答"为什么要提出美丽中国建设""建设什么样的美丽中国"和"如何建设美丽中国"这三个核心问题，展现了美丽中国建设目标的历史逻辑、理论逻辑和实践逻辑，既实现了生态文明理论和生态文明实践的创新，又实现了发展理论的创新，体现了党对社会主义建设规律和人类文明发展规律认识的深化，这无论是对于构建具有中国自主知识的生态文明话语体系，还是对于实现国家富强、民族振兴、人民幸福的中华民族的伟大复兴的中国梦和实现党的第二个百年奋斗目标，抑或对于实现建设美丽中国建设目标与积极构建美丽清洁的和谐世界都具有重要的意义。

第一，美丽中国建设目标的理论和实践体现了中国共产党在发展问题上认识的升华和新境界。发展问题的核心是如何理解发展的本质、如何实现发展以及发展的价值归宿问题。美丽中国建设目标的理论和实践是中国共产党在总结反思中外发展理论和发展实践的基础上形成的，是中国共产党关于发展问题认识的升华和新境界。关于发展的本质问题，习近平总书记区分了"真发展"和"假发展"，批评西方发展观和"二战"后西方为刚独立的新兴国家和地区设计的现代化理论在发展实践中只会导致穷者愈穷、富者愈富的两极分化的"假发展"结局，强调"大家一起发展才是真发展"；[①] 关于如何实现发展的问题，习近平总书记如是批评——西方的发展是以劳动要素投入为主的粗放型发展和通过殖民掠夺实现的，不仅会造成严重的生态环境问题和生态灾难，而且是以损害他国利益为代价，他强调应当采取以绿色低碳的方式实现可持续和高质量发展；又批评了"依附理论"和"世界体系论"要求的与世界经济体系脱钩、闭关自守地追求发展的做法，强调任何一个国家都不可能脱离世界经济体系实现现代化和发展，主张融入全球化和世界经济体系中，通过文明交流和互鉴的方式实现发展；对于发展的价值归宿问题，习近平总书记批评那种以维护资本

---

① 《习近平谈治国理政》第二卷，外文出版社 2017 年版，第 524 页。

利益为目的的发展必然造成物质文明与精神文明不协调，强调应当把发展的价值归宿定位于满足人民的物质需要与精神需要和实现全体人民共同富裕。习近平总书记继承和深化了中国共产党的发展思想与发展实践，主张通过实现发展与保护生态环境的统一，不断提高人民群众的生活水平。关于上述问题的探索，改革开放时期我国既强调通过工业化来摆脱落后的农业国面貌，不断提高人民群众的生活水平，又强调通过植树造林、兴修水利、群众性的爱国卫生运动和"三废利用"来保证经济发展与生态环境之间的平衡关系；改革开放以后，在强调"发展是硬道理"的同时，又强调发展应当因地制宜，发挥科学技术进步对于提高资源的利用效率的作用、正确处理沿海与内地发展的非均衡与均衡关系问题，先后提出了注重人与自然和谐与协调的经济可持续发展、正确处理发展的速度、数量和效益的"可持续发展战略"与科学发展观，强调发展的根本目的是促进人民群众的自由全面发展。但上述理论和举措主要还是受工业文明下的环境保护理念所支配的，虽然使我国经济总量迅速跃居世界第二，但也带来了严重的生态环境问题。正是基于对发展理论和实践的反思，中国共产党一方面作出我国处于社会主义初级阶段和社会主要矛盾转换的科学判断，强调"发展"依然是党执政兴国的第一要务，另一方面又强调我们不能走西方边污染、边治理的发展老路，强调"走美欧老路是走不通的，再有几个地球也不够中国人消耗。中国现代化是绝无仅有、史无前例、空前伟大的……中国现代化建设之所以伟大，就在于艰难，不能走老路，又要达到发达国家的水平，那就只有走科学发展之路"。[①] 党的十八大由此确立了社会主义现代化事业"五位一体"的总体布局和走生态文明发展道路，使我国进入社会主义生态文明新时代，并提出了通过生态文明发展道路实现美丽中国建设的奋斗目标。实现美丽中国建设目标要求应当在坚持"人与自然和谐共生"观念的基础上来理解发展的本质，并要摒弃传统劳动要素投入为主的粗放型发展方式追求发展，代之以科技创新为主导的绿色低碳发展方式，实现绿色低碳可持续发展，把发展的价值归宿定位于是否满足人民群众对美好生活的向往，是中国共产党对发展问题认识的进一步升华和新境界。

第二，美丽中国建设目标以习近平生态文明思想为理论基础，是对中国传

---

① 习近平：《论坚持人与自然和谐共生》，中央文献出版社 2022 年版，第 23—24 页。

统生态文化智慧和西方生态思潮的继承和超越的结果，是对马克思主义生态学的原创性贡献，是具有中国自主知识体系的生态学学术体系和话语体系。中国传统生态文化智慧和西方生态思潮都坚持有机论和整体论的哲学世界观和自然观，把维系人与自然的和谐作为其理论追求的目标。但是中国传统生态智慧对上述问题的探讨主要停留于伦理价值观的维度；西方生态思潮对上述问题的探讨则是以割裂自然观和历史观辩证统一关系的抽象的伦理共同体思想为基础的。作为美丽中国建设目标理论基础的习近平生态文明思想是以马克思主义关于人与自然关系的论述为基础的，是对中国传统生态文化智慧和西方生态思潮继承和超越的结果，不仅体现为提出了"生命共同体""人与自然生命共同体"和"地球生命共同体"三个具有中国特色的原创性概念，而且体现为把"人与自然和谐共生"观念作为其核心的理念和价值追求。西方生态思潮和绿色发展思潮或者把人与自然和谐共生理解为否定人类生存与发展权利，人类屈从于自然的生存状态，或者理解为否定人民群众的生存权与发展权，维护资本追求可持续发展所必需的自然条件和生态平衡。习近平生态文明思想始终坚持以人民为中心和"环境民生论"，坚持发展与生态环境保护的有机统一，并由此提出了有别于西方生态思潮和绿色发展思潮的"绿水青山就是金山银山"的两山理论、保护和改善生态环境就是保护和发展生产力的生态生产力观、生态资源既是生态财富和自然财富，又是社会财富和经济财富的生态财富观、"德法兼备"的社会主义生态治理观、党的统一领导、党和政府主导、企业主体和社会大众积极参与的多中心生态治理观、以人类命运共同体理念为基础的共建全球生态文明观等一系列新的命题，是生态文明建设问题上的中国主张，是有中国自主知识体系的生态学学术体系和话语体系，既是实现美丽中国建设目标的理论基础和科学世界观与方法论，又积极致力于以人类命运共同体理念为基础的美丽和谐世界的建设，这有利于提升中国国家形象和在全球生态文明建设中的影响力与话语权。

第三，美丽中国建设目标所实现的理论创新、实践创新体现了中国共产党对社会主义建设规律和人类文明发展规律认识的深化。从对社会主义建设规律认识来看，如何处理经济发展与生态环境保护的辩证关系，以在维系生态平衡的基础上实现经济社会可持续发展和人的自由全面发展是中国共产党的不懈追求，体现在社会主义现代化建设总体布局上表现为从"两个文明"到"三位一体""四位一体"到党的十八大以后的"五位一体"的演变，这一演变的核心强调应当把生态文明建设置于新时代中国特色社会主义事业的基础性和战略性地位，把中国式现代化的本质规定为"五个文明"协调共同推进、人与自然和谐共生的现代化，使新时代中国特色社会主义事业走上了生产发展、生活富足、生态良好的生态文明发展新道路，既把社会主义现代化强国的内涵进一步拓展到"美丽"上，又体现了党对社会主义建设规律认识的不断深化；从对人类文明发展规律认识深化来看，可以从人与人的关系和人与自然关系来考察人类文明的发展。前者体现为人类社会形态从原始社会到共产主义社会的演进，后者则主要体现为原始文明、农业文明、工业文明和生态文明经济社会形态的演进，人类文明的理想追求主要体现为人与自然关系的和谐与人的自由全面发展。资本主义工业文明创造了巨大的物质财富，但由于其文明发展的目的是实现资本的增殖，而不是为了实现人的自由全面发展，其发展必然导致出现人与自然、人与人、人自身相异化的结局。美丽中国建设目标追求的则是以实现全体人民共同富裕，物质文明、政治文明、精神文明、社会文明和生态文明"五个文明"协调和人与人、人与自然和谐共生为主要内容的现代化，改变了在现代化问题上东方从属于西方的历史，促进了世界社会主义运动的发展，推进了人类文明的发展和人类文明新形态的创造。

（选自《东南学术》2023 年第 4 期）

"美丽中国"何以可能？

——基于资本逻辑语境的阐释

◎秦慧源[*]

党的十九大报告首次从生态文明角度将我国的现代化界定为"人与自然和谐共生的现代化"，又首次将"美丽"与"富强、民主、文明、和谐"并列作为现代化的强国目标，这彰显了党和国家对人与自然矛盾关系的高度关注及解决生态问题、建设"美丽中国"的强大信心。然而，"美丽中国"何以可能？这是新时代"美丽中国"建设中需要解决的首要理论问题。尽管近年来国内学者从理论基础、机制保障、实现路径等多维度对这一问题进行了有益探索，也取得了一定的研究成果，但我们认为，在资本逻辑的语境中对这一问题进行审视，可将相关研究推向深入。正如有学者指出："要真正认识造成生态危机的根源并找到从这一危机中走出来的道路，必须深入地研究生态与资本的关系。"[①] 基于此，新时代"美丽中国"建设需重视并澄清其与资本逻辑之间的关系，如"美丽中国"建设就要简单地抛弃资本逻辑吗？如果答案是否定的，我们该如何处理"美丽中国"与资本逻辑之间的关系等等？在此意义上，立足中国特色社会主义进入新时代的历史境遇，澄清资本逻辑与"美丽中国"建设之间的辩证关系，不仅具有重要的理论意义，也具有重要的现实意义。

---

[*] 作者简介：秦慧源，哲学博士，首都师范大学马克思主义学院副教授，北京高校中国特色社会主义理论研究协同创新中心（首都师范大学）研究员。

[①] 陈学明：《资本逻辑与生态危机》，《中国社会科学》2012 年第 11 期。

一、历史语境：资本全球化的生态后果

对于一个几千年以来世代以农业为生的民族而言，人与自然的和谐共生是社会的内在要求。无论是儒家对"天人合一"的强调，还是道家对"自然主义"的推崇，抑或是佛家对"参悟万物，提升生命"的倡导，都表达了先人对大自然的敬畏与崇敬。可以说，"美丽中国"对于前现代中国而言并不成为一个问题。"美丽中国"作为一个现实性的议题和历史性课题凸显出来，是与资本逻辑的全球演绎紧密相关的。换言之，资本逻辑在全球范围内的扩张，由此带来了生态危机的全球蔓延，这是"美丽中国"命题得以凸显的基本历史语境。

在《资本论》及其手稿中，马克思对资本逻辑的增殖本性进行了深刻揭示。"资本只有一种生活本能，这就是增殖自身，创造剩余价值，用自己的不变部分即生产资料吮吸尽可能多的剩余劳动。"① 增殖自身、实现利润是资本的唯一目的。然而在资本主义社会中，资本的增殖是通过榨取工人的剩余价值这一方式实现的，这就必然会产生生产无限扩大的趋势与社会消费相对不足的矛盾。为了解决这一矛盾，实现增殖，扩大市场成为必然选择。由此，"它必须到处落户，到处开发市场，到处建立联系"，"使一切国家的生产和消费都成为世界性的了"。② 正是在逐利动机的驱使下，资本超越了国家界限，在全球范围内拓展市场。资本"首次开创了世界历史，因为它使每个文明国家以及这些国家中的每一个人的需要的满足都依赖于整个世界，因为它消灭了各国以往自然形成的闭关自守的状态"。③ 可见，世界历史的形成是资本逐利本性驱动下全球扩张的必然结果。

对于资本所开创的人类历史新纪元，马克思给予了辩证分析。在对资本逻辑所带来的革命性作用进行了充分肯定的同时，马克思对资本逻辑的负面效应进行了深刻的批判。然而对于资本逻辑的负面效应，以往我们更多地关注其带来的人的异化。无论是"正统马克思主义"对经济决定地位的强调，还是西方

---

① 《马克思恩格斯文集》第五卷，人民出版社 2009 年版，第 269 页。
② 《马克思恩格斯文集》第二卷，人民出版社 2009 年版，第 35 页。
③ 《马克思恩格斯文集》第一卷，人民出版社 2009 年版，第 566 页。

马克思主义对革命主体能动因素的呼唤，其出发点与归宿点均在扬弃人的异化存在状态。事实上，自然的异化也是马克思号召人们与资本逻辑作斗争的重要原因。马克思通过对"人化自然"的阐释扬弃了对自然的形而上学理解，主张在具体的、现实的社会历史关系中看待自然。由此，通过对资本主义社会的政治经济学批判，自然异化的现实状况得以充分揭示。

资本增殖逻辑内含的效用原则是引起自然异化的重要原因。所谓的"效用原则"，即自然界的一切都被当成了资本主义生产的有用物品。马克思指出："没有自然，没有感性的外部世界，工人什么也不能创造。"① 对于自然界而言，效用原则"使自然界的一切领域都服从于生产"，② 在这一原则支配下，自然界仅仅成为资本攫取利润的对象或工具。换言之，自然界的一切都成为商品。因此，自然界本身固有的价值特性消失不见，剩下的只是赤裸裸的供人类利用的工具性存在，即自然界异化了。不仅如此，在资本增殖本性驱动下，自然界还被无限掠夺。"人一切方面去探索地球，以便发现新的有用物体和原有物体的新的使用属性。"③ 只有不断发掘自然界的有用性，才能保证资本增殖在"G—W—G′"的不断循环与扩大，才能实现"越多越好"（高兹语）的发展目标。如果说资本效用原则决定了自然界在人与自然关系中的从属地位，导致了自然异化，那么无限增殖逻辑则强化了这一从属地位。总之，在资本效用原则的支配下，自然界失去了"感性的光辉"，沦落为资本无限地赚取利润的对象和工具。在此意义上，资本积累无限扩大趋势与自然资源的有限性及环境的承载能力之间的冲突就不可避免，生态危机是资本逻辑的必然结果。

资本逻辑支配下的异化消费进一步加剧了自然异化。获取剩余价值是资本逻辑的唯一目的。然而在生产中产生的剩余价值，只有在流通中通过消费才能实现。为此，如何使商品顺利完成"惊险的一跳"，是资本实现增殖的关键。基于此，资本会通过多种形式扩大消费："第一，要求是在量上扩大现有的消费；第二，要求把现有的消费推广到更大的范围内来造成新的需要；第三，要求生产出新的需要，发现和创造出新的使用价值。"④ 可见，商品生产的量

---

① 《马克思恩格斯文集》第一卷，人民出版社 2009 年版，第 158 页。

② 《马克思恩格斯全集》第 47 卷，人民出版社 1979 年版，第 555 页。

③ 《马克思恩格斯文集》第八卷，人民出版社 2009 年版，第 89—90 页。

④ 《马克思恩格斯文集》第八卷，人民出版社 2009 年版，第 89 页。

的扩大与人们新的需要的产生是扩大消费的基本途径。在资本主义社会中，商品生产量的扩大与资本增殖本性不谋而合，因而它并不成为一个问题，问题的关键在于如何创造出更多的消费人口，形成更多新的需要。正因为如此，资本借助广告，不断制造出各种各样的"虚假的需要"，从而通过异化的消费实现资本的增殖。需要指出的是，资本所制造出来的异化消费不断操控着人们的意识，从而成为资本逻辑支配下单向度的人所追求的生活方式："劳动中缺乏自我表达的自由和意图，会使人逐渐变得越来越柔弱并依附于消费行为。"[①] 在异化消费观念支配下，人们对待自然界的效用原则得以强化，资源紧张、空气污染、生态破坏成为必然。也正是在此意义上，理查德·罗宾斯指出："不理解人们是如何变成消费者的，以及奢侈品是如何变成必需品的，就没有办法理解环境破坏问题。"[②]

资本全球化所带来的生态帝国主义使自然异化在全球蔓延。由于资本主义生产方式固有的内在矛盾，资本主义生产中的每个阶段具体的生产方式都存在自身的生命周期。第二次世界大战后确立的福特制生产方式在 20 世纪 70 年代走向衰落，西方资本主义国家出现经济"滞涨"现象。为了应对资本主义生产中的积累停滞，以美国为代表的资本主义国家推行新自由主义政策，大力发展金融化，同时借助全球化将一些高污染、高耗能、低技术的产业转移到了劳动力成本低且环境成本小的发展中国家。由于金融资本对产业资本的绝对支配地位，西方发达国家正是通过金融化掠夺了发展中国家产业发展的利润。由此，人们看到的是发达国家的高福利与环境上的蓝天白云，与发展中国家疲于奔命的农民工和环境上的满目疮痍。生态危机由发达国家转移到发展中国家，表面上看资本主义国家的生态环境要好于发展中国家，实质上是国际金融垄断资本统治下的表象。针对金融资本的跨国特性，列宁就曾作出一针见血的描述："金融资本对其他一切形式的资本的优势，意味着食利者和金融寡头占统治地位，意味着少数拥有金融'实力'的国家处于和其余一切国家不同的特殊地

---

① 本·阿格尔：《西方马克思主义概论》，慎之等译，中国人民大学出版社 1991 年版，第 493 页。

② 理查德·罗宾斯：《资本主义文化与全球问题》，姚伟译，中国人民大学出版社 2013 年版，第 295 页。

位。"① 今天，金融资本的跨国统治与列宁所处的时代相比有过之而无不及，生态帝国主义掩盖了资本逻辑是生态危机的根源这一事实。基于此，西方学者试图通过将资本主义经济"非物质化"、发展科学技术把自然市场化、资本化及建立生态伦理的途径来解决生态问题并没有抓住生态问题的根源，只能陷入生态乌托邦。

如果说资本全球化及其生态后果是"美丽中国"所遭遇的"资本逻辑一般"，那么它同时还遭遇着中国现代化建设背景中的"资本逻辑特殊"。换言之，"美丽中国"是一个历史性命题，它表征着资本逻辑与当代中国的相遇。对于"美丽中国"所遭遇的"资本逻辑特殊"，我们可以从两个方面理解：其一，从中国现代化发展中资本逻辑与权力逻辑的关系来看，权力逻辑高于资本逻辑，资本逻辑总体上依附于权力逻辑。显然，这与西方社会中资本逻辑高于权力逻辑的状况存在着重大不同。基于此，中国现代化过程中，由于市场经济的引入，生态问题的现实状况不但受到资本逻辑的影响，更会受到权力逻辑作出的顶层设计基本思路的影响。其二，与上述相关，从中国现代化发展中权力逻辑所采取的发展方式来看，自改革开放引入资本逻辑以来，中国的发展基本是粗放型的高速发展，其典型表现即是"唯 GDP 主义"。在这一发展方式主导下，单纯的经济增长成为衡量一切工作的标准，而生态、环境则被排除在外，从而导致了资源的浪费和环境的污染。即便当下我国经济发展进入新常态，但这种"唯 GDP 主义"仍在一些地方和领导干部心中占据重要地位。在此意义上，"美丽中国"建设不只是外在的生态环境建设，更是内在的发展观念的转换与更新。可见，"资本逻辑一般"与"资本逻辑特殊"的相遇使当下中国面临着严重的生态危机。进言之，对于中国而言，如果说资本与生态的对立必然产生生态问题，那么权力逻辑主导下粗放型的发展方式则加剧了这一生态问题。

二、现实依据：资本的生态逻辑

在《资本论》及其手稿中，马克思通过对资本逻辑所蕴含的内在矛盾的分

---

① 《列宁选集》第 2 卷，人民出版社 1995 年版，第 624 页。

析揭示了其自我扬弃的总体发展趋势。从商品二因素、劳动二重性出发，马克思揭示了资本主义生产的二重性，即劳动过程与价值增殖过程的统一。与前资本主义社会中劳动过程即使用价值的生产是生产的最高目的不同，在资本主义社会中，价值增殖是生产的最高原则，它支配并统摄着劳动过程。在价值增殖逻辑主导下，资本最大限度地将剩余价值转化为资本，从而通过再生产不断地进行资本积累。资本积累这一动态过程在践行资本增殖的最高原则的同时，也发展出资本走向总体扬弃的内在趋势。一方面，随着生产力的发展、劳动协作的扩大、科学技术的应用，资本积累孕育出社会化的发展要求；另一方面，随着资本积累的扩大，资本越来越集中在资本家手中。由此，资本主义社会的基本矛盾即生产社会化与生产资料私人占有之间的矛盾非但没有改善，反而日益加深。基于此，"生产资料的集中和劳动的社会化，达到了同它们的资本主义外壳不能相容的地步。这个外壳就要炸毁了。资本主义私有制的丧钟就要响了。剥夺者就要被剥夺了"。[1]可见，遵循资本逻辑运行的资本主义生产方式在创造出巨大生产力的同时，也生产出自身扬弃的总体趋势。正是在此意义上，马克思强调："资本主义生产的真正限制是资本自身。"[2]

如果说资本的总体扬弃揭示了资本逻辑的历史极限，那么资本逻辑的具体扬弃（局部性、环节性扬弃）则展示出资本逻辑的自我更新能力，这也是资本逻辑虽屡遭危机却依然在场的根本原因。唯物史观告诉我们，资本逻辑在其所容纳的全部生产力发挥出来之前，是不会自行灭亡的。但这不代表其不会遭遇自身的矛盾和界限，资本"会为劳动和价值的创造确立界限，这种界限是和资本要无限度地扩大劳动和价值创造的趋势相矛盾的"，然而"资本一方面确立它所特有的界限，另一方面又驱使生产超出任何界限，所以资本是一个活生生的矛盾"。[3]资本的这种"超出任何界限"的能力即其"具体扬弃"的趋势，也即资本的自我更新能力。[4]正如马克思所指出的："资产阶级除非对生产工

---

① 《马克思恩格斯文集》第五卷，人民出版社 2009 年版，第 874 页。

② 《马克思恩格斯文集》第七卷，人民出版社 2009 年版，第 278 页。

③ 《马克思恩格斯全集》第 30 卷，人民出版社 1995 年版，第 405 页。

④ 熊彼特将资本的这种具体扬弃的能力称作资本的创新能力。正如有学者所指出的那样，"创新"是从积极的意义上来说的，然而资本的这种能力对资本自身而言是积极的，但对人类的整体发展来说可能是消极的。因此，用"创新"来描述资本逻辑这一特性是不准确的。（参见张三元：《资本逻辑的自我扬弃与历史极限》，《江汉论坛》2016 年第 7 期。）

具，从而对生产关系，从而对全部社会关系不断地进行革命，否则就不能生存下去。"① 从资本的主导形态变迁来看，资本由产业资本向金融资本的发展即是资本逻辑具体扬弃的结果；从资本的领域扩张来看，资本由经济领域向文化、生态、社会等领域的扩张也是资本逻辑遭遇自身界限后进行具体扬弃的结果。事实上，资本的具体扬弃特性植根于资本主义生产方式的内在矛盾之中，具体体现为资本积累机制的创新。换言之，资本的具体扬弃是对资本积累中利润率下降趋势有效应对的结果。资本主义生产方式只能通过积累机制的创新才能保持资本积累的持续性。可以说，资本的具体扬弃体现为资本的本能，服务于资本的增殖本性。

值得提出的是，在实现具体扬弃的过程中，资本呈现出生态逻辑。如前所述，在效用原则、异化消费观的影响下，资本主义危机也以生态危机的形式表现出来。随着资本全球化的不断推进，生态危机也越出了国家、地域界线，成为世界性危机。它不但破坏着人类再生产的自然基础，也侵蚀着人类生存发展的基本条件。在此意义上，生态危机也就是人类的生存危机。无论是"温室效应"的日益严重，还是南极臭氧空洞的不断扩大，都昭示着资本逻辑所带来的生态极限，这又构成了资本进一步发展的限制。正是在对资本逻辑所遭遇的生态限制的反思中，资本的生态逻辑应运而生。② 所谓"资本的生态逻辑"，即资本以生态的名义而进行的相关生产及其产品的总称，如各种各样的以"节约型""环保型""绿色无公害"等为名的生产及各种各样以产业形态而进行的生态评价与生态修复等。资本生态逻辑的实质是以绿色技术创新为驱动的生产方式的绿色化、生态产品的规模化。"不论是西方的'第三次工业革命'还是

_____

① 《马克思恩格斯文集》第二卷，人民出版社 2009 年版，第 275 页。

② 关于资本是否存在生态逻辑，国内学界存在争论。任平、庄友刚等认为资本存在生态逻辑（参见任平：《生态的资本逻辑与资本的生态逻辑——"红绿对话"中的资本创新逻辑批判》，《马克思主义与现实》2015 年第 5 期；庄友刚：《当代资本发展的生态逻辑与生态社会主义批判》，《东岳论丛》2015 年第 6 期）；也有学者对此展开批驳（参见熊小果、李建强：《资本生态逻辑的后现代幻象——兼与庄友刚教授商榷》，《中国地质大学学报》2015 年第 4 期）。我们认为，这一争论的实质在于资本的生态化发展倾向是资本自身发展的内在需要，还是社会强加于它的外在需要。通过以上对资本逻辑自我扬弃特性的分析，可以发现，它是资本积累可持续发展的内在需要。基于此，我们认为资本内蕴生态逻辑。

'中国制造2025'都不约而同地选择通过绿色化的生产方式实现本国的工业转型。"① 可以说，实现绿色生产已成为全球发展的必然趋势。

资本的生态逻辑为"美丽中国"建设提供了现实依据和动力支持。对于中国而言，随着市场经济的发展和全球化的推进，资本逻辑已经植入人们的现实生活中并成为一种无法回避的客观现实。面对资本逻辑造成的负面生态后果，我们更应该对资本逻辑保持审慎的态度。一方面，我们不能放弃市场经济。如果放弃了市场经济，也就意味着我们放弃了对"资本的文明作用"的占有与利用，放弃当下经济社会发展的原动力，放弃了走现代化之路的宏伟目标。另一方面，我们也不能任由资本逻辑"狂欢"，放任其负面生态后果，因为这将违背社会主义的初衷。"市场远在资本主义之前就存在，因而人们完全可以这样来设计后资本主义时代：不必废除市场，而是要对它进行规范、限制，使之社会主义化。"② 我们应在利用资本逻辑和驾驭资本逻辑之间保持合理张力，从而规避并限制资本逻辑的负面效应。因此，运用资本的生态逻辑发展生态产业既是缓解环境压力的有效途径，也是当下"美丽中国"建设的必然选择。

需要明确的是，资本的生态逻辑与"美丽中国"之间存在着一定程度的契合，这是资本生态逻辑能够为"美丽中国"建设提供动力支持的前提与基础。具体而言，基于人与自然和谐理念下的"美丽"不是前现代生产力不发达意义上的"美丽"，而是建立在社会生产力发展基础上的更高层次的"美丽"。这表明一方面我们不能放弃现代化，不能放弃利用资本逻辑，进言之，资本的生态逻辑可以为我们所用；另一方面我们要改变权力逻辑主导下粗放型的发展方式，实现绿色发展、可持续发展。正如习近平所强调的："中国高度重视生态环境保护，秉持绿水青山就是金山银山的理念，倡导人与自然和谐共生，坚持走绿色发展和可持续发展之路。"③ "绿色发展""可持续发展"深刻地揭示了我们要实现的发展是生产力发展与生态文明建设的高度统一。既要金山银山，

① 杨博、赵建军：《生产方式绿色化的哲学意蕴与时代价值》，《自然辩证法研究》2018年第2期。

② 米歇尔·于松：《资本主义十讲》，潘革平译，社会科学文献出版社2013年版，第4页。

③ 习近平：《向生态文明贵阳国际论坛2018年年会致贺信》，《人民日报》2018年7月8日。

也要绿水青山，绿水青山就是金山银山，"美丽中国"的当代建设需要将生态环境优势和自然资源禀赋作为发展经济的基础，需要发挥资本生态逻辑的力量。无论是生态产业的发展、生态评价机制的建立，抑或是生态环境的修复都是"美丽中国"的题中之义。此外，如果将资本生态逻辑置于中国社会主义生态文明的终极追求视域内来看，可以发现，资本生态逻辑支撑下的生态产业发展与生态产品供给，为社会主义生态正义的实现提供了物质基础。

三、实现路径：驾驭资本的生态逻辑

基于以上分析，资本的自我扬弃过程中所带来的生态逻辑为"美丽中国"建设提供了现实依据。然而，当我们欣喜于资本生态逻辑为"美丽中国"实现所带来的动力支持时，更要对资本生态逻辑的本质进行澄清。从表面上看，资本的生态逻辑是对资本生态后果的扬弃，是对资本主义生产中人与自然冲突关系的有效缓解与改善。但事实上，资本逻辑与资本的生态逻辑之间是本质与表象之间的关系。如果说资本能够孕育出生态逻辑，改善人与自然关系的话，那么这只是资本逻辑在特定历史时期的特定表现。换言之，资本的生态逻辑只不过是资本在遭遇自然界限时进行自我扬弃、自我更新的结果。如果说在工业资本时期，资本与生态呈现出显著对立的话；那么到了后工业时代，资本才呈现出一定的生态逻辑，其背后仍蕴藏着资本增殖的目的。

在此意义上，资本的生态逻辑是资本逻辑得以持续运行的一种保护机制而已。作为资本逻辑发展特定历史阶段的产物，资本的生态逻辑并没有消除资本与生态的对立，资本逻辑的无限增殖性、无限扩张性与自然资源及环境承载能力的有限性之间的矛盾并没有因资本生态逻辑的出现而消失；虽然资本的生态逻辑体现了资本增殖的内在需要，但资本的生态逻辑普遍难以自行实现，它需要一定的社会环境的保障和支持。此外，对资本生态逻辑的利用状况也受到社会的市场经济发达程度、民众生态意识成熟程度及民族文化的制约。因此，资本的生态逻辑的发展需要社会的规范、导引与驾驭。

驾驭资本的生态逻辑的关键在于警惕其"越轨"行为。资本生态逻辑展开与运行是有一定条件的，就本质而言，资本生态逻辑是以有利可图为前提的。一旦利润减少或无利可图，资本的生态逻辑就化为幻影。资本逻辑"如果能够因减少污染而节约成本、增加 10% 的利润，资本就活跃起来；如果无序砍伐和榨取资源能够带来 20% 的利润，资本就会趋之若鹜；如果竭泽而渔地榨干所有地球上不可再生资源而能挣到 30% 的利润，那么资本就会不顾一切；如果能够带来 300% 的利润，那么资本就会践踏人间的一切法律和涉及生态的一切良知"。[①] 因此，制定相应的制度与政策来防止资本生态逻辑的"越轨"行为就成为资本生态逻辑顺利展开的基本前提。基于此目的建立的制度与政策，一则要引导资本逻辑朝着保护生态方向不断前进，防止回到污染环境的老路上；二则要调节生态产业的良性发展，保障生态产品的供给与需求的相对平衡。唯有将资本的生态逻辑框定在一定的轨道内，才能使其为生态发展发挥积极作用。

对于中国而言，在驾驭资本的生态逻辑从而通达"美丽中国"实现的道路中独具优势。其一，社会主义制度内蕴的"以人为本"的发展理念能够矫正资本生态逻辑的"越轨"冲动，从而确保资本能够朝着保护生态的方向发展。在此过程中，社会主义公有制、社会主义民主政治都为其提供了有利条件。换言之，与资本主义社会将资本逻辑作为目的不同，对于社会主义的中国而言，资本逻辑只是手段，而非目的，社会主义制度能够有效导引资本生态逻辑的发展方向。事实上，中国特色社会主义进入新时代，无论是"五位一体"总体布局对"生态"领域的关注，还是"五大发展理念"对"绿色"发展的强调，都彰显出顶层设计对于"唯 GDP 主义"发展方式的反思和生态发展方向的导引。其二，传统文化的生态意蕴为"美丽中国"建设提供了宝贵的资源。如前所述，源远流长的中华传统文化中蕴含着丰富的生态智慧，这为"美丽中国"建设提供了文化根基。新时代"美丽中国"建设需要发挥优秀传统文化的作用，为此，我们就需要在生态实践的基础上，实现传统文化的现代性转化，从而为新时代"美丽中国"建设提供价值支撑。其三，广大民众生态意识的觉醒为新时代"美丽中国"建设提供了主体支持。虽然在资本逻辑的驱动下，我们也曾将人与自然的和谐置于"发展第一"的目标之下，从而沦为一种"存在无忧的发展"。[②] 但从近年来人们对核电站、化工厂的"邻避冲突"中，从对雾霾天气、土地沙化的控诉及对生态消费的青睐中可以发现人们生态意识的逐渐自觉。显然，较之资本主义国家，我们有更多的优势发挥资本生态逻辑的作用，

---

① 任平：《生态的资本逻辑与资本的生态逻辑》，《马克思主义与现实》2015 年第 5 期。

② 沈湘平：《以存在看待发展》，《江海学刊》2017 年第 1 期。

对资本逻辑的负面效应进行管控，进而实现生产力发展与生态文明的协同共进。

综上所述，资本逻辑与"美丽中国"之间存在着深刻的辩证关系。深入揭示资本逻辑与"美丽中国"之间的辩证关系，是在资本逻辑的语境中阐释"美丽中国何以可能"的基本前提。一方面，资本逻辑在逐利本性和扩张本性的驱动下横冲直撞、肆意妄为，严重破坏了人与自然的和谐共生，使得生态问题成为任何一个国家、任何一个地区都不能幸免的全球性问题。这是"美丽中国"这一话题得以言说的基本历史前提和历史境遇。另一方面，在资本逻辑增殖本性和内在矛盾的推动下，资本形态也会自我扬弃。尽管资本逻辑的最终扬弃表现为资本主义生产方式的"内爆"（阿明语），但在其所蕴含的生产力尚未释放出来之前，其自我扬弃总是表现为某些环节的具体扬弃，即资本的自我更新。资本的这种特定环节的自我扬弃和特定形态的自我更新体现在生态问题上，即其呈现出一定的生态逻辑。这为"美丽中国"建设提供了现实依据和动力支持。显然，资本逻辑与"美丽中国"之间并不是简单的对立关系，而是存在着深刻而复杂的辩证关系。

基于资本逻辑与"美丽中国"之间的深刻辩证关系，在新时代"美丽中国"建设中，我们要摒弃二者关系认识中的两种极端倾向，即"拒斥论"和"一致论"。所谓的"拒斥论"，即极力否认资本逻辑与美丽中国之间的辩证关系，认为二者是一种对立关系；不消除资本逻辑，"美丽中国"就只能是一种空想或理想。所谓的"一致论"，则认为"美丽中国"与资本逻辑是内在一致的，随着资本生态逻辑的发展，"美丽中国"便会如期而至。毫无疑问，这两种倾向都是形而上学思维方式的后果，它们要么是舍弃了历史性原则的片面呓语，要么是抛弃了对当下中国社会发展历史阶段思考的主观臆断，从而陷入了或"左"或"右"的窠臼。事实上，作为一种社会生产关系，资本逻辑的产生、发展、灭亡都遵循其内在规定和基本规律。因此，在资本逻辑语境中阐释"美丽中国"的可能性问题，既不能因资本逻辑的生态逻辑初露端倪就否认资本与生态的价值对立性，也不能因资本与生态的价值抵牾而否认资本生态逻辑的历史性作用。相反，须以辩证的态度对待资本逻辑，从而在对资本生态逻辑的有效驾驭中推动"美丽中国"的实现。

（选自《东南学术》2021 年第 2 期）

中国式现代化中蕴含的
独特生态观的内涵和贡献

◎张云飞[*]

在科学把握现代化和生态化（绿色化）关系的基础上，党的二十大创造性地提出了"中国式现代化中蕴含的独特的生态观"[①] 即"中国式现代化理论蕴含的独特生态观"（以下简称为"中国式现代化生态观"），为建设人与自然和谐共生的中国式现代化指明了方向，丰富和发展了中国式现代化新道路和人类文明新形态。

一、中国式现代化生态观的历史建构

人与自然的关系是人类社会最基本的关系。在一般意义上，生态观（生态文明观）是对人与自然关系问题的总体看法和根本观点的总和。人与自然的关系在现代化过程当中表现为现代化和生态化（绿色化）的关系，即物质文明建设和生态文明建设或现代化建设和生态文明建设的关系。现代化的生态观或现代化理论的生态观是对现代化和生态化（绿色化）关系问题的总体看法和根本观点的总和。现代化理论和生态观是一般。现代化理论的生态观是具体，是现代化理论和生态观的有机统一。党的二十大坚持习近平生态文明思想和中国式现代化理论的统一，在科学回答如何协调现代化和生态化关系问题的过程中，

＊ 作者简介：张云飞，中国人民大学马克思主义学院教授、博士生导师。

① 中共中央党史和文献研究院编：《习近平关于中国式现代化论述摘编》，中央文献出版社 2023 年版，第 294 页。

通过科学总结协调现代化和生态化关系的理论经验和实践经验，创造性地提出了中国式现代化生态观。

（一）马克思恩格斯现代化理论的生态向度

西方现代化第一次使现代化成为现实，但由于实现剩余价值是西方现代化的价值轴心，加上机械自然观和机械发展观等因素的影响，西方现代化付出了惨重的生态代价。在机械自然观那里，自然被误解为单纯的工具，成为"人定胜天"的对象。在机械发展观那里，发展被理解为机械地增长，从而助长竭泽而渔、杀鸡取卵的短期行为。机械自然观和机械发展观是典型的形而上学，是西方现代化的意识形态，是导致生态危机的思想根源之一。在世界现代化史上，马克思、恩格斯科学地揭示西方现代化的生态二重性，指出其在提升人与自然之间物质变换水平的同时造成了这种物质变换的断裂。在科学把握人与自然的"一体性"关系和社会有机体系统性的基础上，通过科学揭示"现在的社会"即现代化的生成和发展的规律，马克思、恩格斯明确提出了现代化的生态化的科学设想。生态化（绿色化）就是自觉实现人与自然和谐共生的过程。一方面，通过科技进步促进生态化。"化学的每一个进步不仅增加有用物质的数量和已知物质的用途，从而随着资本的增长扩大投资领域。同时，它还教人们把生产过程和消费过程中的废料投回到再生产过程的循环中去，从而无须预先支出资本，就能创造新的资本材料。"① 虽然化学和化学工业的发展会造成环境污染，但是，化学进步能够发现废物的新用途，促进资源节约和循环经济的发展，推动实现现代化的生态化。应该将人与自然的统一作为工业发展的重要法则。只有借助生态化的生产力，才能谈到那种同已被认识的自然规律和谐一致的生活。另一方面，要通过生产方式的革命或变革促进生态化。与资本主义造成生态危机不同，在未来的自由人联合体当中，社会化的人将合理地调控人与自然之间的物质变换，自觉实现人与社会、人与自然的双重和解。这样，马克思、恩格斯就将生态化理念引入到了社会发展（现代化）当中，开辟了马克思主义现代化理论的生态向度，为形成中国式现代化生态观提供了科学基础。

---

① 《马克思恩格斯文集》第五卷，人民出版社 2009 年版，第 698—699 页。

（二）西方生态现代化的中国适用性问题

在反思西方现代化生态弊端的基础上，西方学者提出了生态现代化理论。从西方的情况来看，面对生态危机，在"增长的极限"和"没有极限的增长"争论的基础上，形成了可持续发展和生态后现代主义等对现代化的生态批判思潮。从中国的情况来说，1949年之后，在提出和确立"四个现代化"战略目标的过程中开始关注现代化和生态化的关系问题。在这样的背景下，2010年，生态现代化理论的代表人物、曾经在1975年访问过中国的德国学者耶内克在接受中国学者的学术访谈时明确指出，"我最早在1982年1月26日的柏林州议会辩论中使用了'生态现代化'这一概念"，"我最初提出'生态现代化'概念时，就受到了当时中国政府关于'四个现代化'概念的启发"。[①] 现代化的原本含义是实现从农业社会向工业社会的转变（工业化），"四个现代化"突破了对现代化的狭隘理解，为扩展现代化的内涵和外延提供了新的思路。当然，从"四个现代化"到"生态现代化"存在着思维跳跃的问题。生态现代化理论的基本观点为：生态理性和经济理性能够与积极的总和结果相协调，经济发展和环境保护能够相容并对未来相互可取，必须制定综合的环境控制政策而不能单独处理环境问题，环境保护在市场经济和政府干预的背景下都能实现，按照最高环境标准生产产品的国家将引领市场发展的潮流。[②] 生态现代化首先是作为一种环境社会学理论提出的，后来，一些西方国家将之确立为自反式现代化的一种模式，促进了西方国家的绿色转型。生态现代化理论认为，1978年之后，中国在追求现代化的同时更为重视环境保护，"随着环境利益和条件日益受到重视，中国正在环境的维度上重构生产和消费的过程和行为……就此而言，运用'生态现代化'来描述沿着生态路线来重塑其经济的努力似乎是适当的"。[③] 其实，生态现代化是一种自反式现代化理论和模式，生态文明是中国共产党人提出的具有前瞻性的原创性理念。生态现代化能够成为中国式现代化

---

① 郇庆治、马丁·耶内克：《生态现代化理论：回顾与展望》，《马克思主义与现实》2010年第1期。

② Dave Toke, Ecological modernisation: A reformist review, *New Political Economy*, 2001, 6 (2): pp. 279-291.

③ Arthur P. J. Mol, Environment and Modernity in Transitional China: Frontiers of Ecological Modernization, *Development and Change*, 2006, 37 (1): pp. 29-56.

生态观的思想资源，但不能完全用来说明中国的生态创新。

（三）中国马克思主义现代化理论的生态创新

社会主义改造任务完成之后，我们党要求按照统筹兼顾的方式协调现代化和生态化的关系。在大力推进植树造林、兴修水利、爱国卫生等群众性生态建设活动的基础上，党和政府十分重视工厂安全卫生问题。为了根治不清洁、低秩序、不安全的问题，国务院全体会议于 1956 年通过的《工厂安全卫生规程》提出，"废料和废水应该妥善处理，不要使它危害工人和附近居民"，[①] 从劳动保护角度要求严格预防和控制有害气体、噪声、粉尘和危险物品等环境污染问题。在参加 1972 年联合国人类环境会议之后，我国确定了"全面规划，合理布局，综合利用，化害为利，依靠群众，大家动手，保护环境，造福人民"的环境保护工作方针。1973 年召开的全国环境保护工作会议提出，发展工业生产与保护环境是统一的。由此，"以毛泽东同志为主要代表的中国共产党人……奠定了我国生态环境保护事业的基础"。[②] 而这同样初步奠定了中国式现代化生态观的理论基础。

党的十一届三中全会以来，我们党在科学总结历史经验教训的基础上明确提出了"中国特色社会主义"和"中国式现代化"等命题。1978 年 12 月 31 日，党中央提出，"消除污染，保护环境，是进行经济建设、实现四个现代化的一个重要组成部分"。[③] 继之在积极参与 1992 年联合国环境和发展大会的基础上，党的十五大将可持续发展确立为我国现代化建设的重大战略。进而，为了更好地实现全面建设小康社会的目标，党的十七大将生态文明确立为全面建设小康社会奋斗目标的新要求，党的十八大将生态文明纳入中国特色社会主义总体布局当中。这样，以邓小平同志为主要代表的中国共产党人开启了我国生态环境保护事业法治化、制度化进程，以江泽民同志为主要代表的中国共产党人开拓了具有中国特色的生态环境保护道路，以胡锦涛同志为主要代表的中国

---

① 《工厂安全卫生规程》，《劳动》1956 年第 7 期。

② 中共中央宣传部、中华人民共和国生态环境部编：《习近平生态文明思想学习纲要》，学习出版社、人民出版社 2022 年版，第 4 页。

③ 国家环境保护总局、中共中央文献研究室编：《新时期环境保护重要文献选编》，中央文献出版社、中国环境科学出版社 2001 年版，第 2 页。

共产党人开辟了社会主义生态文明建设新局面。[①] 在这个过程中，我们党在现代化语境中创造性地提出了生态文明新理念，进一步夯实了中国式现代化生态观的理论基础。

党的十八大以来，以习近平同志为核心的党中央大力推进现代化和生态化的协调并进，赋予生态文明建设理论以新的时代内涵，系统形成了习近平生态文明思想，引导我们走向了社会主义生态文明新时代。党的十九大报告提出："我们要牢固树立社会主义生态文明观，推动形成人与自然和谐发展现代化建设新格局，为保护生态环境作出我们这代人的努力！"[②] 这样，就明确了社会主义生态文明观是推动形成人与自然和谐发展现代化建设新格局的理论指南，明确了推动形成人与自然和谐发展现代化建设新格局是社会主义生态文明观的科学实践。进而，党的二十大"初步构建中国式现代化的理论体系"[③] 即中国式现代化理论，强调人与自然和谐共生的现代化是中国式现代化的内容和特征，促进人与自然和谐共生是中国式现代化的本质要求，尊重自然、顺应自然、保护自然是全面建设社会主义现代化国家的内在要求，从而创造性地形成了中国式现代化生态观。

总之，在领导中国人民开辟中国特色社会主义现代化道路的伟大征程中，在科学总结现代化经验和教训的基础上，按照"不忘本来、吸收外来、面向未来"的综合创新的科学方法论原则，我们党创造性地提出了中国式现代化生态观。

二、中国式现代化生态观的主要命题

基本命题是思想体系的基本构件。"正如从简单范畴的辩证运动中产生出群一样，从群的辩证运动中产生出系列，从系列的辩证运动中又产生出整个体

---

① 中共中央宣传部、中华人民共和国生态环境部编：《习近平生态文明思想学习纲要》，学习出版社、人民出版社 2022 年版，第 4—5 页。

② 《习近平著作选读》第二卷，人民出版社 2023 年版，第 43 页。

③ 中共中央党史和文献研究院编：《习近平关于中国式现代化论述摘编》，中央文献出版社 2023 年版，第 30 页。

系"，① 中国式现代化生态观也正是由一系列逻辑命题形成的完整的理论体系。

（一）中国式现代化是人与自然和谐共生的现代化

世界历史是自然界对人来说的生成过程。现代化依赖自然界提供的各种自然物质条件，只有保持自然物质条件的可持续性，才能确保现代化的可持续性。鉴于西方现代化走过了一条先污染后治理的弯路，借鉴生态现代化关于将经济理性建立在生态理性基础上的主张，在确保自然资源成为全体人民共同财富的前提下，即是该将现代化建立在生态化的基础上，建设人与自然和谐共生的中国式现代化。我们应将"人与自然是生命共同体"作为建设人与自然和谐共生的中国式现代化的本体论依据，站在人与自然和谐共生的高度谋划和推动现代化，坚持绿色低碳循环发展，坚持在降碳、减污、扩绿、增长的协同推进中来实现现代化。总之，人与自然和谐共生的现代化是中国式现代化的重要内容和特征。"中国式现代化是人与自然和谐共生的现代化"② 的论断，构成了中国式现代化生态观的基本命题。

（二）中国式现代化坚持以满足人民日益增长的优美生态环境需要为目的

价值取向直接影响着现代化的性质和后果。西方现代化以实现剩余价值为价值轴心，牺牲了自然的价值和工人的健康。只有当生态危机影响到实现剩余价值的时候，生态现代化才走到了台前，但它并没有放弃上述价值取向。而一旦将满足人民群众的需要作为现代化的目的，就实现了对资本主义的超越。中国式现代化是人与自然和谐共生的现代化，既要满足人民日益增长的美好生活需要，也要满足人民日益增长的优美生态环境需要。③ 优美生态环境需要是人民群众美好生活需要的重要构成方面，是人民群众通过维护人与自然生命共同体的完整性、整体性、持续性来过上高品质生活的需要。满足人民群众的优美生态环境需要，是中国式现代化生态观的价值命题。

---

① 《马克思恩格斯文集》第一卷，人民出版社 2009 年版，第 601 页。
② 中共中央党史和文献研究院编：《习近平关于中国式现代化论述摘编》，中央文献出版社 2023 年版，第 121 页。
③ 中共中央党史和文献研究院编：《习近平关于中国式现代化论述摘编》，中央文献出版社 2023 年版，第 117 页。

（三）中国式现代化坚持以绿水青山就是金山银山为重大原则

大自然是一个具有系统价值的有机整体。西方现代化用交换价值消解了自然界的系统价值，最终酿成了生态危机。生态现代化将自然价值和自然资本看作一种新的盈利的机会，其实劳动和自然界共同构成了财富的源泉，自然界通过影响劳动生产率参与了价值的形成和增值。因此，保护生态环境就是保护自然价值和增值自然资本。形象地讲，绿水青山就是金山银山。通过探索形成生态产品价值实现的方式，通过发展生态经济的方式，可以将生态环境优势（绿水青山）转化为社会经济优势（金山银山）。同时，应该确保生态产品的公共性、普惠性和可及性。总之，"绿水青山就是金山银山"是重要的发展理念和推进现代化建设的重大原则，① 构成了中国式现代化理论的核心原则命题。

（四）中国式现代化坚持推动物质文明、政治文明、精神文明、社会文明、生态文明协调发展

人类社会是一个有机体。现代化是整体的社会进步过程。物欲横流是西方现代化的典型特征，造成了"单向度的人"。生态现代化呼吁来自所有社会子系统的响应推动，但并没有触及制度变革问题。社会主义社会是全面发展和全面进步的社会。一旦开始追求社会的全面发展和进步，就开始了社会主义超越资本主义的历史进步过程。按照"五位一体"的总体布局，我们要"推动物质文明、政治文明、精神文明、社会文明、生态文明协调发展"②。生态文明建设是社会主义现代化建设的重要方面和重要条件。坚持全面的现代化，才能为实现人的自由而全面的发展创造条件。推动"五大文明"协调发展，明确了中国式现代化的全面构成和全面任务，形成了中国式现代化生态观的发展内容命题。

---

① 中共中央党史和文献研究院编：《习近平关于中国式现代化论述摘编》，中央文献出版社 2023 年版，第 119 页。

② 中共中央党史和文献研究院编：《习近平关于中国式现代化论述摘编》，中央文献出版社 2023 年版，第 286 页。

（五）中国式现代化坚持协同推进新型工业化、信息化、城镇化、农业现代化和绿色化

现代化是一个生生不息的发展过程。西方现代化经历了工业化、城镇化、农业现代化、信息化的"串联式"过程，但刻意制造和拉大国际"信息鸿沟"。中国式现代化以工业化、信息化、城镇化、农业现代化的"并联式"方式向前推进，为了确保这一过程的永续性，我们要"协同推进新型工业化、信息化、城镇化、农业现代化和绿色化"。① 当下，要坚持信息化、现代化和绿色化的统一，大力发展绿色数字科技并将之作为中国式现代化建设和生态文明建设的动力，坚持用数字生态文明支撑中国式现代化。总之，协同推进"新四化"和绿色化，明确了中国式现代化阶段的连续性、跨越性、永续性相统一的特征，构成了中国式现代化生态观的发展过程命题。

（六）中国式现代化坚持以绿色发展为现实路径

发展理念和发展方式是影响现代化的可持续水平的重要变量。西方现代化依赖资源的高投入和废物的高排放，是典型的"黑色发展"。之后，生态现代化大力倡导绿色经济。但绿色经济仍然是从实现剩余价值的角度出发提出的方案，因此，难以从根本上撼动黑色发展的根基。而中国式现代化是在以人民为中心的发展思想的前提下坚持以人与自然和谐共生为要义的绿色发展。因此，我们要促进生产、分配、交换、消费等各个环节的绿色化和协调性，不断培育发展的新动能、新优势，构建和完善绿色低碳循环经济体系，不断增强现代化的可持续潜力和后劲；我们要通过高水平生态环境保护和高水平生态文明建设，促进高质量发展。如上所述，绿色发展是建设人与自然和谐共生现代化的现实途径，构成了中国式现代化生态观的发展路径命题。

（七）中国式现代化坚持以推进生态文明领域国家治理体系和治理能力现代化作为保障

西方政府在现代化过程中疏于管制甚至包庇纵容污染企业，是导致生态危

---

① 中共中央文献研究室编：《十八大以来重要文献选编》（中），中央文献出版社 2016 年版，第 486 页。

机的重要原因。后来，迫于社会压力，他们开始引入"多元"治理模式，但生态现代化理论用"新社会运动"理论消解了环境运动的战斗性。与之不同，中国坚持将国家治理体系和治理能力现代化作为现代化的重要制度保障，要求大力"推进生态文明领域国家治理体系和治理能力现代化"。① 我们必须坚持党对现代化建设和生态文明建设的全面领导，力求将社会主义制度优势有效转化为生态环境治理的效能，坚持用最严格制度和最严密法治保护自然，统筹推进人与自然和谐共生现代化建设与生态治理现代化建设。总之，推进生态文明领域国家治理体系和治理能力现代化，构成了中国式现代化生态观的治理保障命题。

（八）促进人与自然和谐共生是中国式现代化的本质要求

西方现代化先是走出了一条先污染后治理的弯路，后又走出了一条对内治理污染对外转嫁公害的邪路。与之不同，中国式现代化将促进人与自然和谐共生作为其本质规定之一，要求将之贯彻和渗透到现代化的各个方面。我们坚持统筹人口资源环境和社会经济发展，坚持人口绿色均衡发展；我们坚持切实保障人民群众的生态环境权益，坚持让全体人民共享生态文明建设的成果；我们坚持用社会主义生态文明观来推动生态经济和生态文化的协调发展，注重精神文明建设和生态文明建设的协调发展；我们坚持按照地球命运共同体和人类命运共同体的理念推动全球生态文明建设，以负责任的社会主义大国的姿态自主地提出了碳达峰和碳中和的目标。总之，促进人与自然和谐共生是中国式现代化的本质要求之一，构成了中国式现代化生态观的本质规定命题。

（九）中国式现代化坚持把我国建成富强民主文明和谐美丽的社会主义现代化强国作为目标

生态环境问题会危及民族生存和国家发展，因此，生态环境治理往往会与民族生存和国家发展挂起钩来。随着生态现代化的推进，西方福利国家开始转型成为"绿色国家"（"生态国家"）。但绿色国家的目的仍然是维护一个不公平或腐败的政治体系。按照党在社会主义初级阶段的基本路线，我们要在 21

---

① 《中共中央国务院出台方案为生态文明领域改革作出顶层设计》，《人民日报》2015年9月22日。

世纪中叶建成富强民主文明和谐美丽的社会主义现代化强国。建设美丽中国就是要按照合规律性和合目的性相统一的"美的规律",通过生态文明建设呵护好祖国的大好河山,努力将我国建设成为自然资本强国。我们要协同推进人民富裕、国家强盛、中国美丽,协调推进美丽中国建设和清洁美丽世界的建设。这样,将我国建成富强民主文明和谐美丽的社会主义现代化强国,构成了中国式现代化生态观的目标命题。

(十)中国式现代化坚持将生态文明作为全面建设社会主义现代化国家的内在要求

西方现代化之所以会造成生态危机,西方生态现代化之所以难以实现完全彻底的绿色转型,就在于它们始终坚持资本主义道路。与之不同,中国现代化建设和生态文明建设始终坚持社会主义道路,"尊重自然、顺应自然、保护自然,是全面建设社会主义现代化国家的内在要求"。① 我们坚持将自然资源确立为全体人民的共同财富,为实现人与自然和谐共生现代化提供了公平的制度基础;我们坚持将保护生态环境看作发展生产力的重要方式,为实现人与自然和谐共生现代化提供了物质条件;我们坚持消灭生态贫困和实现生态共享,为实现人与自然和谐共生现代化提供了公平的价值准则。这样,尊重自然、顺应自然、保护自然的生态文明理念就内在地嵌入社会主义现代化国家的本质规定当中。总之,生态文明是全面建设社会主义现代化国家的内在要求,构成了中国式现代化生态观的社会制度性质命题。

上述十个主要命题环环相扣、层层递进,从而使中国式现代化生态观成为一个内涵丰富、思想深远、结构完整的科学体系。

三、中国式现代化生态观的重大贡献

中国式现代化生态观是习近平新时代中国特色社会主义思想的重大理论创新成果,是习近平生态文明思想和中国式现代化理论的相统一的思想结晶,对现代化理论和生态文明观(生态观)都作出了重大贡献,丰富和发展了中国式现代化新道

---

① 《习近平著作选读》第一卷,人民出版社 2023 年版,第 41 页。

路和人类文明新形态，必将推动如期实现人与自然和谐共生的中国式现代化。

（一）对现代化道路和现代化理论的重大贡献

现代化是在人与自然生命共同体的系统框架当中展开的历史进步过程，理应具有明确的生态维度和追求。西方现代化具有明显的反自然和反生态的倾向，而中国式现代化生态观则在批判和超越西方式现代化道路和现代化理论的过程中丰富和发展了马克思主义现代化理论。

在西方社会，资本主义和现代化（工业文明）具有同构性。在前提上，作为资本原始积累方式的"圈地运动"造成了作为一切财富源泉的工人和自然的分离，这样，西方现代化就内在地前置性地孕育着生态危机。在过程上，以尽量少的可变资本去支配尽量多的不变资本以获取更多的剩余价值，是西方现代化的价值法则和动力机制，导致了人们按照急功近利的方式来实现现代化；西方现代化促进了"文化产业"的发展，但广告文化主导下的物质主义和消费主义加剧了生态危机。在结果上，西方现代化在促进生产力迅猛发展的同时，产生了严重的不公不义，居于统治地位并造成环境污染的资产阶级享受经济成果和"生态环境善物"之乐，生产社会财富的无产阶级却遭受经济剥削和"生态环境恶物"之苦。同时，西方现代化开辟了世界历史，却大肆推行生态帝国主义，帝国主义战争造成了严重的人道主义灾难和生态环境灾难。美国政府纵容和包庇日本政府将福岛核电站核泄漏造成的核污水排入世界公海的野蛮行为，充分说明资本主义绿色国家企图让生态破坏成为一种霸权。因此，与其说是现代化（工业文明）倒不如说是资本主义现代化（资本主义工业文明）才是造成生态危机的元凶。与之不同，中国式现代化是中国共产党领导的社会主义现代化。我们党带领中国人民开辟了中国特色社会主义道路即中国式现代化新道路，这条道路是科学社会主义基本原理和中国社会主义建设实际的科学结合，既坚持以经济建设为中心，又全面推进物质文明、政治文明、精神文明、社会文明和生态文明，力求将我国建设成为富强民主文明和谐美丽的社会主义现代化强国。生态文明正是这条道路的内在规定和本质要求，由此中国式现代化生态观就丰富和拓展了中国式现代化新道路。

众所周知，西方现代化理论在其发生的时候就直接以"控制自然"作为其理论旨趣之一。当韦伯将"新教伦理"作为现代化的精神源头的时候，就忽略了新教伦理具有的控制自然的倾向。后来，生态现代化理论弥补了西方现代化理论的生态缺失，要求实现现代化和生态化的双赢。中国式现代化生态观在这个目标方面与之具有一致性，但生态现代化理论存在着内在的缺陷。在发展方式上，生态现代化理论的拥趸希望通过生态工业和生态商业的方式来制造或再造生活的"自然"基础，但仍然追求生产尽可能多的产品以实现利润最大化；在动力机制上，他们充分肯定环境运动在促进绿色转型中的作用，但认为环境运动跨越了阶级政治而成为"新社会运动"，遮蔽了环境冲突背后的阶级利益的对立；在国际维度上，他们回避西方社会向发展中国家转移污染的问题，尤其是回避帝国主义战争的生态破坏罪行。同时，生态现代化是一种以发达国家为导向的政策话语，没有充分考虑发展中国家的发展诉求和权益。显然，生态现代化理论只是"涉及与现有资本主义秩序的和解，而不是推翻现有的资本主义秩序"①。可持续发展理论和生态后现代主义在一定程度上也是如此。与之不同，沿着马克思主义现代化理论生态向度所指明的方向，在科学总结带领中国人民探索协同推进现代化和生态化关系经验的基础上，我们党将对西方现代化理论的生态批判和政治批判统一起来，形成了中国化马克思主义现代化理论的生态观即中国式现代化生态观。这一生态观坚持将满足人民群众的优美生态环境需要作为中国式现代化的价值取向，坚持了科学社会主义的政治立场；明确了把我国建设成为富强民主文明和谐美丽的社会主义现代化强国作为发展目标，明确了中国式现代化的社会主义性质；确定了把尊重自然、顺应自然、保护自然作为全面建设社会主义现代化国家的内在要求，确定了人与自然和谐共生是社会主义的本质要求。这样，就将人与自然和谐共生的中国式现代化奠基在社会主义的基础之上，丰富和发展了马克思主义现代化理论。

总之，中国式现代化生态观开辟了马克思主义现代化理论和社会主义现代化道路的新境界。

（二）对生态文明建设和生态文明观的重大贡献

人与自然和谐共生是客观存在着的规律，对于现代化建设具有铁的必然性。但是，"被抽象地理解的、自为的、被确定为与人分隔开来的自然界，对

---

① Dave Toke, Ecological modernisation: A reformist review, *New Political Economy*, 2001，6（2），pp. 279-291.

人来说也是无"。① 生态中心主义试图通过"去现代化"的方式来实现生态化，存在着误导发展中国家现代化的危险。中国式现代化生态观坚持将人与自然和谐共生作为中国式现代化的本质要求，坚持协调推进生态文明建设和其他文明建设，超越了西方绿色思潮，丰富和发展了社会主义生态文明观和社会主义生态文明建设。

面对全球性生态危机，西方绿色思潮展开对现代化的生态批判，推动了生态文明观的形成。罗马俱乐部揭示西方现代化推行的"增长"突破了自然的"极限"，最终会造成全球性生态萎缩，要求采用"零增长"的策略，这具有悲观主义的意味。奈斯的"深层生态学"在突出自然的"内在价值"的同时指出："应该限制西方技术对现有非工业国家的影响，第四世界应该抵御外国的统治。"② 这里的"第四世界"即非工业化国家。尽管这一看法具有反对殖民主义和帝国主义的意味，但存在着限制或抵制发展中国家现代化的倾向。同时，尽管"内在价值"突破了对自然界的"工具价值"的理解，但存在着复活万物有灵论的危险。费切尔在与"技术文明"相对应的意义上提出了"生态文明"的概念，在他看来人们所期待的生态文明具有迫切的必要性，走向人道生命形式的进步仍然是非常可能的，但无限的线性技术进步必须得到控制和限制。③ 在深层生态学基础上形成的生态中心主义，大肆鼓吹用生态化取代和超越生态化。尽管这些思潮在反对机械自然观和机械发展观方面的主张具有合理性，并促进了现代生态观的形成，但或多或少暗含着阻止发展中国家实现现代化的企图。在不平衡的资本主义世界体系中，如果发展中国家以生态之名终止自己的现代化进程，那么就只能永远成为西方社会的附庸。这些绿色思潮之所以会形成如此的结论，无非是按照二元对立的思维看待现代化和生态化的关系，割裂了生态文明和物质文明的关系。与之不同，中国式现代化生态观将人与自然和谐共生现代化作为中国式现代化的重要内容和特征，坚持工业化、信息化、生态化统一的新型工业化道路，坚持"五个文明"的协调发展，超越

---

① 《马克思恩格斯文集》第一卷，人民出版社 2009 年版，第 220 页。

② Arne Naess, The Deep Ecological Movement: Some Philosophical Aspects, *Environmental Philosophy: From Animal Rights to Radical Ecology*, edited by Michael E. Zimmerman, etc., Prentice-Hall, Inc., 1993, p. 202.

③ Iring Fetscher, Conditions for the survival of humanity: on the Dialectics of Progress, *Universitas*, 1978, 20 (3), pp. 161-172.

了西方绿色思潮，成为科学的生态文明观。

中国式现代化生态观既将生态文明看作文明系统的条件和要素，又将生态文明看作文明形态的内容和方向。一方面，必须坚持协调推进物质文明建设和生态文明建设。人类文明是由诸多要素构成的整体，生态文明建设既为其他文明建设提供条件，又依赖其他文明建设。"我国现代化是人与自然和谐共生的现代化。我国现代化注重同步推进物质文明建设和生态文明建设。"① 我们不仅要同步推进工业文明建设和生态文明建设，促进生态工业等生态经济的发展，而且要实现高质量发展和高水平保护的统一，使现代化建立在生态效益、经济效益、社会效益相统一的基础上。另一方面，必须坚持协调推进数字文明建设和生态文明建设。凭借数字化方面的科技优势，西方社会已经开始从工业文明向数字文明跃迁，再度占据发展优势。但如果没有生态化的约束和引导，数字化可能造成比工业化更为严重的生态环境问题。因此，我们要紧紧抓住绿色、智能、泛在为特征的新科技革命趋势，"深化人工智能等数字技术应用，构建美丽中国数字化治理体系，建设绿色智慧的数字生态文明"②。数字生态文明是以数字文明为支撑的生态文明样态。显然，中国式现代化生态观既确定了生态文明在文明系统构成中的地位，又确定了生态文明在文明形态演进中的作用，丰富和发展了社会主义生态文明观和社会主义生态文明建设，从而丰富和发展了人类文明新形态。

总之，中国式现代化生态观开辟了社会主义生态文明观和社会主义生态文明发展的新境界，丰富和完善了习近平新时代中国特色社会主义思想，为实现人与自然和谐共生的中国式现代化指明了方向。

（选自《东南学术》2024 年第 1 期）

---

① 中共中央党史和文献研究院编：《习近平关于中国式现代化论述摘编》，中央文献出版社 2023 年版，第 119 页。

② 《习近平在全国生态环境保护大会上强调　全面推进美丽中国建设　加快推进人与自然和谐共生的现代化》，《人民日报》2023 年 7 月 19 日。

新中国 70 年生态关系的发展演变及其理论逻辑

◎马 艳 刘诚洁 邬璟璟[*]

一、引言及文献

自新中国成立以来，我国经济取得了飞速的发展，年均 GDP 增速高达 10％，远超世界平均水平；与此同时，人民生活水平也得到了大幅提升，2018 年全国居民人均可支配收入上涨到 28228 元，为实现美好生活目标奠定了基础。然而，在经济高速发展的同时，我国生态环境问题却日益严峻，尤其是大气污染、水污染等事故频发，成为当前经济发展过程中亟须关注并解决的难题。据耶鲁大学发布的《2018 全球环境绩效指数》报告显示，中国环境绩效指数得分在 180 个经济体中排名 120 位，并且空气质量得分倒数第四；[①] 2019 年由绿色和平组织和独立在线空气质量指数（AQI）监测机构 Air Visual 发布的《2018 年世界空气质量》报告也显示，全球空气污染最严重的 50 个城市中，中国占了 22 个。[②] 在环境污染日益加剧的背景下，居民健康问题也日益

* 作者简介：马艳，上海财经大学经济学院教授、博士生导师；刘诚洁，经济学博士，上海对外经贸大学马克思主义学院讲师；邬璟璟，美国马萨诸塞大学阿默斯特分校博士研究生。

① Introduction Environmental Performance Index, https：//epi. envirocenter. yale. edu/ 2018-epi-report/introduction.

② 2018 World Air Quality Report, http：//www. urbangateway. org/document/ 2018-world-air-quality-report.

令人担忧，据国家环保部环境规划院研究表明，仅在2013年1月的严重雾霾事件中，京津冀地区12个城市人群因PM2.5短期暴露，导致超额死亡2725人。[①] 面对如此严峻的生态环境和居民健康的问题，如何有效处理好我国经济发展与生产环境之间的关系，构建人与自然和谐相处的生态环境发展模式，是当前官方和学界亟须解决的关键问题。

基于此，学术界对经济增长与生态环境协调发展问题展开研究，为深入分析我国生态关系的发展以及实现经济由高速增长向高质量增长转型提供了理论基础和践行逻辑。从理论层面来看，学者的分析主要集中于生态环境问题与经济增长极限、生态环境与经济增长的演变机理以及生态环境与经济增长协调发展的条件等。[②] 从实证层面来看，学者的分析主要集中于从EKC（环境库兹涅茨曲线）角度分析环境污染与人均收入的变动关系，一方面对环境库兹涅茨曲线假设的存在性进行验证；[③] 另一方面，以EKC为基础对生态环境与经济增长之间影响发展关系的起因进行研究，并认为影响因素主要为技术进步、国际贸易、制度变迁等。[④]

随着我国经济的不断发展，学术界关于生态环境的研究逐步聚焦于生态关系缓和方面，以图为解决我国当前生态矛盾难题提供理论指导和实践方向。尤其是党的十八大以来，在习近平总书记就生态文明作出了许多重要论述以后，众多学者们就生态文明思想展开了深入的分析。研究的内容基本集中在习近平生态文明思想的理论渊源、时代特征和现实意义等方面。[⑤]

---

① 《雾霾之下新能源汽车发展分析》，http：//www.sohu.com/a/49838251_114835. 2015-12-22。

② 陈祖海、熊焰、刘倩：《环境持续性的经济效率随机前沿分析》，《统计与决策》2006年第16期；彭水军、包群：《经济增长与环境污染——环境库兹涅茨曲线假设的中国检验》，《财经问题研究》2006年第8期。

③ 赵细康等：《环境库兹涅茨曲线及在中国的检验》，《南开经济研究》2005年第3期；王敏、黄滢：《中国的环境污染与经济增长》，《经济学（季刊）》2015年第2期。

④ 温怀德、刘渝琳：《对外贸易、FDI的经济增长效应与环境污染效应实证研究》，《当代财经》2008年第5期；唐安宝、刘琦琦：《环境污染与经济发展水平关联关系实证研究》，《生态经济》2018年第5期。

⑤ 周杨：《党的十八大以来习近平生态文明思想研究述评》，《毛泽东邓小平理论研究》2018年第12期；周宏春、江晓军：《习近平生态文明思想的主要来源、组成部分与实践指引》，《中国人口·资源与环境》2019年第1期。

综上所述，学术界从多个角度对我国生态环境问题进行了探析，揭示了生态环境发展与经济发展之间的矛盾与难点，但多数研究从西方经济学视角出发，少有学者从马克思主义政治经济学视角研究我国特定时间段的生态关系矛盾和特征，更少有学者从纵向逻辑角度分析新中国成立70年以来生态关系发展的演变过程。因此，本文拟基于马克思主义政治经济学研究方法，从历史范畴深入探析我国在经济发展的不同阶段所显示的生态关系的阶段性特征及其演变机理，从而揭示新中国成立70年以来，我国生态关系的演变过程和演变逻辑，并基于此推演我国未来生态关系的方向。本文提到的"生态关系"一词是指人们在处理生态环境与经济发展之间的矛盾运动中所结成的人与自然、人与人、人与社会之间的关系。

二、新中国成立 70 年我国生态关系的阶段性特征

新中国成立以来，随着经济不断发展和人民生活水平不断提高，我国生态环境与经济发展之间的关系发生了三次重大转变，呈现出不同的阶段性特征。1949—1978 年间，我国生态关系呈现出"潜在隐形化"的特征；改革开放以后，即 1978—2012 年间，我国生态关系呈现出"显性激化"的特征；党的十八大以来，即 2012 年至今，我国生态关系呈现出"逐步缓和"的特征。

（一）"潜在隐形化"时期

在 1949—1978 年间，我国生产力水平相对较低，生态环境与经济发展之间的矛盾并不突出，我国的生态关系呈现出"潜在隐形化"特征。

首先，新中国成立初期，我国逐步形成集中统一的计划经济体制，资源的生产、分配等均由政府统一决定。但由于该时期，我国经济发展水平较差，生产力水平较低，为提高生产力水平，促进经济发展，我国制定了"一五"计划，此时国家的重点任务是全面发展经济，生态环境问题并未引起重视。

其次，随着"一五"计划的提前完成和国家工业化的初创，国家的整体面貌有了明显的改观，生态环境问题逐步落入人们的眼帘，对于生态环境保护有了基础性的认识，但此时，生态保护的重大责任仍落在国家的肩上。在当时，我国社会主义经济特有的公有性和计划性决定了生态制度的公共性和计划性，

国家和政府既是生态制度的建造者，也是实施者和监督者，经济利益和生态利益在一定程度上具有一致性。因此，国家在资源利用和保护上具有计划性，生态环境受到一定保护。在这一时期，中国仍处于农业向工业转型的过程，工业化水平十分低下，尽管落后的生产方式使单位生产过程污染较高，但整体而言对自然环境的破坏并不严重，仍处在生态自然循环足以消化的范围之内。

最后，自 1957 年开始，国家推动"大炼钢铁""以钢为纲"的生产方式，给生态环境带来了过重的负担。一方面，此时人们仍然缺乏生态环境保护意识，一味地追求钢铁的产量，致使生态环境问题几乎没有被考虑到，技术落后、污染密集的小企业数量不断增加，生态保护问题日益严峻。另一方面，我国第一次核试验成功，第一枚导弹发射成功，第一颗氢弹爆炸成功，第一次地下核试验成功等都集中在这一时期，在管理混乱、污染控制措施缺位的情况下，工业"三废"放任自流，生态矛盾的种子也因此埋下，只不过此时生态环境问题处于潜在累积阶段，并没有凸显出来。因此，在 1949—1978 年间，我国集中力量发展经济，缺乏环境保护意识，缺乏对环境保护的措施和手段，但由于当下生产力水平的整体性低下，生态环境与经济发展之间的矛盾并不突出，生态关系基本呈现出"潜在隐形化"特征。

（二）"显性激化"时期

在 1978—2012 年间，我国经济体制由传统计划经济向社会主义市场经济转型，国家建设逐步集中在工业化、城镇化和现代化建设上，为大力提升经济发展水平，采用粗放式经济发展模型，环境问题不断恶化，因此，在这一时期，我国的生态关系逐步呈现"显性激化"的特征。

自改革开放以来，我国经济体制开始转型，为大力推动经济发展，实现四个现代化，往往选择采用高能耗、高成本、低经济效益为特征的粗放型经济发展方式。这种经济发展方式主要倚赖于生产要素和其他投入的扩张，特别是对自然资源的大规模的开采与利用，从而实现生产规模、产品数量的迅速扩大，然而对于生产效率和产品质量以及对环境的影响等问题较少关注，它使我们忽视或者无暇重视对资源的合理利用和对生态环境的保护。显然，与粗放型经济发展方式相伴而来的是资源的浪费和生态的破坏。一方面，经济取得长期高速增长的同时不可避免地对环境和生态系统造成了压力，甚至导致了环境恶化、污染严重、人与自然关系紧张的消极局面；另一方面，我国环境保护和健康意识的不断提高与生态环境的不断恶化形成了一种相对运动，使得生态环境与经济发展之间的矛盾快速从隐性转为显性，并不断趋于表象化。具体而言，本文分别从能源消耗、空气污染、水污染和工业废弃物污染等四个方面分析生态环境变化的特征。

首先，从能源消耗角度来看。1985—2008 年间，能源消费弹性系数[①]波动频繁，有两次大的低谷时期：分别是 1996—1998 年间降至 0.03（受到 1997年亚洲金融危机的负面影响），以及 2005—2008 年间降至 0.3。而 1999—2004年经历了一轮迅速攀升，在短短五年间达到 1.66，意味着经济增长每增加1％，能源消耗则会增加 1.66％，这表明能源消耗的速度已超过经济增长，也反映了我国对于能源利用的效率低下、能源浪费严重。这一现象自 2011 年后得到改善，逐步出现下降趋势（见图 1 所示）。

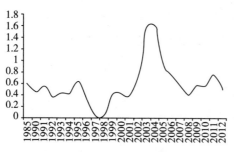

图 1　1985—2017 年中国能源
消费弹性系数

数据来源：《中国统计年鉴》。

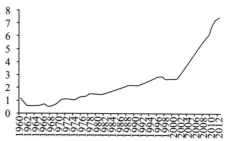

图 2　1960—2014 年中国二氧化碳
排放量（人均公吨数）

数据来源：世界银行数据库。

其次，从空气污染角度来看。如图 2 显示，我国的二氧化碳排放总量位居世界第一，但考虑到庞大的人口基数所起的作用，二氧化碳人均排放量更为准确。从 1960—1996 年间，该数值逐渐上升，从 1.17 公吨升至 2.84 公吨左右，几乎翻了一番，在经历了 1997—2001 年的微微回落后，自 2002 年起，二氧化碳人均排放量增长率大幅提高，到 2012 年达到了 7.42 公吨，接近或超过部分

---

①　能源消费弹性系数是指一定时期能源消费平均增长率与同期国民生产总值平均增长率的比值。该系数越大，说明单位经济增长所消耗的能源越多，越有可能造成能源不充分利用和浪费，经济发展方式越粗放。

发达国家的排放水平（如英国 7.35 公吨，德国 9.2 公吨，日本 9.64 公吨，美国 16.31 公吨，中高等收入国家 6.56 公吨）。而在同时期其他发展中国家的二氧化碳人均排放量远小于该值，印度为 1.60 公吨，巴西 2.34 公吨。

最后，从水污染和固定废物污染角度来看。如图 3 显示，无论是废水排放量还是全国工业固体废物产量，在 1998 年后的很长一段时间都呈现持续上升的趋势，全国工业固体废物产量则在 2011 年后涨幅才有所缓解，水污染与固体废弃物的污染情况也不容乐观。

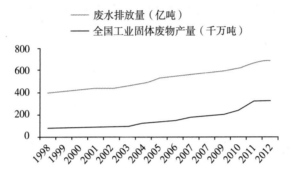

图 3　1989—2017 年我国废水排放量和全国工业固体废物产量

数据来源：Wind 经济数据。

（三）"逐步缓和"时期

十八大以来，我国进入中国特色社会主义新时代，经济发展逐步由高速度向高质量转变，环境保护意识逐步增强，我国的生态关系随之出现转机，呈现出"逐步缓和"特征。

在改革开放四十多年经济建设优先的引导下，生态环境与经济发展之间的矛盾日益加剧，生态因素逐渐成为我国的社会、经济进一步发展的阻碍。由此政府在"十二五"期间提出了绿色发展观，以人和自然和谐为价值取向，以绿色低碳循环为主要原则，以生态文明建设为主要抓手，[①] 这预示着我国的生态关系将出现新的特征。

一方面，从空气污染角度来看。图 4 显示，PM2.5 和 PM10 月均浓度两

---

① 《坚持绿色发展（深入学习贯彻习近平同志系列重要讲话精神）》，人民网，2015年 12 月 22 日。

大指标在 2013 年以来 74 个城市的月均浓度统计中均呈现大幅下降；另一方面，从能源消费角度来看。图 5 显示，我国非化石能源在能源消费中的比例在不断波动中缓步上升，而 2011 年后，上升势头愈发明显，短短七年间从13.0%升至 22.1%，实现了将近 10%的飞跃。这些非化石能源消费比例的提高从一个侧面反映了清洁能源使用的扩大化，如果这一趋势能够继续保持，在不久的将来它将取代化石能源成为中国的主要能源。可以看出，自 2012 年以来，在政府的引导、企业的参与和全国人民的持续关注下，我国的生态关系逐渐摆脱了过去从属于经济发展的次要地位，向着人与自然和谐、经济发展与环境保护并进的方向稳步前进。

图 4　我国 74 个城市 PM2.5 和 PM10 月均浓度

数据来源：Wind 经济数据库。

图 5　非化石能源在能源消费总量中的比例

数据来源：《中国统计年鉴》。

总之，新中国成立 70 年以来，我国生态关系在不同发展阶段呈现出不同的特征，由计划经济阶段的"潜在隐性"向社会主义市场经济阶段的"显性激化"转变，并在进入中国特色社会主义新时代发展阶段，进一步向"逐步缓和"转变。我国生态关系历经了三次重大转变，并在不同阶段，呈现出了不同的阶段特征，这既是我国经济发展不断成熟的表现，又是新时代社会主义市场经济发展的必然需求。在党的领导下，我国将逐步由绿色生态经济向人与自然和谐共处的生态经济方向发展。

三、我国生态关系演变的理论和现实逻辑

新中国成立 70 年以来，随着我国经济水平的不断发展，我国生态关系的发展发生了三次重大转变，并在不同阶段呈现出不同的特征。本文基于技术与制度角度，从国内和国外双重因素深入探析了我国生态关系在新中国成立 70 年以来的演变逻辑和转变机理，这既是对马克思主义理论的极大丰富、对可持续发展理念和科学发展观的进一步发展，也是对"以人民为中心"发展思想的重要体现。

（一）生态文明理念的飞跃

生态理念是人们在处理人与自然，生态环境与经济发展之间关系中所形成并遵循的观念、方法和理论的总称，是人如何看待自然，看待生态环境的观念。而具体到经济领域，人与自然的关系主要体现在生态环境和经济发展的关系上。作为人的意识，必然与一定的社会存在和经济基础相适应，也就是说，生态理念也会随着经济社会条件的变化而变化，在不同的社会发展阶段上，人们关于生态环境与经济发展关系的认识也不尽相同。从新中国成立至今，我国的生态观也大致经历了三次发展变化。

第一次变化是从单纯经济发展观到微观生态环境保护观。这一阶段在生态理念上主要体现为用绿水青山去换金山银山，不考虑或者很少考虑环境的承载能力，一味向自然界索取资源，在人与自然关系的处理上，追求以人为中心，自然处于被征服、被改造的地位。这一生态理念的形成具有理论和实践的逻辑依据，首先，受苏联模式和斯大林思想的影响，我国在经济建设的理论指导上并没有遵循马克思主义的自然观，只看到人对自然的改造，轻视了自然的作用。其次，新中国成立后百废待兴，经济领域亟待开展大规模建设。20 世纪 50 年代末实施的赶超型发展战略，更多的政策是用资源环境的消耗来支援物

质生产和经济建设。最后，在面临经济建设与生态环境保护相抵触的时候，在理论和实践上习惯于从微观层面来探讨，难以形成宏观系统的认识。

第二次变化是从微观生态环境保护观到宏观可持续发展观。这一阶段在生态理念上主要体现为既要金山银山，也要保住绿水青山，在经济发展与生态环境的关系上，人们开始意识到环境是生存发展的根本，自然的破坏会抑制人类的发展，并认识到将两者更好地统一起来对经济发展的重要性。这一时期生态理念的转变，在理论和观念上受到来自国际社会关于生态治理和可持续发展思想的影响，以及对马克思主义自然观和社会主义建设规律的深入探索和认识。国际上，1987年世界环境与发展委员会（WCED）提出的可持续发展的概念，到1992年联合国将"可持续发展"纳入《环境与发展宣言》。在实践层面，由于实行粗放型经济增长模式，经济发展和资源短缺、环境恶化之间的矛盾开始凸显，生态环境问题成为抑制经济增长的重要因素。在现实面前，我国在政策上展开对可持续发展观的贯彻和落实，党的十三大提出把经济效益、社会效益和环境效益很好地结合起来，强调生态环境与经济发展相协调。党的十五大将可持续发展战略作为现代化建设的重要内容，党的十七大提出全面协调可持续的科学发展观。

第三次变化是从宏观可持续发展观到系统性绿色发展理念。这一阶段在生态理念上主要体现为绿水青山就是金山银山，在经济发展和生态环境关系上，人们认识到绿水青山可以源源不断地带来金山银山，绿色青山本身就是金山银山，也是人的全面发展的重要内容，在人与自然的关系上，人们也意识到人与自然是生命共同体，是共生关系，要尊重自然、顺应自然和保护自然。正如马克思在《资本论》中强调的，劳动生产率是同自然条件紧密联系的，自然条件的改善是劳动生产率提高的重要方面。因为生态环境不仅是生产活动的"财富之母"，为生产提供自然资源，也是经济活动废弃物的排放和净化场所，为生产生活提供良好的环境。党的十八大首次将生态文明建设纳入"五位一体"建设的总布局中，从制度层面突出生态文明建设的重要意义。党的十八届五中全会提出绿色发展新理念，是发展观的一场深刻革命，也是世界经济发展的主旋律。党的十九大提出人与自然是生命共同体更是将绿色发展理念提升到了新境界。这一系统性的绿色发展理念的实施不仅符合当今科技革命和产业变革的方向，也是应对我国生态环境问题，满足人民对美好生活需要的必然要求。

（二）绿色技术的升级

纵观新中国成立以来我国生态关系的演变特征，可以发现，其中蕴含着生产力与生产关系之间的辩证逻辑，即生产力决定生产关系、生产关系反作用于生产力这一相对运动规律。生态关系作为生产关系的一个重要维度，其演变和发展受到生产力发展水平尤其绿色技术进步的重要影响和作用。

一方面，生态文明建设理念的演变过程归根结底是由生产力发展水平决定的。在生产力水平较低的情况下，与其相适应的生产关系必然以促进经济增长和生产力总量提升为主要目标，而与这种"数量型"生产关系相对应的，则一定是相对弱化的生态文明建设理念。但随着社会生产力的不断进步，数量型生产关系便开始带来诸多问题，包括产业结构失衡、供需不匹配、生态破坏严重等，这些问题逐步成为生产力发展的束缚，因此就要求生产关系从"数量型"逐步向"质量型"转变。与此相对应的，生态文明建设理念也随之从"单纯经济增长"向"可持续发展"再向"绿色发展"转变，最后向"人与自然生命共同体"的生态文明建设理念演变。另一方面，生态环境的保护和治理须以足够的绿色技术发展为基础和保障。要真正实现生态环境的有效保护和治理，必须激励微观经济主体选择消除和处理污染物这一决策，而这一决策受到绿色技术发展水平的重要影响。若绿色技术发展程度较低，则意味着消除污染物的成本较高，这就使政府难以通过激励或惩罚政策有效推动微观经济主体的环保决策；相反，若绿色技术发展程度较高，则消除和治理污染的成本较低，此时政府更容易通过监督或罚金等形式，促使微观经济主体选择消除和治理污染。因此，新中国成立以来，我国绿色技术的不断发展和升级是推动我国生态关系阶段性演变的重要动力之一。

首先，自1978年以来，全要素生产率（TFP）对经济增长的贡献水平一直较高，尤其表现在2012年之前。图6显示，技术进步对于经济增长的总体贡献水平是较高的，尤其表现在1980—1985年、1991—1995年、2001—2005年这三个时间段，这三个阶段也正好是我国逐步市场化、国际化的重要时间段。我们将其与前文的生态关系对应起来可以发现，在2012年之前，生态矛盾较为突出的周期正好是全要素生产率对经济增长贡献较大的时间段，在2012年之后，全要素生产率对经济增长的贡献逐步下降，同时生态矛盾出现了逐步缓和的趋势。

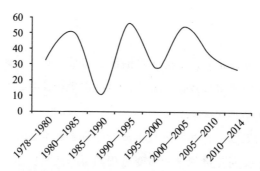

图6　1978—2014 年我国全要素生产率（TFP）对经济增长的贡献率情况

其次，2012 年之后，绿色技术，如新能源技术开始大力普及，也在很大程度上解释了为什么我国的生态矛盾逐步趋于缓和。当前，我国新能源装机容量不断上升，由 2005 年 1.2 亿千瓦上升到了 2014 年的 4.36 亿千瓦，新能源装机容量在全国装机容量中的比重稳步上升，由 2005 年的 23.3％上升至 2014 年的 32.1％。2013 年中国风电发电量约为 1400 亿千瓦·时，实现了 30.8 万吨二氧化硫、28.0 万吨氮氧化物以及 5.3 万吨粉尘的减排。[①] 根据《可再生能源前景：中国》的相关数据显示，在能源消耗相对较大的行业中，通过提高新能源的使用比例将会大幅降低二氧化碳的排放量，据估计至 2030 年，将会减少 1692Mt 的二氧化碳排放，其中电力和集中供热的减排最为明显，减排达到 1218Mt。因此，伴随着诸如新能源般的绿色技术进步，未来的生态关系将更为和谐。

（三）生态制度的创新

生态文明制度的创新和发展是中国生态关系良性发展的重要保障，是建设中国特色社会主义生态文明的重要组成部分。因此，只有不断改进和完善生态文明制度，才能更好地帮助解决社会生产发展过程中的严峻的生态问题，帮助中国走向人与自然和谐共生的绿色生命共同体。纵观新中国成立 70 年的发展历程，伴随着生态文明理念的不断演进和绿色生产技术的不断进步，我国生态文明制度也在不断完善。

一方面，中国生态文明制度体系历经萌芽、发展、成熟三个阶段。新中国成立以来，面对日益严峻的生态环境问题，中国在结合马克思主义生态文明思

---

① 数据来源：根据中电联电力工业统计资料汇编、国家能源局相关数据整理。

想的基础上，逐步将工作重点转移到经济建设上，先后成立了多项关于环境防治的法律。在党的十九大报告中强调建设生态文明是中华民族永续发展的千年大计。中国生态文明制度体系的建设，为我国生态关系从"潜在隐形化"向逐步"缓和"特征转变提供了制度基础。另一方面，中国生态文明制度的创新为解决中国生态难题提供了制度保障。

新中国成立以来，中国生态文明制度从解决环境难题阶段，走向可持续发展阶段，并进一步强调生态文明的地位和价值，向人与自然和谐共处的绿色生态共同体阶段发展。中国生态文明制度的创新，为贯彻和落实科学发展观，解决生态环境问题，形成绿色发展方式和生活方式，坚定走生产发展、生活富裕、生态良好的文明发展道路，建设美丽中国提供了制度保障。新中国成立70年来，中国在生态文明制度建设方面作出了重大贡献。尤其是2015年9月11日，中共中央政治局召开会议，审议通过的《生态文明体制改革总体方案》，为新时代中国特色社会主义生态文明建设提供了指导思路，为生态文明制度的创新和发展奠定了基础。如图7所示，生态文明体制改革从产权制度、管理制度、规划体系、资源节约、生态补偿、环境治理、环境保护、责任追究以及组织保障等方面进行了合理的规划和部署，有助于解决生态环境问题，保障国家生态安全，提升资源利用率，推动人与自然命运共同体总体目标的实现。

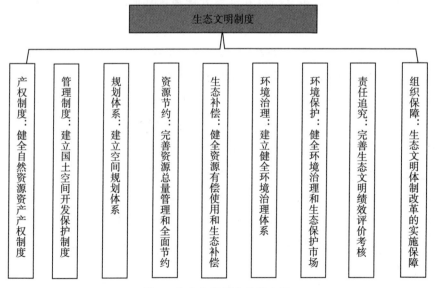

图7 生态文明制度改革方案

资料来源：国务院：《生态文明体制改革总体方案》。

(四) 国际生态治理的推动

生态问题无国界，随着经济全球化的不断深化，生态环境不仅是一国自身的发展问题，更是全球各国需要共同面对的问题。尽管生态理念、生态技术、生态制度作为外因对我国生态矛盾的阶段性演进起到了关键作用，国际生态治理作为外因也对其产生了重要影响。

一方面，遵循国际生态治理相关原则，与其他国家在国际生态治理行动上达成共识，有助于我国在生态治理、生态保护等方面形成正式的约束性制度，进而推动我国生态治理走向成熟。在国际生态治理的推动下，我国生态制度日趋完善，逐步形成了以资源产权制度、污染排放制度、生态补偿制度和生态环境监管体制为主的制度体系。另一方面，国际上已经形成了诸如和平、正义等公认的基础性原则，这些原则从理念、文化等非正式制度视角对各国的生态行为产生约束。国际生态治理能在一定程度上维护国际间的生态和平与稳定，全球一体化的深入已为世界各国带来了愈加紧密的合作。虽然国家间的生态关系也存在利益博弈，但国际博弈也能对我国的区域生态协调发展产生积极作用。

新中国成立 70 年来，生态关系的变化与国际环境大背景是密不可分的。以联合国的三次世界首脑会议为标志，基本可以概括为三个阶段：1962—1972年，为环境问题提出阶段。1972 年 6 月在瑞典首都斯德哥尔摩召开了第一次人类环境与发展会议，发表了《人类环境宣言》。1972—1992 年，为可持续发展与三个支柱的阶段。这一阶段，全球倡导可持续发展，正对应着新中国成立之初的探索阶段，这是全世界与中国共同的探索期。然而，由于生态环境问题的外部性，这一理念虽然极具前瞻性，但是由于国家处于发展初期，面对较低的生产力水平，无暇顾及未来发展，主要着眼于眼前的利益，因此收效甚微。1992—2012 年，为绿色经济与全球环境治理的阶段。这一阶段是绿色经济发展与全球环境治理的倡导阶段，绿色经济理念正逐步深入。2009 年 12 月在丹麦首都哥本哈根召开的气候峰会，是继《京都议定书》后又一具有划时代意义的全球气候协议书。总的来说，生态环境的理论与政策演变的中心思想是强调经济社会发展需要与资源环境消耗脱钩，不能以巨大的资源消耗、环境污染作为经济发展的代价。

四、结　语

　　新中国成立 70 年来，我国的生态关系经历了三次重大转变，并形成了不同的特征，从计划经济时期的"潜在隐性"到社会主义市场经济时期的"显性激化"，再到新时代以来，出现"逐渐缓和"的趋势。这一转变不仅归因于我国经济发展目标的改变、技术水平的进步、生态文明制度和法律法规的完善，也受到国际大环境的影响。党的十九大报告中明确指出："建设生态文明是中华民族永续发展的千年大计。必须树立和践行绿水青山就是金山银山的理念，坚持节约资源和保护环境的基本国策，像对待生命一样对待生态环境，统筹山水林田湖草系统治理，实行最严格的生态环境保护制度，形成绿色发展方式和生活方式，坚定走生产发展、生活富裕、生态良好的文明发展道路，建设美丽中国，为人民创造良好生产生活环境，为全球生态安全作出贡献。"[①] 因此，在党的领导下，未来我国的生态关系将从"逐步缓和"向"和谐"转变，真正地迈向"人与自然和谐共生"。

（选自《东南学术》2019 年第 5 期）

---

　　① 习近平：《决胜全面建成小康社会　夺取新时代中国特色社会主义伟大胜利——在中国共产党第十九次全国代表大会上的报告》，《人民日报》2017 年 10 月 28 日。

生态环境治理

我国国家治理现代化的
生态伦理探析

◎叶冬娜[*]

生态环境问题不但是一个政治问题，而且涉及国家治理的有效性和合法性；它也是一个伦理问题，与国家治理的善性以及合伦理性相关。探索生态秩序、建构人和自然环境之间的和谐共生，是现代国家解决生态危机需要承担的新使命，也是人类社会文明进程中的一种理性抉择，它是人和人之间的伦理关系向人和自然之间伦理关系的延伸。马克思指出："一个存在物如果在自身之外没有自己的自然界，就不是自然存在物，就不能参加自然界的生活。"[①] 于此，马克思极力反对将人类视为绝对的主体并把人类置于自然之外的二元分离的思维方式，同时将人和自然之间的伦理关系视为探究人的类本质的逻辑基点，揭示了"人的自然本质"与"自然的人的本质"的概念，致力于构建一个人和人、人和自然之间彼此和谐的理想社会。实现人和自然之间的和谐共生是马克思主义生态伦理思想的鲜明特征，也是中国共产党人强调生态伦理思想、致力于解决人和自然之间生态伦理问题的重要实践。

现代化的国家治理能力体现在促进人与自然的和谐共生上。于此意义，我国国家治理的现代化是中国共产党领导人民遵循生态理性，也就是按照生态伦

---

* 作者简介：叶冬娜，哲学博士，南开大学马克思主义学院副教授，马克思主义理论博士后流动站研究人员，天津市高校习近平新时代中国特色社会主义思想研究联盟特邀研究员。

① 《马克思恩格斯全集》第 42 卷，人民出版社 1979 年版，第 168 页。

理的基本精神和基本准则来治理国家。[①] 新中国成立以来，中国共产党领导人在不同历史时期探索和实践着"人与自然之间的关系"，并且不断地将其中国化与时代化。毛泽东提出"绿化祖国"的实践和号召，邓小平将人和自然的相处理念上升至管理"国家与环境"的关系，把环境保护上升为我国的一项基本国策。20世纪90年代以来，党和政府倡导可持续发展战略和科学发展观，基于管控"发展与环境"之间的关系来协调人和自然之间的关系。党的十八大以来，习近平总书记以"生命共同体"审视人和自然相处问题，将生态文明建设提升至全新的高度，并围绕生态文明建设作出一系列重要论断，形成了习近平生态文明思想。中国化的马克思主义生态伦理蕴含丰富的政治、经济、人口与社会发展内涵，它的发展历经环境保护、可持续发展、科学发展、美丽中国等各个时期，具有长期性和阶段性的鲜明特点，生态文明主流价值观的阐释能够为生态伦理的社会实践提供理论支撑和智力支持。

一、生态善治：国家治理的概念及其伦理意蕴

党的十八大将生态文明建设纳入"五位一体"总体布局。习近平总书记提出，统筹山水林田湖草沙的系统治理方法论，确立了"构建政府为主导、企业为主体、社会组织和公众共同参与的环境治理体系"。[②] 这就意味着，党和政府把生态文明建设纳入国家治理体系的范畴，把构建人与自然的和谐共生的生态秩序作为国家治理现代化的目标之一，符合人和自然之间由外部伦理关系向内部伦理关系的转化、人类由工业文明向生态文明迈进的客观规律，赢得了中国人民的普遍认可。就此意义而言，呼吁生态治理是生态伦理发展的必然要求，其既具备广泛的认同基础，又具备合法性，国家治理也唯有涵盖生态治理才能得到加强并维护其合法性。

（一）国家治理的合法性源自生态伦理属性

关于国家治理的合法性，最简单的理解就是法治。而对于法治最经典的定

---

① 廖小平、孙欢：《国家治理与生态伦理》，湖南大学出版社 2018 年版，第 230 页。

② 中共中央党史和文献研究院：《十九大以来重要文献选编》（上），中央文献出版社 2019 年版，第 519 页。

义则来自亚里士多德，可概括为两层含义：已确立的法律被人们所普遍服从，同时人们普遍服从的法律理应是制定得良好的法律。[1] 但是，亚里士多德关于法治的界定仅仅注意到法治的制度层面，也即是根据制定得良好的法律进行治理。而法治应该从理念与制度两个层面加以把握：一是基于理念层面的法治，即国家治理无论在何时理应遵从法治精神以及客观事物发展变化的规律。唯有如此，凭借国家治理构建起来的秩序才能获得最广泛的认可，使其具备合法性。正如哈贝马斯所言，合法性意味着某种政治秩序的公认价值。[2] 二是在制度层面上，法治只是按照良好的法律来管理。但具体而言，法治实际上是一个全面、立体的国家治理体系。它是立法、执法、司法和守法的统一，是治国、执政、行政的统一，是国家、政府和社会的统一。

习近平总书记指出，全面建成小康社会必须提高法治要求，不断开创依法治国新局面。法治并非要求通过强制性的手段来强迫人们遵守既定的法律，而是要求广大人民群众以及多元治理主体的协同参与。社会主义法治是党的领导、人民当家作主与依法治国的有机统一。生态治理是国家治理的一个全新的领域，是在多元主体利益矛盾和冲突中构建社会秩序与生态秩序，最终达到生态正义和实现生态平衡。其治理的复杂性和难度是前所未有的，因此更需要利用法治来确保治理的有效性。

按照传统的政治哲学，国家治理的合法性是由民主政治或公平原则所奠定的，此外，还有另一种合法性——善治。[3] 民主政治提供的合法性来自人民的认同，公平原则提供的合法性则源于国家内正义的实现。毫无疑问，生态治理的认同基础是不可否认的，它不但是国内多元主体的共识，而且几乎成为全球的共识。在生态治理中，公平原则表现为生态正义的实现。就人和自然的关系而言，人的主观价值是以自然的客观价值为基础的。人类拥有从自然界中取得生产生活物质资料的权利，这是人类的生态利益；人类也需要对自然界担负起相应的生态责任，达到人与自然的和谐共生，此即生态正义。就人和人的关系而言，生态正义体现为多元利益主体之间在发展权利以及生态权利上实现的真正的平等。但事实则是各个地区和各个国家之间的这些不同的利益主体，无论

---

① 亚里士多德：《政治学》，吴寿彭译，商务印书馆1965年版，第202页。
② 哈贝马斯：《交往与社会进化》，张博树译，重庆出版社1989年版，第184页。
③ 姚大志：《善治与合法性》，《中国人民大学学报》2015年第1期。

是在发展权利还是生态利益、生态权利方面都存在严重的差异和不平等。在唯物史观看来，生产性正义、分配正义、消费正义和交换正义的有机统一才能构成生态正义的全部内容，其中生产性正义是基础，而全面实现生态正义的根本路径是劳动的生态化。[①] 生产性正义的实现体现为达到人和自然之间关系的和谐共生，而分配正义、消费正义和交换正义的实现则体现为多元利益主体，简言之，即体现为人和人之间关系的和谐共赢。因此，生产性正义与分配正义、消费正义和交换正义共同构成了生态正义的整体。

当前，生态治理是各个国家、地区为了实现经济社会可持续发展所需要共同面对的，没有任何国家或地区能够独善其身，自行解决生态环境问题。因此，生态治理体现为一种全球性的治理。党的十八大以来，根据我国的生态环境现状，党和政府确立了"绿色发展"与"生态优先"的全新的发展理念。"五位一体"总体布局把"生态文明建设"纳入国家治理体系，以美丽中国作为奋斗目标，既表明了党和政府力图实现生态正义、恢复生态平衡的坚定决心，也反映出党和政府已经清楚地意识到生态环境保护和生态环境治理的必要性，更反映出党和政府为人民群众、为子孙后代高度负责的态度。推动生态文明建设、实现美丽中国的战略目标落到实处，符合人民群众对生态治理主体的政绩期望；而凭借有效的生态治理手段实现生态正义、恢复生态平衡，则是公共利益最大化的充分体现。故生态治理符合善治的条件，因而具备善治的合法性。

（二）我国国家治理现代化与生态伦理同构

自诞生之初，国家就并非作为一种抽象的存在物，而是由具体的人、权力机构、土地等元素所组成。国家治理是规定具体的人和人之间的关系、特定的人和权力机构之间的关系，以及决定土地（资源）如何分配的全部过程与活动。当然，国家治理体系是对这些过程与活动的制度化的体现。国家存在的意义在于调和矛盾，构建人和人之间的社会秩序以及人和自然之间的生态秩序，而这决定了公共性是国家的本质特点。有鉴于此，国家治理的主要目标即是要确保国家公共权力的内在善性。国家治理的伦理性正是由国家公共权力的内在

---

① 徐海红：《历史唯物主义视野下的生态正义》，《伦理学研究》2014 年第 5 期。

善性决定的，此种伦理性指引国家治理朝着向善、求善和行善的价值目标前进。① 而"善"的含义并非僵化固定的，在各个历史时期，人类都是基于各个视角来界定善的丰富内涵。在资本主义社会之前，也就是在人类的依附时期，人和人之间的社会关系体现为人身控制或依附关系，人和物之间的关系展现为和谐融洽的状态，"人身自由"被视为是善的，此时，国家公共权力的内在善性的基本核心，即是在于维护人们之间的平等的自由。在人依赖于物的时期，人身依附关系似乎被消解了，而人类同时受到物的支配，逐渐被物化。幸福和财富被认为是善的，而此种善是建构于对物质欲望的无限满足之上的，导致的问题是人与物、人与自己、人与人、人与社会之间的对抗，或是造成社会失序、生态失序。现代化是指让人们避免被物的奴役和依赖，恢复人类的主体性，使得人和物、人和自身、人和社会之间的关系趋于和谐。国家治理现代化的重点是基于国家治理体系的完善和治理能力的提高以促进现代化，这就必须恢复国家建设秩序上的功能，不断维持其内在的善性，此过程也离不开强有力的伦理规约。伴随生态环境问题逐渐成为伦理和政治问题，国家治理现代化的伦理规约也添加了生态伦理的崭新内涵，体现为遵循生态伦理价值理念和根据生态伦理规范的国家治理活动。所以，国家治理的现代化和现代生态伦理的构建在过程上是同步的，在内容上又是交叉的。

中国现代化的理论和目标的设定绝不仅仅局限于某一方面，而是始终具备渐进性和开放性的特点。从"现代化的工业、现代化的农业、现代化的交通运输业和现代化的国防"到"农业现代化、工业现代化、国防现代化和科技现代化"，再从"四个现代化"到"五个现代化"以及与"四位一体""五位一体"的结合，应当认为现代化的进程从未停止，我国的现代化理论必将随着经济社会的进步而不断丰富发展。根据中国特色社会主义事业发展的新形势，党的十八届三中全会强调新常态下全面深化改革的指导理念，规划了新时代中国现代化建设进程的总体方向和实施路径。根据全面深化改革的总体目标，国家治理现代化主要包括两个方面：一是国家治理体系的现代化，二是国家治理能力的现代化。各个时期的国家治理都需要依赖于某种结构性体系，而这些结构性体系功能的作用就体现在国家治理能力上。国家治理体系表现为中国共产党领导

---

① 向玉乔：《国家治理的伦理意蕴》，《中国社会科学》2016 年第 5 期。

下的管理国家的制度体系，而国家治理能力则表现为运用国家制度来管理社会诸方面事务的能力。事实上，国家治理体系现代化即是指这些体系能够跟上中国经济社会的飞速发展，并作为战略体系规划，这些体系应当可以为实现中国现代化建设事业提供持续性的、前瞻性的导向作用与保障作用。《中共中央国务院关于加快推进生态文明建设的意见》更是首次将"绿色化"纳入现代化的含义之中，将生态文明建设摆在国家治国理政的重要的战略地位，大力倡导绿色生活、促进绿色发展。习近平总书记指出，"要通过改革创新，探索一条生态脱贫的新路子"，[1] 实现向"绿水青山"的彻底转型。近年来，我国绿化面积逐步扩大，人工林面积跃居世界首位。[2] 与此同时，水体治理也取得了明显的成效，七个河流流域、西北河流、浙闽河流、西南河流流域的水质得到显著改善，湖泊富营养化得到有效控制。2021 年政府工作报告显示，长江、黄河、海岸等重要生态保护与修复重大项目全面实施，生态文明建设得到前所未有的重视。[3] 在"十四五"规划中，党中央再次强调绿色发展新理念，提出森林覆盖率和碳减排的战略目标，制定了继续完成保护蓝天、碧水、净土的生态文明建设攻坚战的新时代任务。

所以，衡量国家治理体系现代化有两个基本标识：一是"市场化"，也就是要有健全的制度安排，能够最大限度地发挥市场在资源配置中的决定性作用；二是"生态化"或"绿色化"，也就是在达到生产发展、生活富裕目标的同时，还可以达到经济效益与生态效益的双赢，保持良好的生态环境。换句话说，国家治理现代化体现为构建生态理性或构建生态伦理学的基本精神和基本原则的过程。生态伦理学的基本精神和基本原则并非先验的，而是人类在探究人和自然的伦理关系、进行生态治理实践的过程中逐步确立起来的。作为一种实践活动，一方面国家治理现代化的实践过程遵循与验证生态伦理学的基本精神和基本原则，另一方面国家治理现代化的实践过程也为生态伦理学的基本精神与基本原则的孕育提供平台。因此，国家治理现代化过程和生态伦理的构建

---

① 中共中央宣传部：《习近平新时代中国特色社会主义思想三十讲》，学习出版社 2018 年版，第 245 页。

② 顾仲阳：《全球增绿 我国贡献最大》，《人民日报》2019 年 2 月 25 日。

③ 李克强：《政府工作报告——二〇二一年三月五日在第十三届全国人民代表大会第四次会议上》，《人民日报》2021 年 3 月 13 日。

过程并非两个完全孤立的过程，而是相互促进、彼此关联、一前一后的同构过程。

二、生态实践：我国国家治理现代化的生态伦理体现

每一种理论学说都是对某种政治制度和社会经济的深刻反映。生态伦理学是个人道德和社会道德的结合，它不但是促进个人自我教育、自我调节和自我完善的一种特殊的精神力量，而且是一种主要的社会控制力量。中国特色社会主义的生态伦理观，体现了中国共产党人关于人和自然关系的生态伦理探索和生态文明建设的实践策略。中国共产党在带领中国人民摆脱贫困、建设社会主义现代化的过程中始终重视人和自然的伦理关系，尤其关注人和自然环境之间的生态伦理的构建，把生态伦理融入各项工作环节，在发展社会主义经济的进程中不断总结实践经验，逐渐加深对人与自然伦理关系的认识，不断推进马克思主义生态伦理思想的发展和创新。这些经验成果对于实现"美丽中国"、促进人的自由全面的发展意义重大。

（一）我国国家治理现代化的生态伦理奠基：人和自然的和谐相处

在 1956 年《论十大关系》的报告里，毛泽东同志阐明了协调社会主义建设进程各方面关系的基本准则，其中虽然没有明确阐明处理人和自然伦理关系的基本准则，但却为处理人和自然之间的伦理关系冲突提供了方法论指导，这是中国共产党探索中国特色生态伦理思想的开端。新中国成立初期直至改革开放以前，由于发展生产力和经济的任务非常繁重，生态环境问题在当时并没有成为人民急迫的需求。特别是在新中国成立初期，人的本质的实现主要表现为基本的物质需要，此时中国共产党对于协调人和自然的伦理关系主要表现在绿化上。

因此，该阶段没有形成鲜明的生态伦理思想具有一定的历史合理性。其时所注重的是满足生产生活的需要，对于生态环境问题的认识也往往和旱灾、涝灾、乱砍滥伐等这些生产生活的实践活动直接关联，所以生态环境的保护就普遍表现为对旱涝灾害的治理，强调鼓足干劲人定胜天等理念。但这些理念并未反映出马克思主义生态伦理的实质，恰恰呈现出进化论伦理的内涵，而这也正

说明了中国的生态伦理思想从近代向现代的过渡。这个时期，人在处理和自然二者的关系中发挥着主导的作用。毛泽东同志在描绘新中国建设蓝图时提出，即将面临的新中国经济建设需要依靠大规模的建设群体，在由于长期战争造成的严重的物质资源短缺的基础上描绘一幅美丽和谐的人与自然关系的图景。可以说，这个理念从理论和实践层面初步呈现马克思主义生态伦理思想的萌芽。毛泽东同志对于如何协调人和自然的关系问题的关注是多方面的，总体而言呈现出三个方面的特点：一是在如何协调人和自然二者伦理关系的层面上，丰富了马克思主义人和自然和谐的生态伦理思想；二是就如何控制人口增长速度，强调实施计划生育政策，不仅将人视为人类文明的主体创造者，还将人视为自然环境的协调保护者；三是关于人类对自然的态度，他坚决反对人对自然环境的掠夺，注重对大江大河的治理。这一时期，中国共产党对于如何协调人和自然关系的理解基本局限于植树造林、水土保持和资源控制等方面。

虽然社会主义也产生过严峻的生态环境问题，但问题的根源和资本主义是有本质区别的。资本主义环境问题的根源主要是生产关系的问题，而社会主义环境问题的根源则是发展模式的问题。社会主义的环境问题能够凭借转变其发展路径和发展模式得到逐步改善以至于彻底根除，而资本主义的环境问题则无法在其自身的制度框架内得到根本消解。即便凭借高新科技手段，其内在固有的资本逻辑也决定了资本主义是永远无法解决人和自然之间矛盾冲突的。同时，不同的发展理念形成不同的生态伦理观点。传统的资本主义发展模式表现为一种非全面的发展。其发展理念仅仅把经济增长视作衡量一切的标准，把发展视为一个纯粹的经济问题，而将生态环境视为经济发展的外部条件。用牺牲环境为代价来换取经济的一时增长必然导致人和自然的矛盾冲突。因此，必须正确认识和改造人和自然之间的伦理关系，正确协调社会经济发展与人口、资源与环境的关系，保持人与自然的和谐与协调。

（二）我国国家治理现代化的生态伦理探索：科学和法制的重要保障

伴随着改革开放，党的工作重点转向经济建设。在改革开放初期，中国特色社会主义建设缺乏相应的经验，即仍旧是传统的发展理念占据上风。它的发展模式并不能够充分地反映出人的本质特性，这也导致了人和自然之间的矛盾冲突。伴随中国特色社会主义建设道路不断地取得新的成果，社会主义发展过程中所反映的人和自然之间的矛盾冲突通过社会主义制度本身的自我完善逐步得到解决，最终达成目的和手段的一致，实现人与自然的和谐共生。

就我国生态治理现代化而言，以邓小平同志为主要代表的中国共产党人高度重视科技的发展，尤其注重科技在社会主义现代化进程中所发挥的强大作用。邓小平同志指出："解决农村能源，保护生态环境等等，都要靠科学。"[①]邓小平同志坚持走科教兴农之路，强调我国农业发展的路径需要依赖科技手段，以生物技术为核心的当代农业技术的发展模式，必能极大地促进我国农业生产力的再次解放和发展，这就为我国的生态文明建设融入了科技内涵，使我国的科技事业朝着生态化的方向前进。与此同时，关注环境保护工作，不仅在理论上融入可持续发展的概念，还在政策上注重自然资源保护和生态环境的治理。邓小平同志强调："应该集中力量制定刑法、民法、诉讼法和其他各种必要的法律。"[②] 在此思想的指导下，中国于 1979 年颁布了《中华人民共和国环境保护法》（试行），标志中国环保工作逐步迈向法制化的轨道。随后我国陆续颁布了森林法、野生动物保护法，以及各种环境保护法律法规、部门规章和大量的地方性环境保护法规。可以看出，以邓小平同志为主要代表的中国共产党人不但重视生态伦理的建设，而且注重环境保护的法治建设，在不断的艰苦探索中，把党的生态伦理思想从科学、法制和制度上进行了丰富的发展。

（三）我国国家治理现代化的生态伦理发展：人和自然的协调与和谐

人和自然关系的协调与和谐是经济社会可持续发展需要重视的主题，也是马克思主义生态伦理思想的基本立足点。面对全球化日益加速的国际新形势，面对自然资源、生态环境等对经济社会发展的压力不断加大的国内新情况，以江泽民同志为主要代表的中国共产党人高度关注经济社会发展和人口、资源、环境之间的协调问题。在 20 世纪 90 年代初，我国制定并实施了可持续发展战略，始终注重人和自然的协调与和谐，形成了独具中国特色的可持续发展的生态伦理思想。

促进人与自然的协调与和谐，综合考虑资源和环境的承载力，努力探求我国的可持续发展道路，是以江泽民同志为主要代表的中国共产党人对马克思主

---

① 《邓小平文选》第三卷，人民出版社 1993 年版，第 22 页。

② 《邓小平文选》第二卷，人民出版社 1994 年版，第 146 页。

义生态伦理思想的继承和发展，也是新时期中国共产党生态伦理思想的理论基础。人类唯有建立对自然界的正确认识，确立人和自然和谐共生的思想观念，才能做到真正顺应自然，保护环境。以江泽民同志为主要代表的中国共产党人把对生态环境的保护上升至执政兴国和可持续发展的战略高度，强调协调好人和自然的关系，"经济发展，必须与人口、资源、环境统筹考虑"，①并且将"环境意识和环境质量如何"视为"衡量一个国家和民族的文明程度的一个重要标志"。② 这些思想观点遵循了人与自然和谐统一的生态伦理理念，确保了可持续发展战略的实施。

（四）我国国家治理现代化的生态伦理深化："以人为本"的科学发展

以胡锦涛同志为主要代表的中国共产党人，在充分汲取中国共产党各个时期有关人与自然和谐的生态伦理思想的基础上，适时提出科学发展观。科学发展观的提出表明中国共产党对中国特色社会主义生态伦理思想的认识达到一个崭新的高度。科学发展观坚持"以人为本"的全面发展，从本质上摒弃了与自然为敌、与自然作斗争的传统自然观。科学发展观对中国共产党生态伦理思想的创新和发展表现在其发展模式的转变上。科学发展观坚持"以人为本"的价值理念，这里的"人"指的不但是具体的、历史的、现实的生命个体，而且是类存在意义上的人以及群体意义上的人民群众，坚持发展的目的是提高所有人的幸福，满足全体人民群众的需要，充分展现了马克思主义生态伦理思想的科学内涵。

科学发展观坚持统筹协调集体利益和个人利益、长远利益和当前利益、整体利益和局部利益。以人为本的理念充分体现了中国共产党生态伦理思想的精髓实质，而统筹兼顾的方法则真正达成了生态伦理的利益和谐。胡锦涛同志提出"五个统筹"，强调"使人民在良好的生态环境中生产生活，实现经济社会永续发展"，③ 为我国的生态环境治理奠定了良好的基础。

---

① 江泽民：《江泽民文选》第一卷，人民出版社 2006 年版，第 532 页。
② 江泽民：《江泽民文选》第一卷，人民出版社 2006 年版，第 534 页。
③ 胡锦涛：《高举中国特色社会主义伟大旗帜　为夺取全面建设小康社会新胜利而奋斗》，《人民日报》2007 年 10 月 24 日。

(五) 我国国家治理现代化的生态伦理创新：人与自然的和谐共生

党的十八大以来，以习近平同志为主要代表的中国共产党人高度重视生态文明建设，提出了一系列新理念、新观点，形成了习近平生态文明思想。习近平总书记指出，新时代我们需要牢固树立社会主义生态文明建设新理念，牢固确立人与自然和谐共生的原则，要实现广大人民群众对绿水青山美好生活的向往，实现人和自然和谐共生的崭新局面。习近平总书记强调："人类必须尊重自然、顺应自然、保护自然。"① 习近平总书记关于"人与自然的和谐共生"的重要论述，不仅是对马克思主义生态伦理思想的继承和发展，而且是对新时代中国特色社会主义生态文明建设思想的高度总结。习近平总书记指出："生态环境没有替代品，用之不觉，失之难存。"② 自然界是一个开放系统的整体，自然环境对人类的生存和发展至关重要，我们不能在某些地区因为自然环境的破坏而去寻求其他地区的发展，我们不应通过消耗大量的自然资源谋取当代人的发展权利，剥夺下一代人的平等权利。"人与自然的和谐共生"的生态伦理思想正是基于大局观、长远观和系统观，站在人与自然和谐相处的生命高度来看待人和自然之间的伦理关系，以此保护自然、维护人类的生存和发展。站在新时代的历史方位上，人民群众的生产生活的物质实践活动也发生了崭新的变化，国家各项事业的发展都要不断满足人民群众在新的历史条件下对于生活质量的需要。可以看出，伴随社会生产生活水平的提高，人民群众对生活的关注不再局限于食品、服装和交通的基本满足感，而是开始逐步地对生活质量以及优美的生态环境产生新的需要。为了满足人民群众对于优美生态环境的需求，党和政府立足人和自然生命共同体的高度，打破了人类中心主义和生态中心主义的长期争议，把人们对于生命的延续和生活质量的需要内化于生产生活的各个环节，通过价值引导不断地改变人们的生活理念和生活方式。党的十八大以前，我国经历了从"以经济建设为中心"到物质文明、精神文明、政治文明和构建和谐社会的社会主义事业"四位一体"总体布局的发展历程，此阶段尤其

---

① 习近平：《决胜全面建成小康社会 夺取新时代中国特色社会主义伟大胜利——在中国共产党第十九次全国代表大会上的报告》，第50页。

② 习近平：《在省部级主要领导干部学习贯彻党的十八届五中全会精神专题研讨班上的讲话》，人民出版社2016年版，第19页。

注重经济社会的发展。党的十八大以来，党和政府深刻地认识到自然界的重要性，把对生态环境的保护上升至前所未有的高度。

习近平总书记在谈及国家公园体制的建立时表示，"山水林田湖草是一个生命共同体"，将"草"这个中国最大的陆地生态系统也纳入其中，使得"生命共同体"的含义更加完整。生态文明建设不仅要把生态环境保护纳入经济、政治、文化和社会发展的各个领域以及整个过程之中，并且需要把自然界同时视为如人类一般有血有肉的生命存在，人类必须对自然界心存敬畏、心怀感激，通过不断地推动生态文明建设，进一步推动人和自然"生命共同体"的健康发展。新时代孕育新思想、培育新道德。习近平总书记关于生态伦理的重要论述，深刻反映出新时代道德要求的生态伦理世界观，提倡一种与新时代道德要求相适应的生态美德，是人民群众在新的历史时期转变世界观、培育生态美德的道德哲学。习近平总书记基于"尊重自然""保护生态"与"责权共担"的新时代生态伦理理念，将自然界作为"人与自然和谐共生"的生命共同体，充分反映出人类对自然界本应具有的道德情感，主张人民群众将此种道德情感内化为其生态道德的动机，培育人与自然和谐共生的生态美德，履行人类对自然界的道德责任，向人们展现了符合新时代要求的充满生态伦理情感的生命世界。习近平生态文明思想切实推动了马克思主义生态伦理中国化的发展进程，为社会主义生态文明建设和实现"美丽中国"的新目标提供了基本的理论遵循。

基于指导国家治理的理念和策略以及我国社会主义现代化建设的探索和实践而言，自新中国成立至改革开放后的一段时间，我国国家治理的理念与策略的核心主要是围绕着物质文明建设，而对人与自然之间的伦理关系的构建以及生态环境问题的重视不够，甚至有时为了换取经济的一时增长而盲目牺牲生态环境。随着科学发展观、绿色发展理念等一系列新思路、新战略的提出，我国的经济社会发展已经开始在理论和实践层面上发生了重大变化。特别是党的十八大以来，我国将生态文明建设作为国家治理的一项重要内容，正是一种具备显著伦理特点的生态治理实践。其主要体现为：一是绿色发展理念已成为我国国家治理现代化的核心发展理念，生态文明建设构成"五位一体"总体布局的主要内容；二是生态治理已成为我国国家治理体系重要组成部分，是国家治理现代化的重要评价标准。这些生态治理理念与实践都明确地指向一个共同的价值目标，即是生态伦理所追求的价值目标——人与自然之间的和谐共生。党的十九大报告提出在基本实现现代化的基础上把我国建成富强、民主、文明、和谐、美丽的社会主义现代化强国，绿色发展、生态治理的理念与策略所要实现的价值目标即是"美丽"与"和谐"。毫无疑问，这些生态治理价值目标的设定，才能彰显我国国家治理现代化合伦理性的特点。

三、生态理性：我国国家治理现代化的生态伦理指引

理性是人类行动的基本遵循，国家理性是国家治理活动的根本法则。总体而言，国家理性是治理的主体可以辨别善的治理与恶的治理，以及实现善的治理的基本途径。国家治理要求国家理性的引导，国家治理过程的本身就是构建国家理性的过程。推动国家治理体系和治理能力的现代化也就体现为构建一种新的国家理性。[①] 伴随生态伦理理念成为国家治理现代化的重要指导思想，一种全新的国家理性，即生态理性被逐渐构建起来。根据这一生态理性，善的国家治理不但在于社会正义的全面实现，而且在于生态正义的全面实现。换句话说，良好的国家治理必须按照生态伦理的基本精神和基本准则进行。富有中国特色的社会主义生态伦理，不仅反映生态道德建设中的先进性要求，也反映社会道德的广泛性特点；不仅坚持社会主义道德建设的正确方向，而且还考虑了各个社会阶层共同的道德诉求。

（一）理论旨归：提出适应当代中国生态文明建设的道德哲学

生态伦理学是人类对于人与自然之间关系危机深刻反思的结果，在理论层面上体现为功利主义的人类中心主义伦理学向亲自然的人类中心主义伦理学和非人类中心主义伦理学的转向。此外，在这一反思的过程中，生态正义、代际正义、自然价值和动物权利等新价值观逐渐为更多的人所接受。这些变化表明生态理性的生成，在我国经济理性向生态理性的转变也很明显。生态理性的生成，有利于促进国家治理体系和治理能力的现代化。其中的表现之一，即是生态治理已构成我国国家治理现代化的运行模式和主要内容。基于生态伦理中所

[①] 左高山、孙娜：《论国家治理中的国家理性及其问题》，《马克思主义与现实》2014年第 6 期。

面临的实然与应然之间的矛盾，中国特色的生态伦理不仅应当作为一种工具论形态的生态伦理而存在，并立足于民族国家的利益，具备解决和捍卫当前民族国家的发展权利和环境权利的功能；而且还应当作为一种目的论形态的生态伦理而存在，立足于全人类的共同利益，具备守护全球生态环境、提升全球生态质量的特点。由此，决定了中国特色的生态伦理应当具备工具论和目的论辩证统一的功能。当前强调的可持续发展，不再是破坏生态环境的不可持续的发展，而是在保护人与自然和谐共生关系基础上的协调、绿色、共享的发展，这便决定了中国特色的生态伦理应建立在保持人与自然和谐共生关系的基础之上，具有推动各民族国家实现自身发展的工具论功能，同时体现出如何看待发展、如何促进发展与发展的价值归宿三个问题。而当代生态思潮在这三个问题上曾经有过分歧和争论。在关于生态环境保护与社会经济发展二者的关系问题上、在关于发展的终极价值目标的问题上，"深绿"生态思潮把生态环境保护与经济社会发展绝对地割裂开来；"浅绿"生态思潮认为，生态问题需要通过发展的途径才能得到有效地解决，然而"浅绿"生态思潮所倡导的可持续发展只不过是服务于资本追逐利润的发展，而不再是以满足人民群众生活需求的发展，因此并非真正的发展。

至于如何实现发展的价值归宿和发展的目的，这始终是社会主义生态伦理建设需要回应的问题。实际上，中国共产党生态伦理思想已经对上述问题作出了科学的解答。习近平总书记指出，脱离了经济发展来谈论生态文明建设问题就如同缘木求鱼的幻想，尤其是在社会主义初级阶段，发展对于满足人民群众物质生活需求以及对美好生活的向往意义重大，这不但表现在经济发展为生态文明建设提供物质保障，同时表现在此处所谈及的"发展"不再是单纯的数量型发展，而是一种高质量的绿色发展。中国共产党生态伦理思想坚持尊重自然、顺应自然、保护自然的绿色发展模式，使得自然生态资源能够转化为现实的物质生产力，并且在经济发展中保护生态环境；中国共产党生态伦理思想发展理念的人本要求是以人民群众是否满足、是否有成就感作为发展和生态文明建设的评价标准，中国共产党生态伦理思想反映出人类对自然界应当具备的一种道德情感，主张人民群众应当将此种道德情感内化为自身生态道德培养的动力，培育"人与自然和谐共生"的生态德性，履行人类对自然界应负有的道德义务，因而充分显示了中国共产党生态伦理思想与"深绿"和"浅绿"生态思潮在发展的目的和生态文明建设的价值归宿问题上的根本差异。

(二) 实践旨归：提出适应当代中国生态文明建设的规范伦理

新时代面临新的问题，并期待新的解决方案。中国共产党生态伦理思想回答了人们在日常生活中经常遇到的价值选择问题，例如经济利益与环境利益的冲突、物种歧视与生命平等的冲突等，为合理规范人和人之间的生态利益冲突，为新时代生态文明制度体系的建设提供了重要的伦理基础。习近平总书记主张，生命个体的固有价值取决于自然界的固有价值，强调把自然界的固有价值作为全部价值的来源，把自然界的固有价值当作人类价值选择的最终点，从而为人类的价值抉择规定了基本标准，消除了人类内心的迷惑。此外，中国共产党生态伦理思想促进了生态文明制度体系的建设，为生态文明制度体系发挥根本的实效性奠定了良好的基础。生态文明制度体系是一种强制性地调整人和自然之间以及人和人之间的生态利益关系的规范系统，是生态文明思想通往生态文明实践的纽带和环节。中国共产党生态伦理思想为新时代生态文明制度体系的建立奠定了一种"尊重自然"的价值基础，为生态文明制度体系发挥其实效性确立了"生态正义"的价值立场，从而极大地提高了生态文明制度体系的有效性与适用性。在生态文明建设的进程中，国家治理现代化的核心内容即是要引导国家治理朝着合乎生态伦理的方向。

四、结 语

党的十八大报告把"生态文明建设"纳入国家治理的"五位一体"总体布局之中，彰显人类价值观念的变迁和人类文明的根本转型。党和政府的伟大战略布局的调整充分体现出新时代是生态文明的时代，21世纪将是人类由生态危机迈向生态文明的新世纪。中国共产党领导人民群众开展中国特色社会主义生态文明建设的伟大实践是一个逐步完善的伟大历史进程，在此历史进程中逐步形成了中国共产党生态伦理思想，并在此思想的指导下，通过协调人类与自然生命共同体的关系问题不断地解决中国的生态环境问题，且以中国选择和中国行动证明开创新时代社会主义生态文明建设事业的伟大意义。当人类迈入21世纪以后，生态资源压力日益加剧，环境问题日益凸显，发达国家发展止步不前，并且随之迅速崛起的发展中国家也同样面临着重要的选择：是跟随发达国家的传统工业文明模式，还是有所突破，选择一条新型工业化道路。中国正处于一个重要抉择的十字路口，而给出的果断回应是开启一个中国特色社会主义生态文明建设的新时代。人与自然生命共同体思想不但是中国共产党生态伦理思想的智慧结晶，也是社会主义生态文明建设的实践方案，体现了党和政府力图实现生态平衡以及达到生态正义的时代责任和自觉担当。作为世界上最大的社会主义国家，中国要以习近平生态文明思想为引领，努力构建人与自然和谐共生的生命共同体，找寻一条文明发展的新道路，积极探索科学有效的生态治理发展新模式，为全球生态文明建设的发展贡献中国智慧、提供中国方案。

（选自《东南学术》2022 年第 5 期）

生态治理现代化的关键要素与实践逻辑

——以福建木兰溪流域治理为例

◎朱　远　陈建清[*]

一、问题的提出

生态是统一的自然系统，是相互依存、紧密联系的有机链条。[①] 生态系统的形成源于生物体与生存环境之间的有机关联，生态治理本质上是对人类发展方式和生活模式导致生态危机的干预与回应。历史经验表明，城镇化和工业化是一个国家迈向现代化的必经之路，但与快速城镇化和传统工业化进程相伴而来的生态危机，也深刻影响着现代化建设进程与成效。在此背景下，生态现代化（Eco-modernization）理论自 20 世纪 80 年代由德国学者约瑟夫·胡伯（Joseph Huber）率先提出以来，[②] 为破解发展过程中的生态环境困境提供了有力的理论支撑和实践旨趣。当前，我国正为 2035 年基本实现社会主义现代化目标而奋进，而生态现代化作为国家现代化的重要支撑和实践领域，有赖于生态环境领域治理体系和治理能力现代化（后文简称"生态治理现代化"）。基于上述逻辑认知，科学识别生态治理现代化的关键要素与核心内涵（重点回

＊　作者简介：朱远，管理学博士，中国浦东干部学院教研部副教授；陈建清，福州大学法学院博士研究生。

① 习近平：《推动我国生态文明建设迈上新台阶》，《求是》2019 年第 3 期。

② Huber J. (1985) *Die Regenbogengese Uschaft：Oklogieund Sozialitik* (The Rainbow Society：Ecology and Social Politics). Frank-furtam Main：Fisher Verlag.

应"是什么"的理论问题),并基于此构建出行动逻辑与治理策略(重点破解"怎么做"的实践困境),最终实现理论逻辑与实践逻辑的有机统一,是当下亟待解决的关键问题。

福建莆田木兰溪治理是习近平同志亲自擘画、全程推动的治水和生态保护工作,也是习近平生态文明思想在福建先行探索的重要范例。从 1999 年至今 20 多年来,莆田从建设木兰溪下游防洪工程开始,不断拓展治理内涵和方式,逐步升华为水生态、水经济、水文化"三位一体"的全流域系统治理,打造出全国水生态文明的木兰溪样本。本研究将运用生态现代化理论工具,立足于木兰溪治理的实践,旨在呈现生态治理现代化的实践逻辑与内在机理,以期为美丽中国建设提供经验借鉴。

二、生态治理现代化:一个分析视角

生态现代化是现代化与自然环境的一种互利耦合,是世界现代化的一种生态转型。[①] 自该理论诞生三十多年来,摩尔[②]、哈杰[③]和杰尼可[④]等学者分别基于环境社会学理论和社会变迁理论,不断拓展与深化生态现代化的理论内涵。从研究视野上看,该理论在创立初期过于依赖技术路径,发展到如今更加强调战略导向、制度供给、发展方式、治理模式等多维整合与协同。基于该理论构建而成的生态治理现代化政策工具,为重塑人与自然和谐共生的生动图景提供了可能的实践逻辑,并推动着生态现代化从"理想主义""实用主义"走向"现实主义"。

生态治理是治理理论在生态环境领域的具体应用,涉及治理理念、治理方式、治理体系及治理目标等多维度构建。生态治理是国家治理体系和治理能力

---

① 中国现代化战略研究课题组:《中国现代化报告 2007:生态现代化研究》,北京大学出版社 2007 年版,第 1 页。

② Mol,A,P,J.(1995)*TheRefinement of Production:Ecological Modernization Theory and the Chemical Industry*,Utrcht:Jan Van Arke 1/ International Books.

③ Hajer,M. A.(1995)*The Politics of Environmental Discourse:Ecological Modernization and the Policy Process*. Oxford:Oxford U-niversity Press.

④ Jänicke,M.(1985)*Preventive Environmental Policyas Ecological Modernization and Structural Policy*,WZB,Berlin.

现代化的重要组成部分。国家治理体系和治理能力现代化相辅相成，统一于建设美丽中国、走向社会主义生态文明新时代的伟大实践中。[①] 在具体实践中，主要依托治理体系和治理能力两个维度彰显治理效能。其中，生态治理体系是基础，是整个生态治理实践的基本架构，旨在化解传统模式治理体系下治理法律与治理现实、治理主体权责、治理对象归属等多元分离以及治理行动体系碎片化的实践困境，[②] 主要包括治理主体、治理对象和行动体系三个部分。[③] 基于此，生态治理体系现代化主要体现为生态治理主体多元化、治理客体结构化、治理过程系统化、治理方式民主化等关键要素。[④] 生态治理能力是关键，是对系统治理、依法治理、综合治理、源头治理等根本原则与方法的综合运用和考量，主要涵盖生态环境监管体系、经济政策体系、法治保障体系、能力保障体系和社会行动体系等内容。生态治理能力彰显着生态治理体系的执行力与有效性。推进生态治理能力现代化的基本方略是遵循生态治理规律，增强生态治理主体性，构建生态治理长效机制。[⑤] 综上所述，生态治理体系现代化集中体现为有利于生态环境保护的制度体系的系统性、制度环境的适应性、体制运行的稳定性；生态治理能力现代化则是确保生态治理体系有效性的关键。而上述两个层面能否良性互动，有赖于如何精准识别生态治理的对象、过程与主体，并推动三者的有机耦合，这是实现生态治理现代化的应有之义。

为此，本文从治理对象、过程、主体三个维度深化对生态治理关键要素及其内在规律的理解和认识，试图从方法论的角度构建生态治理现代化的对象（object）—过程（process）—主体（subject）（简称"OPS"）实施模型。具体而言，其关键要素体现为三个方面。

一是治理对象整合式。明确治理对象是建构实践逻辑并达成治理目标的逻

① 陆波、方世南：《国家治理视域下生态治理能力现代化方略》，《学术探索》2016年第5期。

② 孙特生：《生态治理现代化：从理念到行动》，中国社会科学出版社2018年版，第17—19页。

③ 杨美勤、唐鸣：《治理行动体系：生态治理现代化的困境及应对》，《学术论坛》2016年第10期。

④ 姚雪梅：《浅谈国家生态治理体系现代化的完善》，《科技视界》2015年第16期。

⑤ 陆波、方世南：《国家治理视域下生态治理能力现代化方略》，《学术探索》2016年第5期。

辑起点。可持续发展是我国生态文明建设的实践旨趣，但我国的生态文明建设内涵远不止于可持续发展传统意义上的经济、社会、环境"三重底线"目标考量，应将"五位一体"总体布局融入其中并致力于生态治理现代化而实现理论超越。纵观当下实践，生态治理的逻辑起点往往源于生态安全缺失，狭义上理解的生态治理主要是依托生态修复与污染防治进而实现生态安全；而广义上理解的生态治理是通过重塑生态价值理念，不断创新生态产品的价值实现形式，进而把"绿水青山"转化为"金山银山"和"民生福祉"。从这个意义上说，治理对象已超越单一维度生态环境领域，代之以生态价值理念为内核的生态文化体系，最终演进为生产、生活、生态"三位一体"的整合式思考。

二是治理过程系统性。治理过程直接影响着制度体系与协同机制的生成。习近平生态文明思想彰显了源头治理和系统治理的特质，这与以往末端治理和割裂式思考形成鲜明对比，其支撑内核便是生态文明制度体系。鉴于生态治理是个复杂系统工程，绝不能沿袭传统的"头痛医头"式末端治理模式，而是要超越生态环境问题的传统思考，从被动式末端治理转向主动式源头防治。生态系统是有机统一的链条，因此在治理实践中要强化有机思维、辩证思维和系统思维的整合与集成，从系统工程和全局治理的角度探寻对策，在路径依赖上要统筹兼顾、整体施策、多措并举，开展全方位、全地域、全过程的融入式治理。

三是治理主体网络化。多元主体共同参与是现代治理的本质特征，政府干预旨在化解传统治理模式下市场失灵，以期达成公平与效率的最佳平衡。我国在此基础上进一步强化了政治性，最终形成党委领导、政府主导、企业主体、公众参与的网络化治理格局。从本质上看，生态作为公共产品，源头离不开政府主导和引领，也离不开企业、社会组织和公众等利益相关者共同参与。就角色定位而言，政府作为政策设计者和制度供给者，重点是立足于约束与激励并重原则，建立并完善生态文明制度体系；企业作为市场规则参与者，重点是遵循市场机制来提供有利于生态改善的产品与服务；社会组织和公众作为第三方力量，重点是投身生态治理全过程中的参与、协商和监督，真正实现共建共治共享的有机统一。

三、木兰溪治理的演进历程：从水患之河到发展之河

木兰溪发源于福建戴云山脉，自西北向东南流经莆田市全境，干流全长105公里，流域面积1732平方公里，是福建六大重要河流之一，被誉为莆田人民的母亲河。下游所处的南北洋平原是福建四大平原之一，人口稠密，村镇相连。由于地势平坦低洼，洪、涝、潮灾害时有发生，严重威胁群众生命财产安全。1999年至今20多年，木兰溪治理经历了三个阶段的历史变迁，折射出生态治理理念走向现代化的发展阶段，让木兰溪走过了水患之河、安全之河、生态之河、发展之河的历史性嬗变。

（一）防洪保安治理（1999—2012年）：重点解决水患与生存矛盾

生态治理本质上源于对生态危机的回应，木兰溪治理的逻辑起点是构建人与自然命运共同体、实现生命—生态一体化安全的必然诉求。木兰溪流域雨量充沛，水位季节性变化大，因其流程短、河道弯曲、断面狭窄，只要上游暴雨，就会引发下游的南北洋平原洪涝灾害。尽管防洪治理多次被提上议事日程，但迟迟未能付诸实施。其中，"裁弯取直"和"豆腐上筑堤坝"技术难题最为棘手。为此，木兰溪治理的第一阶段，治理目标聚焦于防洪和保护生态安全，由于该阶段对资源统筹和能力建设的要求较高，故而政府主导型治理方式得以强化，主要表现为规划引领，着力推进施工技术方案论证、多级争取财政支持、建设涉迁群众安置房等工作，经过四期工程分步实施，最终摆脱水患困扰。总之，此阶段的特点是，重点解决水患与生存的矛盾问题，治理目标和对象相对单一，从"水患之河"迈向"安全之河"，政府是主要的治理主体。

（二）"三位一体"治理（2012—2014年）：着力化解发展与保护的冲突

如何实现发展与保护的辩证统一是木兰溪防洪安全得以确保后需要面对的现实问题。因此，如何进一步提升并彰显木兰溪流域的生态价值备受关注。从2012年开始，木兰溪治理的内涵不断拓展，实施路径体现为防洪保安、生态治理、文化景观"三位一体"治理，统筹推进堤防建设、岸坡绿化、生物净化、引清活水等措施。在生态治理上，坚持"还溪于民、还河于民、还绿于

民"理念，遵循"改道不改水"的治理原则，彰显了对生态价值的最大尊重；改善流域生态环境，最大限度保留生态空间，出台最严格的法律法规保护65平方公里"生态绿心"。在文化景观建设上，依托水文化建设提升城市品位，强化对人文历史景观的保护力度，打造木兰溪百里风光带。在此基础上，推动木兰溪沿岸的水患"洼地"蜕变成产业发展的"高地"，坚持产业生态化与生态产业化双管齐下，因地制宜构建生态经济体系，努力把木兰溪流域所蕴含的生态价值转化为经济社会价值。概言之，该阶段的治理，较好地将生态文明建设有机融入经济建设和文化建设之中，并内化为水生态、水经济、水文化"三位一体"协同治理。

（三）全流域系统治理（2014年至今）：协同破解局部与整体矛盾

木兰溪的治理过程彰显了协同共生的理论内涵及其生态蕴意。[1] 从治理过程看，随着下游治理实现了发展与保护的辩证统一，对木兰溪治理的空间尺度、内涵深度、主体广度都提出更高的要求。2014年以来，木兰溪的治理在"一溪"局部治理的基础上，按照"全流域、全方位、全过程"的治理思路，统筹上下游、左右岸的多方资源与力量，协同推进水资源、水环境、水生态、水灾害的系统治理，在全流域构筑生态保护、生态治理、生态修复、生态法治四道防线。木兰溪的治理在行动领域主要体现为"五个坚持"：坚持"一片水系"归自然，抓好上下游治理，实现从对"一溪"的治理到全流域山水林田湖草系统治理；坚持"一泓清水"惠民生，推动支流治理，通过构筑四道防线来捍卫水源地——东圳水库的安全；坚持"一条长廊"展风貌，抓好两岸综合整治，将水文化融入水生态修复之中；坚持以"一组湿地"养生态，协同推进全流域治理机制建设，一方面以生态补偿为抓手推动上下游协同和利益调整，另一方面以河长制为载体，促进岸上和水里部门力量与职能的整合；坚持"一定之规"修行为，在生态优先的前提下推动绿色发展，坚持以水定产、定城，有所为有所不为。总之，在多措并举的保驾护航之下，木兰溪治理超越了最初的生态治理范畴，立足于生产、生活、生态的"三生协调"，实现了从局部突破到整体联动的升华，推动了多方主体协同参与，最终上升为统揽"美丽莆田"

---

① 胡熠：《木兰溪治理：追寻人与自然和谐共生的生态范本》，中共中央党校出版社2019年版，第93页。

建设和高质量发展的总抓手。

四、木兰溪治理的实践逻辑：基于对象—过程—主体维度的考察

生态治理现代化的逻辑起点始于生态环境领域的危机呈现，通过推动治理对象整合式、治理过程系统性和治理主体网络化等变革，实现经济社会可持续发展的目标愿景。基于上述认识，下文将运用 OPS 模型进一步梳理出木兰溪治理的实践逻辑。

（一）对象维度：从生态优先到"三生协调"

木兰溪治理始于生态安全隐患，终于生产、生活、生态的"三生协调"。事实上，习近平同志在指导木兰溪治理时就强调要"科学治水"，"既要治理好水患，也要注重生态保护；既要实现水安全，也要实现综合治理"。[1] 基于此，木兰溪治理把生态保护放在优先位置，充分依托水环境治理带来的生态效益，协同处理经济发展、福利改善和水环境保护的关系。其治理对象从最初的生态领域（"生态之河"）深化拓展到生产、生活领域（"发展之河"），治理目标也从生态安全升华到高质量发展和高品质人居，在具体治理实践中，既坚持生态优先、节水优先，保护修复良好的生态环境，又坚持空间均衡、协同发展，推动形成"三生"融合发展格局。前者注重把生态优先理念融入"生态之河"和"发展之河"的各方面和全过程，集中体现为在防洪保安全的生态修复阶段以"改道不改水"的理念分区分类管控木兰溪全域水生态空间。后者重点是在谋划绿色发展上下功夫，集中体现为：以绿色导向引导产业转型升级，推动经济结构向绿色低碳转型，以治水效益助推乡村振兴和民生改善，注重挖掘河道周边乡村旅游资源，推动生态效益转变成百姓幸福感，切实把生态价值转化为民生福祉。

透过木兰溪治理的对象维度分析可以发现，其治理对象始于但又不仅仅局

---

① 《一张蓝图绘到底　绿色发展惠民生：福建莆田市木兰溪生态文明建设实践》，中央组织部组织编写：《贯彻落实习近平新时代中国特色社会主义思想在改革发展稳定中攻坚克难案例（生态文明建设）》，党建读物出版社 2019 年版，第 296 页。

限于生态环境领域，而是从经济（生产）、社会（生活）、环境（生态）"三位一体"的角度进行整合式思考。众所周知，生态环境是人类生存和发展的根基，关乎人民福祉和发展质量，"生态兴则文明兴"的重要论断更是深刻表达了生态环境变化直接影响人类文明兴衰演替的发展规律。人类命运共同体视域下的生态—生命一体化安全，是将自然界、人类社会、人类生命紧密地关联起来认识安全问题的一种整体性的新安全理念。① 从狭义上看，生态治理的内涵为：在生态系统的脆弱性凸显和稳定性缺失的情况下，通过自然恢复和人工修复相结合方式恢复绿水青山，保持生态平衡并实现生态安全，进而为人类社会可持续发展提供生态保障，这在木兰溪治理的阶段性目标上也得以验证。从广义上看，生态治理则并不局限于生态学意义上的生态修复与污染防治，而被赋予了新的内涵。通过重塑生态价值理念，不断创新生态产品的价值实现形式，把"绿水青山"转化为"金山银山"和"民生福祉"，谋求生态效益、经济效益和社会效益的有机统一，真正实现生态优先与绿色发展、高质量发展与高标准保护的辩证统一，木兰溪治理从"生态之河"到"发展之河"的跨越，就是治理对象整合式思考的集中写照。

（二）过程维度：从"一条河"的治理到全流域系统治理

木兰溪治理源于解决水患频发问题，在此基础上，遵循山水林田湖草生命共同体的系统性思考，统筹自然生态各要素，开展从水上到陆上、从下游到上游、从干流到支流的全流域系统性治理，实现从水安全到水生态、水经济、水文化的梯次推进。具体表现为"四个结合"：一是在治理时序上，注重阶段性与整体性相结合，最终推动从单一的防洪工程逐渐演变为整体系统性发展工程。二是在价值取向上，注重安全与效益相结合。坚持防洪标准高规格，由"安全之河"换取而来的南北洋平原现代农业基地和产业园区的大发展，有效反哺了木兰溪治理投入，实现投入与产出的良性平衡。三是在治理方式上，注重控源与活水相结合。在福建，木兰溪治理率先实施主要流域全面禁止开发，推动形成完整的生态水循环系统，同时强化源头预防，推进污水"零入河"。四是在制度供给上，注重使用与补偿相结合，实现了上下游协同治理保护。

---

① 方世南：《人类命运共同体视域下的生态—生命一体化安全研究》，《理论与改革》2020 年第 5 期。

从这个意义上说，木兰溪治理过程维度体现了可持续发展"压力—状态—反应"模型的运用价值，其治理的具体路径为：针对生态危机的问题意识，从源头治理、系统治理、整体治理的角度重构治理体系和应对模式，为厘清经济、社会、环境三维因果关系，实现源头治理提供全过程解决方案。上述推进策略与生态系统各要素的内在联系具有高度的契合度。从本质上看，生态是统一的自然系统，是相互依存、紧密联系的有机链条，这就决定了生态治理的系统性、长期性和复杂性。"生态环境问题归根到底是经济发展方式问题"[①] 这一判断，决定了生态治理不能停留于表面上的生态环境危机应对，所采取的解决方案也不能局限于"头痛医头"式的适应性治理，而是要超越生态环境问题的传统思考，从被动式"末端治理"转向主动式"源头防治"。所以，木兰溪治理过程体现了从系统工程和全局治理的角度探寻对策的思维方式，既要强调状态导向的应急性对策，更要立足于治本导向的长效机制与制度安排，坚持源头严防、过程严管、后果严惩，治标治本多管齐下，全方位、全地域、全过程开展生态文明建设。

（三）主体维度：从政府主导到多元共治

木兰溪治理过程也伴随着治理主体的变迁。在木兰溪治理的起步阶段治理主体是政府，随着治理对象的整合以及治理过程的系统化，最终形成了政府主导，企业、社会组织和公众共同参与的多元主体治理模式。政府角色集中体现在前期规划引领、资源统筹和后期制度供给等关键环节。在制度供给方面突出奖惩并重和系统完整导向，注重创新生态文明考核责任机制，健全党政领导干部自然资源资产离任审计制度，创新立法保障、司法衔接和"执法＋司法"生态护河机制。企业主要依托政府与社会资本合作机制参与流域治理。比如通过政府购买服务等方式，企业承担堤防维护、河道疏浚、水岸保洁、河道专管员等社会化服务，可解决水环境综合治理工程和城乡污水整治工程落地"资金难"的问题，从而推动木兰溪流域环境改善和水质提升；还有通过设立企业河长等方式，使企业从"旁观治水"向"责任治水"转变。此外还充分发挥社会公众志愿者、公益环保人员、专业技术人员等多方力量为治水兴水献计献策。

---

① 中共中央文献研究室编：《习近平关于社会主义生态文明建设论述摘编》，中央文献出版社 2017 年版，第 25 页。

实际上，木兰溪治理主体的多元化和网络化演化趋势，与治理对象整合式、治理过程系统性一脉相承。诸多生态治理的实践也证明，可持续发展对治理主体的最高要求是共同意识下的多元行动。[①] 从多中心治理理论演化而成的利益相关方共同参与，以政府为主导、企业为主体、社会组织和公众共同参与的生态治理体系，为改善生态治理绩效提供了有力的支撑，现今已成为普遍共识。在此框架下，有效化解了传统治理模式下政府规制与市场机制之间的刚性冲突，也有利于探寻政府与政府、政府与企业、政府与社会、企业与社会等多种合作治理模式。"每个人都是生态环境的保护者、建设者、受益者，没有哪个人是旁观者、局外人、批评家，谁也不能只说不做、置身事外。"[②] 事实上，生态治理是个系统工程，事关多方利益诉求，离不开多主体角色互补，故而需要多方共同参与共同建设，并共享治理成果。

五、总结与讨论

生态现代化是国家现代化的重要表征，有赖于生态治理体系和治理能力现代化的坚实支撑。从"谈溪色变"到"人水和谐"，木兰溪治理 20 年的攻坚克难奋斗历程，生动诠释了生态治理现代化的关键要素与路径依赖。本文基于对象—过程—主体三个不同维度综合考察木兰溪治理历程，研究发现治理对象整合式、治理过程系统性、治理主体多元化是推动木兰溪流域生态治理走向现代化的行动逻辑内核。透过木兰溪治理历程也发现，生态治理现代化的实践逻辑，旨在回应各方面、全过程和多主体等政策价值取向，是对象、过程、主体三维度的思维契合，集中体现了整合式协同、系统性建构和网络化治理的内在逻辑，综合反映了生态文明制度体系、实践向度、整合机制、运行系统和实践理路的协同与统一。

当然，上述行动逻辑的治理效能能否有效转化，离不开对象、主体、过程各自维度的相关要素之间有效互动整合，更离不开不同维度之间的协同变革。比如，在基于对象和主体两个维度整合而成的"对象—主体"界面上，需要充分考虑政府、企业、社会等不同利益相关方，及其对于经济效率、公平正义和

---

① 诸大建等：《可持续发展与治理研究》，同济大学出版社 2015 年版，第 24 页。
② 习近平：《推动我国生态文明建设迈上新台阶》，《求是》2019 年第 3 期。

生态规模的不同利益诉求，力求寻找到最佳平衡点。在基于对象和过程两个维度整合而成的"对象—过程"界面上，不仅要考虑眼下生态危机的末端治理，更要着眼于源头治理，协同推进城镇化、工业化、农业现代化、信息化与绿色化，最终推动发展方式与消费模式绿色化变革。在基于过程和主体两个维度整合而成的"过程—主体"界面上，需要考虑的关键点是，随着治理过程的梯次推进和不断深化，最初的政府主导型应急式管理开始转向多元主体共治型常态化治理，不同主体在角色定位与参与程度之间构成互补、协同与联动，相得益彰。

（选自《东南学术》2020 年第 6 期）

比较视域下中国式生态环境
治理的社会主义场域

◎蔡华杰　王春泉*

从比较的视域看，中国式生态环境治理是在社会主义的制度环境中展开，与新自由主义的"生态环境治理术"存在根本性差异。新自由主义发端于经济领域，并渗透进政治、思想领域，在政界、学界、商界讨论广泛。由于经济议题、政治议题和环境议题错综复杂，新自由主义在论述经济、政治议题时，往往也涉及环境议题，并形成了应对生态危机的"生态环境治理术"，在近几十年乃至今后的长时段里掌握着全球生态环境治理领域的意识形态话语霸权。如何认清新自由主义"生态环境治理术"的本质，揭示中国式生态环境治理的社会主义场域，具有重要的理论意义和现实意义，本文将就此展开探讨。

一、新自由主义"生态环境治理术"意识形态霸权的
生成逻辑

新自由主义在其形成和发展的过程中，通过批判社会主义无法进行合理的经济计算进而无法有效配置资源，逐渐产生了一种"意识形态霸权"，即宣扬在私有产权基础上，实行自由放任的市场经济的资本主义社会的自然性、完美性和唯一性，并认为这是人类社会"历史的终结"。新自由主义者以"价值中立"的姿态从一系列其认为毋庸置疑的前提出发——独立个体是分析的基本单

作者简介：蔡华杰，法学博士，福建师范大学马克思主义学院教授、博士生导师；王春泉，福建师范大学马克思主义学院博士研究生。

位，理性经济人是独立个体的基本特征——得出了价值并非中立的结论：自由资本主义的至上性和不可挑战性。"别无选择"（There is No Alternative），就是秉持新自由主义意识形态并将其应用到英国政策实践中的撒切尔夫人的一句名言。在她看来，自由市场的经济运行原则是不可替代的，自由资本主义是人类社会的最终选择。

作为意识形态霸权的新自由主义，就是要描述和解释当前占据主流地位的资本主义生产方式，以及由此衍生出来的现存世界的"事实"，不仅使其自身获得合法化的地位，而且要从"霸权"的意义出发，以这些"事实"去塑造那些尚未纳入其中的事物和关系。就此而言，新自由主义"生态环境治理术"的意识形态霸权生成逻辑可以从如下两个层面进行分析，一是新自由主义形成了一套基于资本主义永恒性、自然性地解释和解决人与自然关系问题的理论话语体系；二是新自由主义将这套话语体系嵌入社会经济关系和国际经济关系中，在大众日常生活中形成路径依赖现象，这套话语体系也借由国际经济组织向广大发展中国家扩张和强行推广。

人与自然的关系问题是探究生态环境议题都必须面对和解释的问题，新自由主义也不例外，其独特的运思路径是基于资本主义永恒性、自然性的前提框架，对自然在人类世界中的地位和作用、人与自然关系异化的因由以及走出生态危机的方案这三个问题进行阐释，从而形成了新自由主义"生态环境治理术"。

第一，自然在整个人类社会中的地位和作用是什么？资本主义以实现资本增殖为宗旨，对自然资源的开发与利用是实现这一宗旨的基本前提，控制与支配自然也由此成为资本主义秉持的价值观，资本主义就曾借助弗朗西斯·培根（Francis Bacon）的"控制自然"思想为其历史性兴起提供合法性证明。服务于资本主义意识形态的新自由主义，同样要以此为前提，其在对待自然的态度上，秉持极端人类中心主义的价值观，以主客二分的方式将有利于资本增殖的自然视为"资源"，并转变成人类追求经济无限增长的工具和手段。例如，在哈耶克那里，对自然资源保护进行投资，与其他类型的投资并无不同，其目的都是为了所谓的社会"进步"，但这种"进步"仅限于社会总收入的增加、工业增长等简单的经济指标。[1]

---

① 弗里德里希·奥古斯特·冯·哈耶克：《自由宪章》，杨玉生等译，中国社会科学出版社 2012 年版，第 552 页。

第二，如何解释当前出现的人与自然关系异化所引发的生态危机？个人主义是新自由主义的方法论根基，它片面强调个人的本原性地位，以及在社会中的独立性位置，由此导致新自由主义让孤立意义上的原子式个人或者抽象意义上的全体人类背上了生态危机根源的"黑锅"，认为不分阶级性质的个人"贪婪""浪费""奢侈"式生活方式对生态环境造成了伤害，同时，个人不断增长的消费需求"引诱"企业相应地进行无止境的生产，从而耗尽地球有限的资源。而在新自由主义看来，个人这样的生活方式和消费需求是一种正常的欲求，无须加以指责，这就进一步引申出"污染不可避免论"。弗里德曼就指责公众想要拥有一个无污染的世界是一种不理智的行为："公众在讨论环境问题时，往往容易感情用事，而不是进行理智的思考。在许多讨论中，好像问题是要么有污染，要么没有污染，似乎应该有而且可以有一个不存在污染的世界。这显然是毫无意义的空想。一个人只要认真思考过这一问题，就不会认为完全无污染的局面是可取的，也不会认为这是可行的。我们可以杜绝汽车尾气对空气的污染，只要废弃所有的汽车即可。但这样一来，我们就无法拥有现有的工农业生产力，由此我们大多数人的生活水平就会急剧下降，许多人可能就会因此而活不下去。再有，大气污染的主要因素之一就是人类呼出的二氧化碳，我们可以直截了当地终止这一污染源（大家都不要呼吸），但这显然是得不偿失的。"[1]

第三，如何走出生态危机？虽然新自由主义指责个人要对生态危机负责，并认为污染具有不可避免性，但面对严峻的生态危机现实，新自由主义如果不能对此作出回应就无法捍卫自己在意识形态领域的主流地位。对此，新自由主义者试图以新自由主义拯救生态环境，即将生态环境纳入资本逻辑的轨道，实现生态资本化。新自由主义将惯用的"私有化、市场化和自由化"应用到生态环境领域，鼓吹对自然资源进行彻底私有化处置，将自然资源转变为可以买卖的商品，以绝对自由的、不受政府干预的市场机制配置自然资源，并进而将生态灾难等事件吸纳到金融领域的资本投资中，从而形成自然资源的私有化、商品化、市场化和金融化等四个方面的典型治理手段，其中，私有化和商品化是市场化和金融化的前提，而市场化和金融化是私有化和商品化发展到一定程度

---

① 米尔顿·弗里德曼、罗丝·弗里德曼：《自由选择》，张琦译，机械工业出版社2018年版，第219页。

的必然结果。

新自由主义在生态环境治理领域所形成的"生态环境治理术"的确筑起了自洽性的逻辑闭环话语体系。它从资本增殖所需要的基本前提出发，秉持极端人类中心主义的价值观，将人与自然的关系塑造成主客二分的支配与被支配关系，自然沦为资本增殖的工具性存在物，既是资本增殖的"原料来源地"，也是资本增殖的"废物容纳器"。而当人对自然的支配出现问题，进而影响到资本持续不断增殖时，它一方面将责任推给原子式的个人生活方式，另一方面又借此宣称自己信奉的自由资本主义核心理念能够解决这个问题，将生态环境治理领域变成资本增殖的重要战略场域。这样一来，新自由主义"生态环境治理术"从资本增殖的前提出发，借由生态环境领域出现的问题，又回到了资本增殖的宗旨，资本增殖的"霸权"地位由此形成。

而一旦新自由主义"生态环境治理术"获得意识形态合法性解释和霸权地位后，它将进一步把整个社会的生态环境治理路径掌控在自己手中，由此在社会经济关系层面形成个体对资本逻辑的依附，以及在国际经济关系层面形成发展中国家对发达国家的依附。在社会经济关系层面，一旦自然资源私有产权获得了至上的合法性地位，那么，这将重塑一个社会中个体对财产权、效率与合作等方面的认知意识。一方面，自然资源的私有化将使得劳动者与包括自然资源在内的生产资料相分离，导致个体逐渐放弃了对自然资源的习俗或共有权利，成为"理所当然"的雇佣劳动者；另一方面，自然资源的私有化同时创造了新的自然资源所有者，这个所有者逐渐在资本逻辑之下，成为追求更具效率、实现利润最大化的、理性的个体。这样一来，新自由主义借助"生态环境治理术"塑造了其所需要的社会秩序中的个体，即"自愿"成为资本获取利润的雇佣劳动者，以及以经济利益作为驱动力来从事各项活动。

在国际经济关系层面，当"别无选择"的口号渗透进生态环境治理领域，这意味着那些面临着生态危机的国家要克服这个难题，就必须照搬新自由主义"生态环境治理术"，新自由主义俨然成了全球生态危机的救世主。不仅英美等国政要在其国内推行新自由主义政策，还有诸如新自由主义代言人的三大国际经济组织——世界银行、国际货币基金组织和世界贸易组织也借助生态环境问题继续向广大发展中国家兜售新自由主义教条。高举贸易自由化旗帜的世界贸易组织，在面对不断加速和规模扩大的自由贸易与环境保护的冲突时，依旧声称不受任何约束的自由贸易并不构成对环境的威胁，在其看来，不断增加的贸易额和市场规模提高了人均收入，这反过来有利于遏制环境破坏。[1] 世界银行打着生态保护的名义，以提供援助为幌子，要求发展中国家进一步实行所谓的私有化改革，要求将那些国有的关涉自然资源的企业尽快兜售给跨国公司，将原来作为共有的土地转变成商业性的土地用于种植出口导向型的经济作物或者从事生物勘探的制药行业。[2] 2023 年，气候正义活动家特蕾莎·安德森（Teresa Anderson）发表评论指出，世界银行和国际货币基金组织的贷款几乎总是附带规则——国家将其公共服务私有化，削减公共开支，并全力以赴生产出口商品；这些"规则"和这些机构掌握的权力正在使气候危机恶化，如印度尼西亚正在偿还相当于其国内生产总值 40％ 以上的贷款，这是其砍伐雨林、为赚钱的棕榈油种植园让路的关键因素。[3]

二、新自由主义"生态环境治理术"意识形态霸权的实质和后果

新自由主义"生态环境治理术"从资本增殖出发，最后又复归资本增殖的宗旨，其实质就是借助生态环境治理而服务和服从于资本增殖的根本目的。新自由主义"生态环境治理术"的意识形态霸权根源于其看待资本主义的非历史性，将资本主义的一些范畴，例如个人的自利与自由、商品交换、生产资料的资本主义私人占有视为"天生"的，要么符合人的本性，要么是自古以来就有的，因此，资本主义失去了其历史性而获得了永恒性。古典自由主义对资本主义起源的"商业化模式"解释就是典型，它将资本主义的起源仅仅视为一种"量"意义上的增加，即过往已经存在的市场的扩大以及商业化经济活动在量

---

[1] Elaine Hartwick and Richard Peet，"Neoliberalism and Nature：The Case of the WTO"，*The Annals of the American Academy of Political and Social Science*，Vol. 590，No. 1，2003，pp. 188-211.

[2] Michael Goldman，*Imperial Nature：The World Bank and Struggles for Social Justice in the Age of Globalization*，New Haven：Yale University Press，2005，p. 9.

[3] 季寺、杨小舟：《澎湃思想周报：气候问题与债务陷阱；美国工人为公平工资而进行的斗争》，2023 年 5 月 8 日，https：//www. thepaper. cn/newsDetail _ forward _ 22976977。

上的增加，而忽视了资本主义本身在质意义上的巨大转型特征，即社会财产关系的转型以及随之而来的人与人之间关系的重大变迁。新自由主义继承了古典自由主义，同样未能看到资本主义的历史性，"变本加厉"地将其应用到包括生态环境治理等一切社会领域中，既为资本主义所造成的生态环境问题辩护，例如，宣称工业革命期间的环境问题不成问题，"死亡率的下降却能够说明，这种环境并没有糟糕到影响城镇居民的身体健康的地步。其次，是工人自愿地移居到城镇地区的，这也说明，污染及城镇其他不便之处的'机会成本'没有实际工资提高带来的收益大"，[①] 又高歌资本主义能够解决生态环境问题，例如自由市场环境主义所声称的，只要实现自然资源所有权的私有化并允许所有权人对其进行交易，个体就会在利益最大化的诱导下保护好生态环境。

那么，新自由主义"生态环境治理术"服务于资本增殖的实质将对生态环境治理产生怎样的后果？其实，新自由主义"生态环境治理术"所依赖的一些手段并不是我们完全排斥的对象，比如以市场手段对企业或个人的环境行为进行激励或者约束，但问题的关键是，新自由主义是将这些手段完全置于资本增殖的前提框架内，并完全服从于资本不断增殖的需要，其积极效用的发挥将受到抑制。这就使得生态危机一方面获得缓解，另一方面却又无法从根本上得以破解，这就是新自由主义"生态环境治理术"所造成的后果。

一切人类社会的存在和发展都离不开生态环境，人类的物质生产活动都离不开生态环境的支持。一方面，生态环境作为"自然资源库"，为生产活动提供必要的劳动资料和劳动对象，另一方面，生态环境作为"废物处置室"，承接生产活动所产生的各种废物。没有生态环境这两方面的作用，任何生产都无法进行，而这两方面作用具有有限性特征，同样构成了对社会生产的限制。尽管有这样的限度，但那些能够获取并改造较多较优生态环境的社会形态，就在生产方面占据优势，生产发展就较快些。从原始社会到奴隶社会再到封建社会，人类在生态环境面前都有一种畏惧之心，这是因为人类对自然的征服，始终围于自己技术条件的能力，获取和改造生态环境资源的能力也较弱。

而在资本主义生产方式下，生产的目的是实现资本的不断增殖，即资本家必须将剩余价值转化为资本，用于下一个生产过程以便获取更大的剩余价值，

---

① F. A. 哈耶克编：《资本主义与历史学家》，秋风译，吉林人民出版社 2011 年版，第 199 页。

并且这样一个过程是循环反复、永无止境的，最终，资本处于无限增殖的境地，这是资本主义生产方式条件下积累的最鲜明特征。资本主义以资本的无限增殖为动力这一"武器"诱导整个社会打开征服自然的大门后，人类社会在获取和改造生态环境资源上从而推动生产力方面获得了空前的发展。然而，殊不知，资本主义这个曾经用来征服自然的"武器"现在却对准资本主义自己了，因为无论如何，资本主义社会同其他社会一样是绕不开生产所依赖的有限生态环境这一"铁律"。资本主义虽然凭借资本无限增殖这一诱导性"武器"在一定程度上征服了自然，但反过来，被征服的自然威胁到了资本无限增殖的可能性，显而易见的因由是，随着自然资源不断被开采或者污染而在数量或质量上的加速耗竭和衰退，资本主义运转所需的生产资料成本势必高企不下，资本无限增殖就要被打破。由此一来，资本增殖的无限性与生态环境承载能力的有限性构成了难以克服的矛盾。

资本主义面对的是自己制造出来的"成长的烦恼"，如果要在保全自己的条件下解决这个矛盾，即在资本主义框架内、在不触动资本不断增殖的条件下克服生态危机，那么，有两条道路可以选择，要么假借环境保护实现资本的继续扩张，把环境保护本身变成资本不断增殖的手段，要么就是在全球乃至全宇宙范围内寻找到可供其不断增殖的生态环境支撑。前一种方法就是新自由主义的生态资本化方法，后一种方法也是新自由主义所笃信的技术万能的方法。那么，二者在资本主义的框架下，究竟能不能解决生态危机，从而维持资本的无限增殖？对此，新自由主义的答案当然是肯定的，在其看来，在资本主义的框架内，即以资本无限增殖为旨归，同样能解决当前的生态危机，而不会威胁到资本主义的生存。即资本不断增殖可以解决生态危机，生态危机解决又可以使得资本持续增殖。如果这个循环成立，那么，在资本主义的框架内解决生态危机的命题就可以成立。正如新自由主义所宣扬的，这如同只要资本不断增殖就能解决贫困问题一样，只要资本不断增殖，它就有如"普照的光"，能够自动解决包括生态危机在内的一切问题。1987 年，世界环境与发展大会通过的报告《我们共同的未来》虽然极力关注自然资源的不断消耗，但同样也表达了经济必须更快地增长的观点。[①] 1992 年里约峰会上，可持续发展商业委员会发布

① 世界环境与发展委员会：《我们共同的未来》，王之佳、柯金良等译，吉林人民出版社 1997 年版，第 110—112 页。

的《改变经营之道》，将基于市场力量通过开放和竞争性贸易去推动经济持续不断地增长视为可持续发展的基本前提。①

新自由主义"生态环境治理术"背后得到了环境库兹涅茨曲线理论的支撑。环境库兹涅茨曲线由基恩·格罗斯曼（Gene Grossman）和阿兰·克鲁格（Alan Krueger）于1991年提出。他们指出，经济增长通过规模效应、技术效应与结构效应三种途径影响环境质量：所谓规模效应，指的是生产所投入和排放的规模对环境质量产生的影响；所谓技术效应，指的是一个社会所使用的技术对环境质量产生的影响；所谓结构效应，指的是一个社会的经济结构对环境质量产生的影响。二位学者指出，在经济增长的初期，生产投入和排放的规模都较大，对环境造成持续的危害，环境质量逐渐恶化，经济增长通过规模效应对环境产生不利影响，但是，随着经济的不断增长，收入水平不断提高，更加高效、更加环保的技术得到采用，经济结构逐渐由能源密集型的农业和重工业转向低污染的服务业和知识密集型行业，这时，拐点出现，环境质量逐渐得到改善。经济增长和环境质量的关系就呈现先恶化后改善的"倒U形"曲线。因此，只要持续不断地推动经济增长，通过技术效应和结构效应，拐点就能出现，环境状况就出现好转。

环境库兹涅茨曲线上拐点的出现在于一个社会的技术和经济结构朝着有利于环境质量改善的方向发展，在新自由主义的理念下，资本无限增殖的宗旨能够实现这样的发展。就技术效应而言，在资本无限增殖的逻辑之下，使用更加先进的技术如若能减少单位资源的使用量，从而降低生产的成本，那么，这种技术就成为资本的选择，技术进步可以在资本逻辑之下实现，蒸汽机自身技术的不断改良，以及电动汽车的逐渐兴起就是例子。就结构效应而言，在资本不断增殖的逻辑之下，一国的经济结构会逐渐由利润率较低的劳动密集型经济结构转向利润率较高的技术密集型、资本密集型经济结构，从而对环境质量的影响逐渐减弱。

资本无限增殖的逻辑似乎引导着社会的环境质量逐渐改善，但是，这样的技术效应和结构效应忽视了二位学者所提出的规模效应，因为资本无限增殖作为一种牵引力，必然导致规模效应的发生，让资本主义实现"零增殖"无异于

---

① Joshua Karliner, "Corporate Powerand Ecological Crisis", *Global Dialogue*, Vol. 1, No. 1, 1999, pp. 124-138.

资本主义的终结。从技术效应来看，在资本主义条件下，一种新型的无污染的绿色技术只有在有利可图的情况下才会得到资本家的使用，当一种绿色技术的可营利性尚未显现出来之前，它是会遭到抵制的。先进的绿色技术的全社会采纳将是一个漫长的过程，退一步讲，等到资本家有利可图采用了更加先进的绿色技术，尽管技术的进步减少了单位资源的使用量，但只要在资本不断增殖的引导下，由于效率的改进，随之而来的便是生产成本的降低和消费品的廉价化，进而促进了生产规模和消费规模的扩张，由此产生"杰文斯悖论"。从结构效应来看，尽管一国的经济结构对环境质量的影响逐渐减弱，但从全球范围内已经发生的经济结构调整来看，这种变革的结果是发达国家向发展中国家的产业转移，即随着劳动力和自然资源成本的不断攀升，资本无限增殖的逻辑势必导致发达国家放弃原有具有比较优势的制造业等高污染行业，将其转移到那些劳动力和自然资源相对廉价的广大发展中国家，而自己发展新型的具有比较优势的新技术和新能源行业。在这一进程中，发达国家将污染转嫁给了发展中国家，由此产生"生态帝国主义"。"杰文斯悖论"和"生态帝国主义"都是在资本无限增殖的牵引下产生的，资本无限增殖虽然在短期和局部范围内改善了环境，但从长远和全球范围看，又将对环境造成破坏。因此，在资本无限增殖的逻辑之下，不是产生"倒 U 形"的环境库兹涅茨曲线，而是会产生"M 形"的污染反复循环曲线，环境状况会在表面好转下又趋于恶化，资本无限增殖的逻辑并未能克服其自身产生的生态危机。

三、社会主义：中国式生态环境治理的展开场域

其实，新自由主义"生态环境治理术"所笃信的个人的自利性、市场交易等范畴都不是人类所固有的，而是一种历史性存在，并不适用于一切时代和一切领域，对此应有辩证认识。恩格斯说："正如资产阶级依靠大工业、竞争和世界市场在实践中推翻了一切稳固的、历来受人尊崇的制度一样，这种辩证哲学推翻了一切关于最终的绝对真理和与之相应的绝对的人类状态的观念。在它面前，不存在任何最终的东西、绝对的东西、神圣的东西；它指出所有一切事物的暂时性；在它面前，除了生成和灭亡的不断过程、无止境地由低级上升到

高级的不断过程，什么都不存在。"① 特别是像生态环境治理这样的公共领域，法国学者于松指出："如果是贪欲在激发着研究人员的工作热情，那么今天许多大学和实验室将空无一人。"② 同样地，将生态环境治理建立在人在市场交易中的自利性这一基础之上，或许短期内能在局部地区发挥效用，但将希望完全寄托于此，并不能长久和有效。我们应该突破新自由主义对资本主义这种"别无选择"路径的迷恋，打破新自由主义"生态环境治理术"的意识形态霸权，必须明确走出生态危机，而不是"别无选择"地照搬新自由主义的治理路径。

那么，摆在中国面前可选择的道路有两条，一条是退回到前资本主义社会，抛弃技术发展和市场交易，让人类重新在自给自足的自然经济条件下过上浪漫主义的田园生活。显然，这种思路只会造成贫穷的普遍化，而在贫穷的普遍化之下，生态环境在不远的将来进一步遭到破坏则难以避免，这条道路是我们不能选择的道路。另一条道路则是超越资本主义并坚定社会主义性质的治理路径及其成功的现实可能性。为什么这样一种治理路径能够超越新自由主义"生态环境治理术"？对此，必须从两个方面加以认识。

（一）从社会主义历史维度的视角

从社会主义的历史维度看，必须澄清和正确认识传统社会主义国家的生态环境问题，这是坚定社会主义治理路径有效性的前提。从历史上看，传统社会主义国家似乎在生态环境问题面前也束手无策。资本主义无视生态环境承载能力的有限性，而从苏联、东欧等传统社会主义国家曾经糟糕的环境记录看，他们也未能避免类似的问题，难怪哈耶克等新自由主义者同样以此为借口攻击社会主义，甚至像萨拉·萨卡（Saral Sarkar）这样的生态社会主义者也将一味追求经济增长而忽视自然资源的有限性视为苏联解体的重要原因。就我国而言，新中国成立以来，我们在认知上，经历了从否定社会主义国家存在生态环境问题到直面和积极应对生态环境问题的过程。显然，如何正确认识社会主义国家出现的生态环境问题，已成为人们头脑中需要解开的一个疑虑。对此，应

---

① 《马克思恩格斯文集》第四卷，人民出版社 2009 年版，第 270 页。

② 米歇尔·于松：《资本主义十讲》，潘革平译，社会科学文献出版社 2013 年版，第111 页。

从如下两个层面进行阐释。一是不能孤立地认识苏联、东欧等传统社会主义国家和我国的生态环境问题，必须将其置于资本主义世界体系和发展进程内加以分析。16世纪以来，随着资本主义生产方式的发展和扩张，全球范围内开始形成了以西北欧为中心的资本主义世界体系，这一体系由中心区、半边缘区和边缘区三个部分组成，三个不同的区域在这个体系中承担着不同的角色，中心区利用边缘区提供的原材料和廉价劳动力发展经济，生产加工制成品向边缘区销售并获取巨额利润，半边缘区介于二者之间，对边缘区充当中心区角色，而对中心区则充当边缘区角色。在资本主义世界体系中，充当中心区角色作用的国家尽管由荷兰等西欧国家转向以美国为首的西方发达国家，但中心区和边缘区、半边缘区的世界性结构和各自承担的角色没有发生根本性变化。20世纪80年代以来，西方发达国家利用发展中国家廉价劳动力和相对低门槛的环境标准，将高污染、高耗能的劳动密集型产业转移到发展中国家进行生产，这种污染产业转移的战略对许多发展中国家的生态环境造成了巨大压力，引发了严重的环境污染和破坏。而苏联自成立以来就一直是资本主义各国极力遏制的对象，二战后更是成为冷战格局中的一极。因此，尽管成立初期在自然保护区上有开拓性的举措，但在西方资本主义世界的包围下，苏联还是走上了大力发展重工业和进行"军备竞赛"的道路，而这也是一条快速耗尽自然资源和污染环境的道路。

二是要把一个社会的根本制度及其价值取向和实现这种制度和价值取向的具体运行机制区别开来，以此来分析苏联、东欧等传统社会主义国家和我国的环境问题。根本制度及其价值取向是一个社会区别于另一个社会的重要标志，不同的国家在这个层面上有根本的差异，社会主义制度及其价值取向是苏联、东欧等传统社会主义国家和我国区别于实行资本主义制度的欧美国家的重要标志，而在这一本质层面之下会有实现根本制度及其价值取向的具体运行机制，在这个层面上不同的国家可以采取相同的运行机制，比如市场经济的一般运行机制，经济增长方式等。不得不承认，苏东传统社会主义国家和我国都是在经济落后的状况下开始建设社会主义的，在经济增长方式上都一度依赖于对自然资源进行大肆开采。我国在改革开放后实行市场经济体制，而生态环境的负面效应也逐步显现，这样的经济增长方式和市场经济手段的运用，都是社会主义国家和资本主义国家共同的东西，不是社会主义所持有的问题。

由此可见，苏东等传统社会主义国家和我国的环境问题与社会主义自身并无直接联系，不能将社会主义看成是应对生态环境问题的失效。其实，在面对苏联解体、东欧剧变这个问题上，邓小平同志说："一些国家出现严重曲折，社会主义好像被削弱了，但人民经受锻炼，从中吸取教训，将促使社会主义向着更加健康的方向发展。"① 如果将他的话应用到生态环境问题上，也许更值得我们深思的是，苏东等传统社会主义国家和我国出现生态环境问题，重要的不是否定社会主义本身，而是从中吸取教训，进一步促进社会主义向着更加健康的方向发展，"健康的方向"蕴含着走向生态文明的方向。

（二）从社会主义生产方式本质规定的视角

从社会主义生产方式的本质规定看，它摒弃了资本主义条件下对资本无限增殖的要求，转向以满足人民群众对美好生活需要为目的的生产，从根本上铲除了其与生态环境承载能力有限性之间矛盾的深层土壤，这是坚定社会主义治理路径有效性的根本。马克思、恩格斯的历史唯物主义赋予生产力发展的决定性作用，有人据此误将生产力的不断发展视为马克思、恩格斯追求的终极目标，从而陷入了要求推动生产力无限发展的窠臼，导致对马克思主义的教条式理解。从历史唯物主义的原理出发，当社会主义生产关系替代资本主义生产关系之后，的确是促进了生产力的发展，但马克思、恩格斯追求的终极目标并不止步于此，否则，《共产党宣言》在论述了资本主义所造就的巨大生产力之后就不会马上进入对资本主义的批判。在马克思、恩格斯那里，一个理想社会的生产状况，不在于"量"意义上的增长，最终还在于满足全体社会成员的需要，由此一来，"量"意义上的增长并无进一步延伸出增长的"无限性"要求，而只需"足够"即可。正如恩格斯在《共产主义原理》中谈到的："摆脱了私有制压迫的大工业的发展规模将十分宏伟，相形之下，目前的大工业状况将显得非常渺小，正像工场手工业和我们今天的大工业相比一样。工业的这种发展将给社会提供足够的产品以满足所有人的需要。农业在目前由于私有制的压迫和土地的小块化而难以利用现有改良成果和科学成就，而在将来也同样会进入崭新的繁荣时期，并将给社会提供足够的产品。这样一来，社会将生产出足够

---

① 《邓小平文选》第三卷，人民出版社 1993 年版，第 383 页。

的产品，可以组织分配以满足全体成员的需要。"① 从中我们可以看出，未来社会尽管将在发展规模上"十分宏伟"，但最终也是提供"足够"的而不是无限的产品，且是为了满足全体社会成员的"需要"。不以资本无限增殖为旨趣，这是社会主义区别于资本主义的重要特征，正是这一特征才铲除了其与生态环境承载能力有限性产生矛盾的土壤。也正是这一特征，才使得环境库兹涅茨曲线上的拐点具备出现的可能性，社会主义生产方式"质的规定性"摈弃了资本无限增殖的宗旨，由此消除规模效应对环境的破坏。而当优美生态环境的需要在人的需要结构中占据重要位置的时候，再加上生态危机的全球性特征，社会不仅会主动采纳先进的绿色技术，而且会推动生态环境治理的全球化，这时技术效应对环境的积极作用就逐渐显现，同时，结构效应也将在全球层面得以实现。

（三）将社会主义的价值理念和制度设计融入生态环境治理

要应对新自由主义"生态环境治理术"的意识形态霸权，我国必须坚定地将社会主义的价值理念和制度设计与生态环境治理紧密地结合起来。对此，必须将社会主义作为前置性条件，在社会主义的规定性下才能走向真正的生态文明。具体说来，应该发挥社会主义制度的制度优势，做好如下三方面工作：

一是坚持中国共产党对生态文明建设的全面领导。中国特色社会主义最本质的特征是中国共产党领导，中国特色社会主义制度的最大优势是中国共产党领导。中国共产党是始终为人民谋幸福的马克思主义政党，中国人民已经在党的团结带领下，在中华民族伟大复兴的历史进程中不断获得物质文化生活方面的幸福感，而随着社会生产力总体水平的显著提高，人民对优美生态环境的需要日益增长，党自觉地将满足人民的这一需要纳入历史使命中，把其视为人民获取幸福感的重要组成部分而为之努力奋斗。只有坚持并加强中国共产党的领导，才能在发挥资本的积极效应中，不被资本增殖所裹挟，并始终保持生态文明建设的战略定力，加大力度推进生态文明建设、解决生态环境问题。

二是注重将中国特色社会主义在经济、政治、文化、社会方面的制度反向融入生态文明建设进程中。时至今日，中国特色社会主义建设形成了"五位一

---

① 《马克思恩格斯文集》第一卷，人民出版社 2009 年版，第 688 页。

体"总体布局，生态文明建设是其中重要"一位"。当我们在谈及"五位一体"总体布局时，通常要把生态文明建设放在突出位置，融入经济建设、政治建设、文化建设、社会建设各方面和全过程，这凸显了生态文明建设的重要性，但同时也要明确将中国特色社会主义的经济、政治、文化和社会制度作为前置性条件去规制生态文明建设的展开，要以社会主义的本质作为衡量尺度，不能突破这四个方面的基本制度来谈生态文明建设，脱离了这四个方面的基本制度就会使我国的生态文明建设走上歧路，难以最终走向社会主义生态文明新时代。特别是与新自由主义"生态环境治理术"所主张的自然资源彻底私有化和完全市场化的应对之策不同，我国必须始终坚持自然资源的公有制主体地位，并以"有效市场"和"有为政府"相结合的方式推进经济体制改革和生态文明体制改革。

三是发挥我国集中力量办大事的显著优势，加强顶层设计，持续不断推进生态文明建设。与新自由主义批评政府理性不足，主张基于完全自由市场经济建立自发秩序不同，集中力量办大事是我国显著的政治优势，必须继续坚持充分发挥。当前，我国已经形成了从主要原则到重点任务再到制度保障的一套完整的生态文明建设顶层设计。从主要原则看，我国生态环境治理要坚持人与自然和谐共生、绿水青山就是金山银山、良好生态环境是最普惠的民生福祉、山水林田湖草沙是生命共同体、用最严格制度最严密法治保护生态环境和共谋全球生态文明建设。从重点任务看，打赢蓝天保卫战，深入实施水污染防治行动计划，全面落实土壤污染防治行动，持续开展农村人居环境整治行动，全面禁止进口"洋垃圾"，积极应对全球气候变化等关涉群众生产生活的战役，以及优化国土空间开发保护格局，建立以国家公园为主体的自然保护地体系，开展大规模国土绿化行动，加强大江大河和重要湖泊湿地及海岸带生态保护和系统治理，加强生物多样性保护等关涉生态环境空间格局的全方位治理都是我国下大力气直面和展开的重点工作。从制度保障看，党的十八大以来，我国加快顶层设计和制度体系建设，相继印发《关于加快推进生态文明建设的意见》《生态文明体制改革总体方案》，出台《大气污染防治行动计划》《水污染防治行动计划》《土壤污染防治行动计划》等文件，建立健全省以下生态环境机构监测监察执法垂直管理制度、自然资源资产产权制度、国土空间开发保护制度、生态文明建设目标评价考核制度和责任追究制度、生态补偿制度、河（湖、林）

长制、排污许可制度、国家公园制度、生态保护红线制度、环境保护"党政同责"和"一岗双责"等制度，基本形成"四梁八柱"制度体系。

显然，我国的生态环境治理已经全面超越新自由主义"生态环境治理术"，走出了一条真正通往生态美好的中国式道路，具有重要的意义。我国确立和坚持马克思主义在意识形态领域指导地位的根本制度，在生态环境治理领域同样坚持这一根本制度，旗帜鲜明反对新自由主义错误思潮，明确以习近平生态文明思想为根本遵循，在生态环境治理的根本宗旨上秉持人民至上的逻辑，以人民为中心，满足人民对优美生态环境的需要。这是对党的全心全意为人民服务的根本宗旨的体现，它既源自党的"生态兴则文明兴，生态衰则文明衰"的深邃历史观，也是对影响人民群众生产生活的环境问题的现实回应，因此，我国的生态环境治理在根本宗旨上是把人民群众的长远利益和眼前利益相结合，既要解决人民群众面临的紧迫性生态环境问题，又要从长远上保障中华民族的永续发展。由此一来，正如斯蒂格利茨所指出的，中国的成功并不在于执行了华盛顿共识，中国没有把目标（人民福利）混同于手段（私有化和贸易自由化）。[①] 也就是说，我国没有像新自由主义"生态环境治理术"那样把自然变成资本积累的战略场域，没有把生态资本化的手段变成目标，而是始终以宗旨来规制手段的运用，从而走出了一条中国式生态环境治理之路。

（选自《东南学术》2023 年第 4 期）

---

① 乔万尼·阿里吉：《亚当·斯密在北京：21 世纪的谱系》，路爱国等译，社会科学文献出版社 2009 年版，第 4 页。

自然保护地共同治理机制的
定位与构造

◎刘　超　吕　稣*

中共中央办公厅、国务院办公厅 2019 年印发的《关于建立以国家公园为主体的自然保护地体系的指导意见》（以下简称《指导意见》）将"坚持政府主导，多方参与"确立为自然保护地建设与管理的基本原则之一，要求在发挥政府主体作用的同时，建立健全政府、企业、社会组织和公众参与的长效机制，"探索公益治理、社区治理、共同治理等保护方式"。政府治理、共同治理、公益治理和社区治理四种治理类型，是世界自然保护联盟（IUCN）确定的四种自然保护地治理类型，划分标准是根据拥有自然保护地决定权、管理权以及负责主体的不同。《指导意见》将"探索"新型治理机制作为建立统一规范高效的自然保护地管理体制的重要内容，说明我国从《IUCN 自然保护地治理指南》借鉴并引入的自然保护地公益治理、社区治理和共同治理这三种类型，相对政府治理而言缺乏立法依据和实践基础。其中，"共同治理"在自然保护地治理之外的其他领域已有较为丰富的前期研究和制度实践。由此，《指导意见》要求"探索"的自然保护地"共同治理"机制虽源于《IUCN 自然保护地治理指南》，但如被引入我国，我国已经构建的环境"共同治理"机制将成为不容忽视的制度背景与机制约束。申言之，借鉴于 IUCN 文件的自然保护地"共同治理"与源于本土的环境共同治理，在我国自然保护地体系与制度建

作者简介：刘超，法学博士，华侨大学法学院教授，福建省习近平新时代中国特色社会主义思想研究中心华侨大学研究基地研究员；吕稣，华东政法大学经济法学院博士研究生。

91

设中相遇并耦合，共同成为中国自然保护地"共同治理"机制建设的渊源与依据。我国自然保护地共同治理机制建设，必须嵌入和对接我国已层累演进的环境共同治理机制，同时借鉴 IUCN 自然保护地四种治理类型划分语境中"共同治理"的机制要义，归纳自然保护地共同治理提出的特殊机制需求。这是我国构建自然保护地共同治理机制的应然逻辑。本文拟循此逻辑进路，探究我国自然保护地共同管理机制的体系定位与制度构造。

一、自然保护地共同治理的内涵与要义

《指导意见》提出的自然保护地共同治理机制的直接依据，是 IUCN 承认并推荐的一种自然保护地治理机制，这在我国并非一项从无到有的机制创新。近些年来，我国探索构建生态环境保护领域的共同治理机制，从 IUCN 引入的"共同治理"机制一旦被纳入我国的自然保护地管理体制改革中，需要有机融入我国渐趋体系化构建的环境共同治理机制。因此，在构建专门自然保护地共同治理机制时，需要以辨析我国正在构建的环境共同治理机制的内涵与要义为前提。

（一）环境共同治理的机制内涵

世界各国环境立法之初，都以政府是环境公共利益的最优代表者与代理者为基本共识，建构了以行政管理制度为主线的法律体系。[①] 我国《环境保护法》确立的环境治理模式以政府对企业的监管为主导，以公众参与为补充。随着社会结构多元化，"命令—服从"的权威型管制模式和"执法者—企业"二元关系模式中制度抵牾、机制断裂、结构封闭等内生缺陷日益显现。[②]

为探索有效、可持续的环境治理模式，《关于构建现代环境治理体系的指导意见》《中华人民共和国国民经济和社会发展第十四个五年规划和 2035 年远景目标纲要》先后强调，构建、健全"党委领导、政府主导、企业主体、社会

---

① 吕忠梅：《习近平法治思想的生态文明法治理论》，《中国法学》2021 年第 1 期。

② 在现实中表现为地方生态环境保护目标的虚化与悬置、运动式环境执法的"常态化"、执法者与污染者合谋的法律规避等现象。参见刘超：《管制、互动与环境污染第三方治理》，《中国人口·资源与环境》2015 年第 2 期。

组织和公众共同参与"的现代环境治理体系，要求以多方共治为主要原则，在明晰政府、企业、公众等各类主体权责的基础上，形成多元主体共同参与、平等合作的互动环境治理模式，共建环境多元共治格局。

环境共同治理机制的主要特征包括：其一，政府职能转型与权力让渡。政府在环境治理中仍占据主导地位，但其定位从全能型的管理者、命令控制者逐渐向服务者、激励者、监督者转变，[①] 作为多元主体共同治理网络中的利益协作平衡点和连接点，通过权力下放充分调动非政府主体的环境治理自主性、积极性，以公平有序地参与环境治理。政府作为服务者、激励者，更加注重发挥环境税费、绿色补贴、碳排放权交易等非行政手段的作用，以克服政府几乎包揽所有环境治理工作导致的监管无动力、无能力、无压力等不足。[②] 政府作为协调者和监督者，通过引入第三方实现间接治理，即主要由第三方发挥其在专业技术上的优势，提高环境治理效率。其二，企业从受制主体到治理主体。企业在环境共同治理中，不再是引发环境负外部性主要行为人的受管制者、治理对象，而成为积极、主动参与环境治理的主体，如通过开展技术创新、推行清洁生产、实施环境认证等方式履行其社会责任，实现自我规制和自主治理；或者与政府之间通过谈判协商签署自愿环境协议，克服信息不对称的弱势地位，享有充分的发言权与决策权，与政府之间平等合作，就污染防治等问题达成共同目标与共同行动方案。其三，社会组织和公众作为环境共同治理的主要参与主体，超越传统环境管制模式下人大和政协监督、公众信访和集体抗争等形式上的参与，而是通过完善公众监督和举报反馈机制，引导具备法定资格的环保组织提起环境公益诉讼活动等更加丰富的形式和途径，实质参与环境决策、执行监督等过程，发挥社会组织和公众的特殊治理功能。[③] 例如，工会、共青团、妇联等群团组织借助组织凝聚力等优势积极动员；行业协会、商会等可利用自身专业影响力和资源整合能力，创制绿色贷款标准、环境信息披露标准等作为参与环境治理的策略。此外，推进环境保护教育，加大环境公益宣传力度

---

① 梁甜甜：《多元环境治理体系中政府和企业的主体定位及其功能——以利益均衡为视角》，《当代法学》2018 年第 5 期。

② 齐晔等：《中国环境监管体制研究》，上海三联书店 2008 年版，第 3 页。

③ 吕忠梅：《习近平生态环境法治理论的实践内涵》，《中国政法大学学报》2021 年第 6 期。

等，引导公民加强环保意识、提高环保素养，自觉履行环保责任，是环境共同治理全民行动的关键环节。

因此，环境共同治理机制中，虽然多元治理主体各自代表不同利益，但基于生态价值意识认同感和生态环境保护共同目标，通过信任、互惠、协调、合作的互动模式寻求利益契合着力点，形成多中心的环境治理网络，并应用多样的环境治理手段，使该网络呈现出与一方独享决策权限的科层制不同的多层次关联性，[①] 从而推动环境共同治理体系结构稳固发展、互动有效运转。

（二）"共同治理"的概念溯源及内涵

"共同治理"的适用范围逐渐从公司治理拓展到抗灾救灾应急管理、扶贫和慈善事业发展、食品药品安全生产等领域，[②] 相关研究也逐步将"共同治理"作为一个社会命题纳入研究对象。

1. "共同治理"模式在自然保护地治理中的应用

多个领域实施的"共同治理"以具有"多元决策中心"为主要特征。"多中心"意味着在形式上存在诸多相互独立的决策中心，相互竞争又相互合作，以连续的、可预见的互动行为模式，从事合作性活动或者利用核心机制来解决冲突，[③] 克服单一依靠政府或市场的不足。在这种多中心治理格局中，政府不再通过简单的发号施令或采取行政措施垄断性地解决问题，而是更频繁地与市场、社会互动。其中，市场机制能够促进公共物品供给与需求之间的平衡，提高公共物品的供给效率和效能；社会维度则可以由个体组织通过自筹资金与自主合约的形式进行自主治理，规避公共事物的治理困境。[④]

共同治理模式的多中心治理格局要求，理想的自然保护地共同治理机制要素主要包括以下四个方面：（1）保障非政府主体参与治理的合法性和发言权。

---

① 杜辉：《环境私主体治理的运行逻辑及其法律规制》，《中国地质大学学报》（社会科学版）2017年第1期。

② 王名、蔡志鸿、王春婷：《社会共治：多元主体共同治理的实践探索与制度创新》，《中国行政管理》2014年第12期。

③ 奥斯特罗姆、帕克斯、惠特克：《公共服务的制度建构》，宋全喜、任睿译，上海三联书店2000年版，中文版序言，第11—12页。

④ 李平原：《浅析奥斯特罗姆多中心治理理论的适用性及其局限性——基于政府、市场与社会多元共治的视角》，《学习论坛》2014年第5期。

政府将管理权力下放，培育市场和社会主体积极参与支持自然保护地治理，确保所有权利持有方和利益相关方能够基于一致的自然保护地长期愿景和保护目标，就自然保护地管理目标和策略展开平等对话和集体讨论。（2）确保清晰、恰当的自然保护地参与治理的主体角色，并形成明确的责任体系，保证"决策中什么最重要""哪个过程或机构能施加影响""谁对什么负责"等信息能被及时获取、监督和反馈。（3）在建立和管理自然保护地时各方主体共担成本、共享利益，注重维护决策公平性，以及争端出现时得到公平公正的裁决。（4）有效保护生物多样性、维护生态系统稳定性，同时回应各利益相关方的需求，妥善利用资源，促进社会可持续性和风险管理能力的提升。[①] 随着《建立国家公园体制总体方案》（以下简称《总体方案》）《指导意见》的施行，各地陆续对公私多元主体共同参与不同类型的自然保护地治理展开了不同程度的探索实践，虽初显成效，但尚未形成稳定的机制，亟待通过国家层面的自然保护地立法予以确认和规定。

2. 自然保护地"共同治理"的政策内涵与要求

从政策体系上来看，"共同治理"承认多元主体地位的合理性以及不同主体之间合作的可能性，将明确政府、市场与社会的职能分工和作用边界作为多元主体共同治理的前提，要求以法治为共同治理的基本方式和基础。社会治理共同体的建设，为不同主体充分发挥各自优势和功能提供了空间，一定程度上限制了公权力的扩张。

共同治理机制的显著特征及优势在于多元主体的平等参与，重点和难点在于确认非政府主体参与治理的合法地位，明确其参与治理的权责内容、冲突解决的依据等具体机制构造。故此，应以自然保护地建设与保护领域几种重要的非政府多元主体参与自然保护地治理权责作为逻辑主线，分别展开对自然保护地原住居民、企业个人等私主体、社会公众这三类非政府主体参与自然保护地治理中的权责制度设计。在每类主体参与自然保护地治理权责规范制度论述中，参考"良好治理原则"，结合前述归纳的环境共同治理的特征、定位以及

---

① 奈杰尔·达德利主编：《IUCN 自然保护地管理分类应用指南》，朱春全、欧阳志云等译，中国林业出版社 2016 年版，第 56—57 页。费耶阿本德、达德利、杰格等编著：《IUCN 自然保护地治理——从理解到行动》，朱春全、李叶、赵云涛等译，中国林业出版社 2016 年版，第 92—94 页。

地方立法实践探索，以国家林业和草原局 2022 年 8 月公开征求意见的《国家公园法（草案）》（征求意见稿）和《自然保护区条例（修订草案）》（征求意见稿）等实体立法为载体与对象，有针对性地提出构建自然保护地共同治理机制的具体建议。

二、自然保护地共同治理的体系定位及其适用范围

IUCN 通过总结自然保护地治理实践，区分政府治理、共同治理、公益治理和社区治理四种治理类型，均可与《指导意见》基于管理目标和效能确定的国家公园、自然保护区和自然公园三类自然保护地类型相关联，这为实现我国自然保护地治理目标提供了制度空间。为此，应当厘清共同治理机制在我国自然保护地管理与保护中的体系定位与适用范围。

（一）共同治理在自然保护地治理体系中的定位

《指导意见》将共同治理等方式界定为分级行使自然保护地管理职责的具体实施机制，回应并强调了以政府为主导的自然保护地治理原则。自然保护地政府治理是政府直接、单独负责对保护地的管理，保护地立法也通常基于这一模式来界定政府管理自然保护地的权力、义务和责任，政府对保护地的保护目标与管理计划单独地享有决策权和执行权。[①] 近年来，从地方到全球，社会和生态发生了前所未有的变化，对自然保护地功能和服务的需要也随之改变，自然保护地治理日益复杂，需要用创新的方法来管理和保护保护地。

《指导意见》将"自然保护地"的内涵界定为："自然保护地是由各级政府依法划定或确认，对重要的自然生态系统、自然遗迹、自然景观及其所承载的自然资源、生态功能和文化价值实施长期保护的陆域或海域。"据此，有效的治理机制应当在以下两方面回应自然保护地的客观需要：第一，与单一环境要素或具体自然资源不同，自然保护地是一个生态区域，"自然保护地"是一个整体性空间概念，自然保护地治理应当充分考虑区域内部生态系统的关联性、完整性，以系统观、整体观回应其治理需求；第二，自然保护地除了具有生态

---

① 费耶阿本德、达德利、杰格等编著：《IUCN 自然保护地治理——从理解到行动》，朱春全、李叶、赵云涛等译，中国林业出版社 2016 年版，第 46 页。

价值，能够提供生态服务和维护国家生态安全外，还兼具文化价值等功能，自然保护地治理应当综合考虑自然保护地在科研、教育、休闲娱乐等具体领域的多重价值发挥。

政府自然保护地管理机构在专业能力、职责分配、执法资源配置等方面难以契合自然保护地管理中的多元现实需求。[①] 社区治理、公益治理以及共同治理均为克服政府治理模式不足而探索的新型治理机制，为私主体在自然保护地治理中拥有一定内容的权责、发挥主体性功能提供了制度空间。其中，社区治理的自然保护地由相关原住民或地方社区作为集体共有财产进行管理。公益治理也称私人治理，此种类型下的自然保护地由个人、合作社、非政府组织或公司控制和/或所有，以营利性或非营利性的方式实施管理。[②] 二者均主要由私主体享有决定权与所有权（或管理权）。

自然保护地共同治理是调动和整合相关治理资源的"最有效方法之一"。[③] 在治理主体层面，共同治理涉及两个或两个以上权利持有方和利益相关方在保护地治理上的合作，由众多赋权的政府或非政府部门之间实现管理权力和责任的分享，[④] 与环境共同治理机制的内涵相通。因此，共同治理既与由政府单独拥有实质性决策权力的政府治理不同，也与由私主体享有所有及管理权能、承担相应责任的公益治理存在差异，还与将主要治理主体限定为原住民或/和地方社区的社区治理明显不同，它是前述三种类型组合而形成的一种动态合作序列。[⑤] IUCN承认的四种自然保护地治理类型实际上就是一组动态的治理体系。

---

① 刘超：《国家公园体制建设中环境私人治理机制的构建》，《中州学刊》2021年第4期。

② 巴巴拉·劳瑁：《保护地立法指南》，王曦、卢锟、唐瑭译，法律出版社2016年版，第101页。

③ 2003年，第五届世界自然保护联盟世界公园大会（IUCN-WPC）要求增加共同治理（co-managed governance or shared governance）作为实现保育目标的应用手段，共同治理因充分利用了由原住民、流动和地方社区、地方政府、非政府组织、资源利用者以及私营部门自行支配的重要财产以及各种保育相关的知识、技能、资源和制度，被大会强调为"调动……保育相关资源最有效的方法之一"。参见巴巴拉·劳瑁：《保护地立法指南》，第104页。

④ 奈杰尔·达德利主编：《IUCN自然保护地管理分类应用指南》，朱春全、欧阳志云等译，中国林业出版社2016年版，第52—53页。

⑤ 奈杰尔·达德利主编：《IUCN自然保护地管理分类应用指南》，朱春全、欧阳志云等译，中国林业出版社2016年版，第92页。

首先，实践中自然保护地的设立及当前适用的现行治理模式，均是历史、文化等因素以及地方政府、社区等组织机构相关作用的产物，有相应的立法或规则支撑保障。其次，不同主体以不同方式参与保护地治理，为应对快速变化的生态环境和社会环境，及其对自然保护地不断变化的需求，自然保护地治理体系有待更新甚至重构，以形成更加稳固、适应力强、可持续的动态治理体系结构。从这一功能主义角度考虑，自然保护地治理体系仍应当以传统政府治理机制为主导，以共同治理为代表的新型治理机制为辅助和补足，结合实践中的具体情况择优或组合应用。①

（二）自然保护地共同治理的适用范围和治理主体

我国自然资源权利制度基础，以及自然保护地的全民公益性特征，决定了政府主导原则的正当性，也使共同治理机制区别于主要由私主体参与决策或执行的社区治理与公益治理，成为实践中可以且有必要得到广泛适用的自然保护地治理机制。

《指导意见》部署的自然保护地体系建设，实质是一个按照新型标准体系重构既有分散设立、名称各异的自然保护地和设置新型自然保护地的系统工程。我国60多年来陆续建立各级各类自然保护地1.18万处，占国土陆域面积的18%，领海面积的4.6%，陆域自然保护地在数量和面积上占有绝大多数，以此为基础，未来的自然保护地体系中陆域自然保护地也会占据多数。② 陆域自然保护地依附于土地，根据我国《宪法》和《民法典》的制度安排，土地所有权类型包括国家所有权和集体所有权。其中，国家所有土地上的自然保护地

---

① 例如，面积广阔、历史情况复杂的自然保护地，其中包含的小范围独特自然保护地仍有可能适用共同治理、公益治理或者社区治理等多种类型。并且，治理类型的配置可能随时间的推移而变化，如始于政府治理等独管模式的自然保护地，在下一阶段也可以根据具体需要改变为其他治理模式。参见沈兴兴、曾贤刚：《世界自然保护地治理模式发展趋势及启示》，《世界林业研究》2015年第5期。奈杰尔·达德利主编：《IUCN自然保护地管理分类应用指南》，朱春全、欧阳志云等译，中国林业出版社2016年版，第55页。

② 以国家公园为例，国家林草局、财政部、自然资源部、生态环境部2022年底联合印发《国家公园空间布局方案》，遴选出49个国家公园候选区（含正式设立的5个国家公园），总面积约110万平方公里，其中陆域面积约99万平方公里、海域面积约11万平方公里。

不具备"公益治理"的基本前提，①且原住居民尚不具备决策和执行自然保护地治理相关事宜的能力，需要政府加以引导和指导，可通过探索特许经营制度、引入志愿服务机制等途径参与自然保护地的治理。建设于集体所有土地上的自然保护地在实践中占有较大比例和面积，但由各级政府依法划定或确认，政府不可避免地成为治理机制中的一方，在政府相对强势的主导下，较难适用发挥社区（农村集体）在保护地管理共同主导或主要主导作用的社区治理模式。集体所有土地的所有权人、使用权人均为非政府主体，对划入各类自然保护地内的集体所有土地及其附属资源，农村集体、集体成员或相关权利主体可以就自然保护地管理目标的确定、接受何种补偿或激励措施等权利义务内容，与政府充分协商后共同做出决策、签订协议、共享收益。②

此外，实践中已经有多元主体共同参与自然保护地治理的经验。如《西安市秦岭北麓生态环境保护地域网格化管理实施办法》构建的四级网格化管理平台，其主体包括政府、当地社区和企事业单位三类，市、县（区）、镇（街）、村（居）委会四级，当地居民和志愿者等作为网格员实质参与巡查检查等网格化管理，同时通过公示栏公开网格长及网格员联系方式及巡查内容等有关信息，为公众搭建举报监督平台，形成了"政府领导＋行业牵头＋区域负责＋社会协同＋公众参与"的网格化管理格局。可见，公益治理和社区治理在我国当前的自然保护地治理中适用范围和程度均较为有限。共同治理的适用因不受土地所有权类型和自然保护地类型的限制，相对而言具备更坚实的实践基础、更充分的政策空间和更优越的制度环境，可以进一步形成稳定机制以推广适用。

自然保护地共同治理中的治理主体为权利持有方和利益相关方，前者主要指那些享有土地、水或其他自然资源使用权等合法权利的主体，后者是对土地、水和自然资源持有直接或间接利益和关注，但不一定享有法律或社会赋予

---

① 《指导意见》中提出的探索的"公益治理"是从世界自然保护联盟（IUCN）指南中直接移植的"舶来品"，指称私人主体自愿将其所有或控制的土地设置为"私有自然保护地"并负责管理。具体分析参见刘超：《自然保护地公益治理机制研析》，《中国人口·资源与环境》2021年第1期。

② 《国家公园法（草案）》（征求意见稿）第23条第3款规定："国家公园范围内集体所有土地及其附属资源，按照依法、自愿、有偿的原则，通过租赁、置换、赎买、协议保护等方式，由国家公园管理机构实施统一管理。"

其的权利的主体。① 具体而言，除政府以外，共同治理机制中的非政府角色主要包括三类：（1）土地等自然资源相关权利人。包括直接或间接依赖自然保护地内土地及其他自然资源的原住居民和当地社区（农村集体），自然保护地范围内土地等各类自然资源所有权人、用益物权人，从划入自然保护地的土地上被迫搬迁的居民，或被迫移居到自然保护地区域内的居民。（2）市场主体。包括特许经营市场主体、对自然保护地及其范围内的自然资源有开发利用意向的企业等。（3）有关社会组织和公众。包括关注自然保护地治理的公共基金、私人基金和捐赠方；前来休闲游憩的访客和游客；关注自然保护地和生态环境保护的民间社会组织、机构和个人；以利用或研究为主要目的的行业科研机构、高等院校、社会团体和个人。② 这些非政府实体一旦获得作为治理主体的合法地位，通过立法明确不同类型主体的作用、权利与相应的义务和责任，将有利于合理配置资源和权责，减少内部冲突，共同治理机制将得到更多的信任和更好的实施。

三、我国自然保护地共同治理的机制构造

我国当前设立的自然保护地大多由政府直接决策并实施，政府长期占据绝对主导地位，社会与市场力量参与不足，这是我国自然保护地体制改革亟待解决的核心问题之一，是《指导意见》提出探索共同治理等新型机制的重要原因。

（一）建构我国自然保护地原住居民参与治理的规范体系

我国自然保护地范围内的原住居民多以附着于土地上的各种类型自然资源为主要生产生活方式的载体，人地关系紧密，使得当地社区和原住居民成为自然保护地治理中的核心利益相关者，其权利体系的内容构造与保护地的规划、建设、运营等全过程紧密相关。因此，原住居民及社区参与保护地治理是共同

---

① 费耶阿本德、达德利、杰格等编著：《IUCN 自然保护地治理——从理解到行动》，朱春全、李叶、赵云涛等译，中国林业出版社 2016 年版，第 23 页。

② 费耶阿本德、达德利、杰格等编著：《IUCN 自然保护地治理——从理解到行动》，朱春全、李叶、赵云涛等译，中国林业出版社 2016 年版，第 29—30 页。

治理理念的应有之义。目前，我国自然保护地相关立法已经对原住居民参与保护地治理的相关权利内容有所关注和规定，初步建立了有原住居民参与的共同治理机制。

第一，建立生态管护制度。《三江源国家公园条例》《海南热带雨林国家公园条例（试行）》《神农架国家公园保护条例》《武夷山国家公园条例（试行）》等纷纷建立了生态管护制度，设置生态管护公益岗位，优先聘用国家公园内符合条件的居民，协助国家公园管理机构对生态环境进行日常巡护和保护，报告并制止破坏生态环境的行为，监督保护措施执行情况。《三江源国家公园条例》《神农架国家公园保护条例》还进一步明确了管护补助与责任、考核与奖惩、劳动报酬与绩效奖励相结合的管理机制。

第二，通过签订合作保护协议等共同治理方式实现原住居民对保护地保护和管理的参与。《海南热带雨林国家公园条例（试行）》《神农架国家公园保护条例》规定，国家公园管理机构可以与周边社区或乡镇人民政府、村（居）民委员会等通过签订合作保护协议等方式，共同开展自然资源保护工作，保护国家公园周边自然资源。《云南省国家公园管理条例》《武夷山国家公园条例（试行）》明确县级以上人民政府应当通过采取建立社区共管共建机制等方式，鼓励和引导当地社区居民参与国家公园的保护和管理。

第三，鼓励原住居民通过从事特许经营活动参与共同治理。《海南热带雨林国家公园特许经营管理办法》规定，原住居民利用享有所有权或使用权的房屋开展餐饮、住宿等经营服务活动，可以不通过竞争方式确定特许经营者，可以免收或减收特许经营使用费。对于企业等其他类型的特许经营市场主体，鼓励其通过向原住居民分享特许经营收益、聘用原住居民等方式，促进居民增收。

通过梳理发现，我国自然保护地原住居民权利规范整体呈现规定位阶较低、上位法律法规条文简单粗略等特征。原住居民参与治理的权利内容多体现在地方性法规或地方政府规章中，而上位法中，不论是现行《自然保护区条例》还是经过修订的《自然保护区条例（修订草案）》（征求意见稿），仅对妥善安置确有必要迁出的原住居民以及开展必要居民生产生活活动等基本权利作宣示性规范，缺乏对居民参与保护地治理的机制保障。《国家公园法（草案）》（征求意见稿）在上述权利的基础上，对生态管护制度和原住居民的特许经营权进行了概括性规定，虽然有一定的改善，仍存在亟待完善的空间，既未将地方立法中相对成熟且普遍适用的立法经验上升到国家层面立法中予以确认；也对原住居民参与治理的权利应当通过何种方式、措施或者手段予以实施以及保障缺乏相应规定，不利于行政法规和地方保护地立法在接下来的修改或修订中明确、具化原住居民治理权利的实施机制。

为矫正现行机制不足，在《自然保护区条例》修订和《自然保护地法》《国家公园法》立法过程中，应当建构自然保护地原住居民参与治理的规范体系：（1）《自然保护地法》等立法明确原住居民参与治理的实质权利内容，通过在管理机构中吸收一定比例的原住居民代表等方式，确保原住居民能够参与享有对自然保护地保护和管理中各个必要环节的决策权、协商权、监督权。一方面，允许原住居民对影响其权益的决策事项发表意见、提出建议，并规定其权利主张及诉求应当得到充分讨论和平衡；另一方面，自然保护地管理机构及当地人民政府的保护地监管工作应当受到原住居民及社区的监督。（2）《自然保护地法》等立法应当鼓励原住居民或社区与政府机构以签订协议或合同为载体，建立共同治理机制。其中，共管协议应当明确各方治理主体的权责内容及边界等，作为原住居民或社区主张实现权利或申请权利救济的主要依据。在实现自然保护地中集体所有土地变为全民所有之前，暂不改变集体所有性质的自然保护地土地权利主体，可以采取签订地役权合同的方式，通过限制原住居民对集体所有土地利用的方式，从消极层面上实现一定程度上的自然保护地治理，同样地，合同中应当明确地役权人的权利和供役地人的义务、补偿方式以及救济路径等内容，[①] 以此促进公私主体以平等合作的身份参与自然保护地的共同治理。（3）应当适当明确由原住居民享有的特许经营权的种类、期限、经济利益分享范围与方式，以及特许经营权行使原则等，使地方立法可根据国家立法的原则性规定结合区域特点制定具体规则。

（二）完善私人主体参与自然保护地治理的制度通道

在我国长期以来的生态环境治理和既有的自然保护地体系建设、管理与保护中，企业、公民等私人主体主要以被管理者、协助者等身份参与其中。自然

---

① 冯令泽南：《自然保护地役权制度构建——以国家公园对集体土地权利限制的需求为视角》，《河北法学》2022年第8期。

保护地共同治理意指企业、公民个人等私人主体作为自然保护地多中心治理中的一极，强调私人主体参与自然保护地治理的法制化和组织性，[①] 这就要求私人主体参与自然保护地治理必须有明确完善的制度通道，该制度通道可依托自然保护地特许经营制度。《海南热带雨林国家公园特许经营管理办法》规定，国家公园特许经营是指"国家公园管理机构依法授权公民、法人或者其他组织在一定期限和范围内开展经营活动，特许经营者依照特许经营协议和有关规定履行相关义务的行为"。特许经营制度是结合市场机制与行政监管的特殊共同治理机制，[②] 是公民、企业或者其他组织等私主体以主体身份参与自然保护地共同治理的重要制度通道。

现行多部自然保护地立法和政策文件开始重视特许经营制度。在政策层面，自然保护地政策文件均重视部署和规划特许经营制度，比如，《总体方案》提出了完善特许经营制度体系的要求和目标，要求制定相关法律法规使特许经营管理者、经营者以及消费者在特许经营活动中都有法可依。在立法层面，既有的中央立法主要是《风景名胜区条例》（2016 年）对经营项目、特许经营者的确定方式等内容进行初步规定，真正开始重视针对性制度探索的是我国开始国家公园体制改革试点后的地方立法。《云南省国家公园管理条例》明确了特许经营的方式、程序和具体要求；《三江源国家公园条例》明确特许经营收入仅限用于生态保护和民生改善；《武夷山国家公园条例（试行）》确定了不纳入国家公园特许经营范围的项目等，并制定了《武夷山国家公园特许经营管理暂行办法》。

虽然我国自然保护地政策体系均提出了完善特许经营制度的系统规划和明确要求，一些地方立法也进行了针对性的制度创新与实践，总体而言，作为一项保障企业、公民等私人主体参与自然保护地共同治理的制度设计，当前自然保护地立法体系对特许经营制度的体系化、机制化设计尚存较大完善空间：（1）制度内容不明确。《国家公园法（草案）》（征求意见稿）仅在第 45 条规定了特许经营者的选择方式，明确通过签订特许经营协议的形式建立合作关

---

① 刘超：《环境私人治理的核心要素与机制再造》，《湖南师范大学社会科学学报》2021 年第 2 期。

② 刘翔宇、谢屹、杨桂红：《美国国家公园特许经营制度分析与启示》，《世界林业研究》2018 年第 5 期。

系。然而，由于国家公园特许经营中私主体还承担部分公共行政责任，特许经营协议的法律性质始终存在较大争议，如何保障协议的履行、保护私主体的合法权益不受侵害，以及具体救济路径等内容的缺失，将大大降低私主体通过特许经营活动参与保护地共同治理的主动性与积极性。（2）试点制度有冲突。国家公园体制试点的重要任务是为国家体制改革和制度建设提炼经验做法和共性制度积极试点探索。虽然试点地区均重视在地方立法中规定特许经营制度，但不同试点地区制定了标准不一的特许经营制度规范，对于公益性项目是否纳入特许经营范围等问题，在不同国家公园立法中做法不同，亟待通过国家立法统一规范相关程序和标准。（3）制度效力有待强化。实践中较为普遍地存在经营主体分散、范围有限等不足，部分地方政府和管理机构仍然直接或间接参与经营，导致职能混淆，现行规定不明确既不利于发挥公权力主体的监督管理职能，也限缩了有竞争力的市场主体参与共同治理的空间。对于私人主体而言，其追求经济利益的实质目的容易与保护生态环境公共利益产生矛盾，从而影响治理效能，这还需进一步通过制度保障规范其经营行为。

完善的特许经营机制能为私主体参与自然保护地共同治理提供制度保障和激励。《国家公园法》等国家层面立法应当明确特许经营的原则和目标，划定特许经营的范围，明确合同履行机制及可供协议主体选择的法律救济途径，在此基础上，鼓励不同类型不同地区的自然保护地分别制定符合自身客观情况的项目清单。法律和行政法规中还需规定合同期限的合理区间、特许经营准入门槛、特许经营权转让原则及其程序规范，为地方立法细化特许经营审批、运行规范及配套保障机制等制度设计提供参考依据。

（三）健全公众参与自然保护地共同治理的法律机制

治理理论框架下的自然保护地公众参与相较于传统行政法意义上的程序参与而言，更强调全面的实质参与。为此，在我国尚未形成自然保护地稳定的共同治理机制时，有必要将公众参与保护地共同治理确立为刚性制度。赋权公众对相关立法或具体保护地治理决策制定、治理行为和治理评估实质性介入，增强政府和公众的互动性，成为保护地治理转型的重要突破口。[①]

---

① 杜辉：《环境公共治理与环境法的更新》，中国社会科学出版社 2018 年版，第 177 页。

各国家公园地方立法初步建立了社会主体参与的共同治理机制，归纳如下：（1）多部地方性法规明确保障社会公众的知情权、参与权、监督权，《三江源国家公园条例》还规定了征求公众意见的形式，要求国家公园规划以及技术规范和标准等，应当及时向社会公布，接受社会监督，通过座谈、听证等公开形式，征求社会公众意见。（2）建立志愿者服务制度。《海南热带雨林国家公园条例（试行）》第 35 条规定"制定志愿者招募与准入、教育培训、管理与激励的相关政策和措施，鼓励和支持志愿者、志愿服务组织参与海南热带雨林国家公园的生态保护、解说教育、科普宣传等志愿服务工作"。《云南省国家公园管理条例》也明确鼓励和支持公民、法人和其他组织以志愿服务等形式参与国家公园的保护、科学研究、科普教育等活动，为社会公众参与国家公园保护与治理提供了有效渠道。（3）明确社会监督的具体机制。《三江源国家公园条例》等地方立法强调任何单位（组织）和个人均有保护生态环境、自然资源和人文资源的义务，以及制止、举报和投诉破坏行为的权利；《海南热带雨林国家公园条例（试行）》进一步规定了举报和投诉的处理主体及相应职责，即"国家公园管理机构或者海南热带雨林国家公园所在地市、县、自治县人民政府及其有关部门应当按照各自职责受理举报、投诉事项，及时依法处理"。

上述规定总体而言尚处于宣示层面，公众仍然缺乏实质参与自然保护地治理的常态化机制。公众作为治理主体参与自然保护地建设的决策、运行、监督，是自然保护地全民共享性和社会公益性的内在要求和外在体现。"社会参与"即使已经取得了一定进步，如通过专章形式规定于多部国家公园地方立法中，在实践中仍是自然保护地治理的薄弱环节，主要表现在这种"参与"长期停留于科普教育与宣传等表面环节，《国家公园法（草案）》（征求意见稿）仍然对保障公众的知情权、参与权和监督权作宣示性规范，至今未取得明确保障机制的突破性进展；规定了"公众服务"专章强调国家公园的公众服务功能，即仍然将公众作为"对象"而非"主体"，缺乏相对固定的工作机制让社会公众力量实质介入保护地治理的主要环节。

沟通协商机制可以减弱公众与政府、专家之间因认识差异造成的信息不对称，缓解公众、企业、社会组织对政府的不信任情绪，还可以通过社会组织的参与实现专业知识和信息的优势互补；利益协调机制可以在公私利益博弈和发生冲突时，从共同目标和利益契合点出发，明确和重申共同利益，不断扩大共识、消弭分歧，充分尊重、回应和尽量满足公众的合法①因此，除了将地方立法中具有合理性的创新性内容上升规定于国家立法之外，还有必要在《自然保护地法》《国家公园法》等法律体系中探索建立公众实质参与共同治理的沟通协商和利益协调机制：（1）构建沟通协商机制，建议公众代表与国家林业和草原局（国家公园管理局）、自然资源部、生态环境部及相应的地方管理机构、专家顾问、当地居民、社区代表、行业协会和公益组织共同性、常态化地就自然保护地治理重要事项进行议事决策的工作机制进入相关立法。由于相关治理主体较多，条件允许的情况下，还可以借鉴美国国家荒野风景河流体系（NWSRS）成立协调管理委员会（IWSRCC）作为协调、沟通的管理组织，并以召开定期会议为主要工作机制的做法，保障公众和社会组织的参与，加强不同主体之间的信任，促进多元主体之间的友好协商与平等合作。②（2）利益协调机制则应当充分吸收公众参与治理决策的意见建议，并对是否采纳及具体理由作出反馈，保障公众利益诉求的及时、顺畅表达，为公众实质参与保护地治理提供机制性保障，以此为自然保护地上多方权利主体表达利益诉求提供制度保障，同时为行政法规规章和地方立法具化相关细则提供立法空间。

结　语

《指导意见》中提出的探索自然保护地共同治理机制，对于建立以国家公园为主体的自然保护地体系的需求而言，不仅可行，而且必要。"共同治理"作为一种新型社会治理理念与治理模式，从理论到实践均有较为丰富的基础和历史，逐渐在具有专业性、复杂性特征的环境治理领域，以公私主体合作互动为主要方向得到了广泛应用。以国家公园为主体的自然保护地体系建设具有突出的公共服务功能和社会公益性，这一属性决定了自然保护地的有效治理离不开多元主体的实质参与，以填补传统政府治理模式的局限性。考察我国自然保护地共同治理的现状，目前主要面临着缺乏保障多元主体有效参与共同治理的

---

① 王帆宇：《生态环境合作治理：生发逻辑、主体权责和实现机制》，《中国矿业大学学报》（社会科学版）2021 年第 3 期。

② 李鹏等：《自然保护地非完全中央集权政府治理模式研究——以美国荒野风景河流体系为例》，《北京林业大学学报》（社会科学版）2019 年第 1 期。

法律机制困境，应当以明确其在治理体系中的定位为前提，注重非政府角色在保护地治理中的功能发挥，以完善多元利益相关主体参与治理的制度和机制保障为主要目标，实现自然保护地共同治理机制的法制化、稳固性和结构化，促进自然保护地设立和治理目标的实现。

（选自《东南学术》2023 年第 5 期）

PPP 模式下跨区域生态环境
合作治理网络研究

◎杨小虎　魏淑艳*

党的十八大以来，国家对于生态环境治理的关注度不断提高，尤其对于区域生态环境治理，因其作为一项系统性工程，同时涉及不同区域间的地方政府，很难通过单一主体采取措施达到有效治理。① 通过不断的治理实践，我国政府逐渐摒弃了基于行政区划治理边界的各地方政府彼此分离的"碎片化"治理模式，倡导跨区域之间的合作治理。

面对不断产生的新的生态环境问题，以及解决新时代社会主要矛盾的需要，中央和地方政府逐步出台了加强区域生态环境保护的制度与法规。2010年，环境保护部与国家发改委等 10 部委联合发布《关于推进大气污染联防联控工作改善区域空气质量的指导意见》，标志着区域生态环境合作治理进入常态化。2020 年，党的十九届五中全会通过了《中共中央关于制定国民经济和社会发展第十四个五年规划和二〇三五年远景目标的建议》，强调要"推动绿色发展，促进人与自然和谐共生。深入实施可持续发展战略，完善生态文明领域统筹协调机制，构建生态文明体系，促进经济社会发展全面绿色转型，建设人与自然和谐共生的现代化"，② 为跨区域生态环境合作治理提供了方向性的

---

　　* 作者简介：杨小虎，东北大学文法学院博士研究生；魏淑艳，管理学博士，东北大学文法学院教授、博士生导师。

　　① 毛春梅、曹新富：《大气污染的跨域协同治理研究——以长三角区域为例》，《河海大学学报》（哲学社会科学版）2016 年第 5 期。

　　② 《中共中央关于制定国民经济和社会发展第十四个五年规划和二〇三五年远景目标的建议》，《人民日报》2020 年 11 月 4 日。

指导。但在关注制度进步的同时，还需对具体的实践过程进行追踪，尤其要对跨区域生态环境治理的合作网络进行研究，探究其背后的生成逻辑与演化路径。为此，本文拟就跨区域生态环境治理的合作网络进行探析，重点考察治理主体的结构以及对不同区域政府在合作网络中的地位及影响度进行实证研究。

一、文献回顾：跨区域生态环境合作治理

得益于治理理论在不同场景的应用，区域治理的概念应运而生。区域治理即区域各行动主体之间通过协商、谈判等形式就区域的具体事务展开行动，以实现公共利益的过程。[①] 国外学者对区域治理的研究较早，基于实践先后提出了大都市政府理论、公共选择理论、新区域化理论和再区域化理论四种范式。[②] 国内学者在借鉴西方研究的基础上，结合中国城市发展的具体实际，进一步提出了中国特色的区域治理理论，这一理论由最先的区域公共行政向区域公共管理转变，进而又向着区域治理的"增量"进行转变。[③]

对于跨区域生态环境协同治理理论的研究，协同治理的合作基础聚焦于区域政府间的有效协同，重点探求合作网络的基本演化形式以及内部结构的属性和特征。新区域主义理论的研究视角将问题清晰地定位为治理，而不是具体结构，并由此建立跨区域生态环境治理的模式与网络。[④] 多中心治理理论为促进政府与企业建立合作网络提供了依据。[⑤] 集体行动理论认为，赋予社会监督地方政府的权力是建立合作网络的基础。[⑥] 跨区域生态环境治理也可将其看作共

---

① 孙涛、温雪梅：《动态演化视角下区域环境治理的府际合作网络研究——以京津冀大气治理为例》，《中国行政管理》2018 年第 5 期。

② 曾媛媛、施雪华：《国外城市区域治理的理论、模式及其对中国的启示》，《学术界》2013 年第 6 期。

③ 陈瑞莲、杨爱平：《从区域公共管理到区域治理研究：历史的转型》，《南开学报》（哲学社会科学版）2012 年第 2 期。

④ 向延平、陈友莲：《跨界环境污染区域共同治理框架研究——新区域主义的分析视角》，《吉首大学学报》（社会科学版）2016 年第 3 期。

⑤ 肖建华、邓集文：《多中心合作治理：环境公共管理的发展方向》，《林业经济问题》2007 年第 1 期。

⑥ 张振华：《"宏观"集体行动理论视野下的跨界流域合作——以漳河为个案》，《南开学报》（哲学社会科学版）2014 年第 2 期。

生行为的产生，在共生理论的指导下建立一体化共生网络，形成对称性互惠共生的理想局面。① 协同学理论认为，通过协同过程中的序参量进而构建跨区域生态环境治理的合作网络是实现府际合作的基础。②

随着理论研究的逐渐成熟，研究者开始就如何进行区域生态环境协同治理实践展开研究，主要集中于四个方面的内容：一是如何实现区域生态环境协同治理。有学者提出从生态环境治理过程所展现出的显性和隐性两方面因素入手，通过优势结合实现区域生态环境协同治理。③ 亦有学者认为要加强政府—市场—民众之间的协同体系，构建不同区域政府间的协作网络。④ 二是分析区域生态环境协同治理的困境。当前区域生态环境协同治理的困境包括"脱域"生态危机、⑤ 协同过程缺乏制度性规范以及组织化程度较低、⑥ 难以监管以及效果容易反弹的困境。⑦ 三是探讨区域生态环境协同治理的参与主体。研究者提出政府要加大社会资本投入，优化资源有效配置，完善社会监管，进而更好地发挥服务功能。⑧ 同时政府应该广泛吸纳生态环境治理利益相关者建立合作联盟，共同开展区域生态环境问题的协同治理。⑨ 四是对国外区域生态环境协同治理经验的借鉴。有学者通过总结国外的经验，提炼其核心要素，将其运用

---

① 陈剑锋：《生态立省：江西绿色发展战略的新选择》，《求实》2009 年第 5 期。

② 毛春梅、曹新富：《区域环境府际合作治理的实现机制》，《河海大学学报》（哲学社会科学版）2021 年第 1 期。

③ 曹姣星：《生态环境协同治理的行为逻辑与实现机理》，《环境与可持续发展》2015 年第 2 期。

④ 王喆、周凌一：《京津冀生态环境协同治理研究——基于体制机制视角探讨》，《经济与管理研究》2015 年第 7 期。

⑤ 金太军、唐玉青：《区域生态府际合作治理困境及其消解》，《南京师大学报》（社会科学版）2011 年第 5 期。

⑥ 李永亮：《"新常态"视阈下府际协同治理雾霾的困境与出路》，《中国行政管理》2015 年第 9 期。

⑦ 胡中华、周振新：《区域环境治理：从运动式协作到常态化协同》，《中国人口·资源与环境》2021 年第 3 期。

⑧ Lockwood, MichaelGood, "Governance for terrestrial protected areas: A framework, principles and performance outcomes", *Journal of environmental management*, 2010, 91 (3), pp. 754-766.

⑨ Shaun Bowler, "Enraged or Engaged? Preferences for Direct Citizen Participation in Affluent Democracies", *Political Research Quarterly*, 2007, 60 (3), pp. 351-362.

到中国的具体实践中，有效地化解了中国区域生态环境协同治理的困境。①

综合上述研究可以发现，学界对于跨区域生态环境协同治理的研究遵循理论到实践的逻辑进路，在理论的指导下通过具体实践形成跨区域生态环境治理合作网络。然而，无论是从府际协同视角或多中心与新区域主义等视角切入，都未将政府与社会资本合作（PPP）纳入研究范畴。但大量实践证明，跨区域生态环境治理中，社会资本发挥着不可替代的作用，因此有必要对政府与社会资本的合作展开研究。鉴于此，本文以政府与社会资本合作（PPP）为研究切入点，通过社会网络分析方法进行量化研究，并对在此基础上构建的跨区域生态环境治理的合作网络进行进一步分析。

二、理论基础与研究框架

（一）理论基础：社会资本理论

帕特南将社会资本定义为处于社会网络中的社会组织所展现出的特征，这些特征表现为信任、规范等社会资源，社会组织和个人可以通过合作来提高工作效率。其社会资本理论包含三个方面的核心内容，即社会信任、互惠规范以及个体参与网络。社会信任水平越高，合作越可能达成；互惠规范可以对合作双方的行为进行约束，解决集体行动的困境。个体参与的网络越发达，则为共同目标合作的可能性越大。② 帕特南的社会资本理论为生态环境治理研究提供了新的理论视角。

后续研究者进一步将社会资本总结为三个维度，即结构、关系和认知。③结构社会资本以社会网络特征的形式进行了概念化（中心性、密度、规模、频率等），同时对关系、信任程度以及互动的力量进行了描述。关系社会资本描

① 金太军：《论区域生态治理的中国挑战与西方经验》，《国外社会科学》2015 年第 5 期。

② 罗伯特·帕特南：《使民主运转起来》，王列、赖海榕译，中国人民大学出版社 2015 年版，第 197—204 页。

③ Janine Nahapiet，Sumantra Ghoshal，"Social Capital，Intellectual Capital，and the Organizational Advantage"，*The Academy of Management Review*，1998，23（2），pp. 242-266.

述人们通过互动历史发展起来的个人关系，侧重于关系或互动的深度和质量，以及通过关系形成的可利用资源。其特点是信任、可信、尊重和友谊。信任关系能够促成协作行为，通过促进协调行动提高社会效率。[①] 认知社会资本源于心理过程，包括规范、价值观、信任和态度。[②] 同时，基于共同规范和集体价值观发展的网络关系可能比没有共同规范的关系更牢固、更持久。[③]

本研究的目的在于通过政府与社会资本合作视角构建跨区域生态环境合作治理网络并进行深入分析。因此，本文把社会资本的概念定义为狭义层面，即企业投资。政府与社会资本的合作需要建立在信任的基础上，并且在集体主义与社会关系的约束下遵从群体的规范和价值观。[④] 本文以结构社会资本的观点为指导，以联系模式、行动者身份以及在社会网络中的地位为重点，进而通过社会网络分析以中心性、密度、规模和频率的形式进行概念化分析。

（二）研究框架：PPP 模式下跨区域生态环境合作治理

PPP（Public-Private-Partnership）模式即政府与社会资本合作，也可称其为公私合作伙伴关系。我国对于 PPP 模式的定义由国家发改委提出，主要是指政府为增强公共产品和服务供给能力，提高供给效率，通过特许经营、购买服务、股权合作等方式，与社会资本建立的利益共享、风险分担及长期合作关系。[⑤]

传统方式的生态环境治理存在着资金投入不足、投资渠道单一以及效率低

---

① Kevin F. F，Quigley，"Making democracy work：Civic traditions in modern Italy"，*Orbis*，1996，40（2），pp. 333-341.

② Frank W，Young，"Putnam's Challenge to Community Sociology：Bowling Alone：The Collapseand Revival of American Community"，byRobert D，*Rural Sociology*，2001，66（3），p. 468.

③ Peter Moran，"Structuralvs. relational embeddedness：social capital and managerial performance"，*Strategic Management Journal*，2005，26（12），pp. 1129-1151.

④ Amoako Gyampah Kwasi，Acquaah Moses，Adaku Ebenezer，Famiyeh Samuel，"Social capital and project management success in a developing country environment：Mediating role of knowledge management"，*Africa Journal of Management*，2021，7（3），pp. 339-374.

⑤ 国家发改委：《国家发展改革委关于开展政府和社会资本合作的指导意见》，2014年 12 月 2 日，http：//www. gov. cn/zhengce/2016-05/22/content _ 5075602. htm.

下等问题。然而现实情况下，区域生态环境治理需要大量资金投入，而社会资本则苦于寻找投资路径。[①] 因此，建立跨区域生态环境合作治理的 PPP 模式框架就显得尤为重要。将 PPP 模式引入跨区域生态环境治理具有三方面重要意义：首先，PPP 模式能够极大地减轻政府的财政压力。[②] 其次，PPP 模式能够有效地规避风险，项目的运行过程不会脱离政府监管，很大程度上保证跨区域生态环境治理的效果。最后，PPP 模式能够实现各区域间的协调发展。综上所述，PPP 模式是有效实现政府—企业—公民三方共赢生态环境综合治理的途径。截至目前，在财政部 PPP 信息平台上，31 个省（区、市）在生态环境治理方面共建立 955 项 PPP 项目，这些项目中，社会资本的投资发挥了主导作用，推动着生态环境治理项目的运行。

借鉴已有研究，[③] 为实现 PPP 模式在跨区域生态环境合作治理中的应用，需要建立一个有效的机制框架（见图 1）。从图中可以看到，在新的社会主要矛盾的驱动下，政府开始寻求与社会资本合作来共同进行生态环境治理。政府通过制定相对应的政策法规为双方的合作建立提供法治保障，双方可以相互监督约束。另外，为促进社会资本注入，政府通过降低企业投资的市场准入门槛，以及提供本区域优势资源吸引外来企业进入本区域投资发展，政府再通过合同外包、运营补贴及项目付费的方式寻求与企业共同合作治理本区域的生态环境。从治理主体上可以看到，区域间的政府与企业彼此之间交叉合作，从而形成了区域之间生态环境治理的合作网络。因此，PPP 模式是跨区域生态环境合作网络建立的重要条件，为跨区域生态环境合作治理网络的分析奠定了框架基础。

① 郭朝先、刘艳红、杨晓琰等：《中国环保产业投融资问题与机制创新》，《中国人口·资源与环境》2015 年第 8 期。

② 傅晶晶：《挫折与厘正：公私合作模式下的农村环境综合治理的进路》，《云南民族大学学报》（哲学社会科学版）2017 年第 3 期。

③ 刘亦晴、许春冬：《废弃矿山环境治理 PPP 模式：背景、问题及应用》，《科技管理研究》2017 年第 12 期。

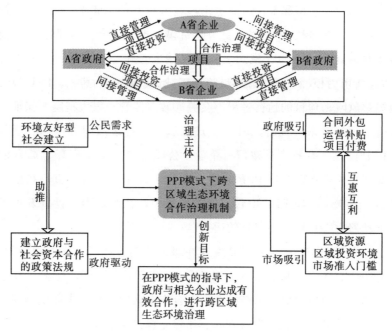

图 1　PPP 模式下跨区域生态环境合作治理的框架

三、研究方法与数据处理

(一) 研究方法

1. 引力模型

引力模型最早由经济学家丁伯根（Tinbergen）在 1962 年提出，并将其引入到国际贸易的分析中。引力模型的初始形态表示为：

$$T_{ij} = BG_iG_j/D_{ij} \tag{1}$$

公式（1）中 T_{ij} 表示国家（地区）i 对国家（地区）j 之间的贸易引力额；B 为常数项；G_i 和 G_j 分别表示国家（地区）i 与国家（地区）j 的国民收入，通常以 GDP 代替；D_{ij} 表示国家（地区）i 与国家（地区）j 之间的距离，一般以首都（省会）之间的距离来表示。由于该模型为非线性模型，为了便于检验其显著性水平，在原模型的基础上进行改良，通过取自然对数的方式将其转换为线性模型并加入随机误差项得到：

$$\ln T_{ij} = \beta 0 + \beta 1 \ln G_i G_j + \beta_2 \ln D_{ij} + \mu \qquad (2)$$

公式（2）中 $\beta 0$ 为常数项，μ 为随机误差项，β_1 和 β_2 分别为 T_{ij} 对 G_i 和 G_j 以及 D_{ij} 的弹性系数。

本文将引力模型引入生态环境治理领域，借助已有研究修正后的引力模型构建跨区域生态环境治理的合作网络。[①] 其计算公式表示为：

$$Attraction_{ij} = Z_{ij} \frac{\sqrt[3]{P_i \times E_i \times GDP_i}\sqrt[3]{P_j \times E_j \times GDP_j}}{D_{ij}} \qquad (3)$$

$$Z_{ij} = E_i / (E_i + E_j) = G_i \times T_i / (G_i \times T_i + G_j \times T_j) \qquad (4)$$

公式（3）中 $Attraction_{ij}$ 表示 i 省（区、市）与 j 省（区、市）生态环境治理的引力大小；Pi 与 Pj 表示 i 省（区、市）与 j 省（区、市）的年末总人口数；Ei 与 Ej 表示 i 省（区、市）与 j 省（区、市）的生态环境治理指数，用工业污染治理率与治理工业污染固定投资（社会资本投资）的乘积来表示；[②] GDP_i 与 GDP_j 表示 i 省（区、市）与 j 省（区、市）的地区生产总值。D_{ij} 为 i 省（区、市）与 j 省（区、市）之间的球面距离。

公式（4）中 Z_{ij} 代表 i 省（区、市）与 j 省（区、市）生态环境治理的贡献率。

2. 社会网络分析

社会网络分析作为社会科学研究的一种方法，主要研究人、组织与其他群体之间的关系。[③] 社会网络分析一般包含个体网络与整体网络的建构。一般而言，社会网络分析的程序包括六步：（1）确定类型和层次；（2）确定关系；（3）选择相匹配的调查方法收集数据；（4）对关系进行测量；（5）对测量得到的数据进行进一步分析；（6）得出具体结论。

社会网络分析的主要测量指标包括网络规模、网络密度、网络中心度以及网络凝聚度与多重度。社会网络规模指的是网络中所有行动者的数量，群体成员越多，网络规模越大，其网络越复杂。社会网络密度是指构成群体中个体的

---

① 刘华军、贾文星：《中国区域经济增长的空间网络关联及收敛性检验》，《地理科学》2019年第5期。

② 蔡海亚、赵永亮、南永清：《中国"互联网＋"发展的空间关联网络及其影响因素——基于社会网络分析视角的实证研究》，《地理科学》2021年第6期。

③ 伊恩·斯佩勒博格：《可持续性的度量、指标和研究方法》，周伟丽、孙承兴、王文华译，上海交通大学出版社2017年版，第427页。

联系程度，个体之间的联系越密切，网络密度越大，其信息沟通越通畅。社会网络中心性是指个体在网络中位置的指标，包含三个部分，即点度中心度、接近中心度与中介中心度。点度中心度分为绝对点度中心度与相对点度中心度两种。学界一般采取相对点度中心度的值作为参考。中间中心度测量行动者对治理资源的控制程度。接近中心度用相对距离测量节点的中心程度，该值越大，证明节点不是网络核心点。网络凝聚度是指网络中个体之间相互联系的程度，如果关系为有向，则衡量对偶群体间的强弱程度。多重度是指当网络中具有多重关系时，测量多重关系的密度一般与社会网络的类型和复杂程度相关。[①]

基于此，本文利用修正后的引力模型基于数据计算出各区域间生态环境治理的联系程度系数，再将联系程度系数转化为可用于社会网络分析的矩阵表，进而通过网络密度、网络中心度、块模型与凝聚子群等结构指标对跨区域生态环境合作治理进行进一步分析。

(二) 数据来源与处理

根据国家对于跨区域生态环境合作治理政策出台时间以及可获取的最新数据节点时间，本文研究的时间跨度为 2010—2019 年，[②] 研究对象选取 30 个省（区、市）（不含西藏和港、澳、台地区）。修正后引力模型所用数据来源于对应年份的《中国统计年鉴》[③]与《中国环境统计年鉴》。[④] 地理距离根据 ArcGIS 10.2 计算出各省（区、市）到相对应省（区、市）政府之间的球面距离。在数据处理方面，工业污染治理率以各省（区、市）处理"三废"（废水、废气、固体废物）的能力与总排放量之间的比值表示，再取三者的平均数作为最终运算指标。

---

① 张海涛：《政务微信信息传播机理及效果评价》，中国书籍出版社 2019 年版，第 44 页。
② 2010 年，环境保护部与发改委等 10 部委联合发布了《关于推进大气污染联防联控工作改善区域空气质量的指导意见》，以此作为研究的初始节点。
③ 国家统计局：《中国统计年鉴（2020）》，中国统计出版社 2020 年版。
④ 国家统计局：《中国环境统计年鉴（2020）》，中国统计出版社 2020 年版。

四、实证分析

（一）跨区域生态环境合作治理网络密度分析

通过生成的跨区域生态环境合作治理网络引力图可知（见图2），参与生态环境治理的省（区、市）共有30个。2010年，全国开始建立起区域合作治理生态环境的网络格局，进而形成了多向、复杂且互动的结构。在网络引力图的基础之上，对2010年与2019年两个阶段形成的网络结构进行网络密度的测量，以便进一步分析两个阶段的合作关系，分析结果如表1所示。表1中，网络规模是指参与生态环境合作治理的行动者个数，两个阶段没有变化。网络关系数是指参与合作的行动者之间实际的关系数量，而行动者之间应该达到的关系数量为870个（29×30）。从表1可以看到，2010年与2019年的网络关系数分别为267与198，均与应达到的关系数量相距甚远，表明现阶段各省（区、市）之间的合作关系联系度不高，仍待加强联系。网络密度是指网络结构中各行动者之间关系的紧密程度，密度越大表明关系越强，信息沟通越通畅，彼此之间的资源支持与协作程度越高。通过表1比较两个阶段的网络密度可以看出，现阶段各行动者之间的联系减弱，协作程度下降，进一步体现出加强合作治理强度的必要性。

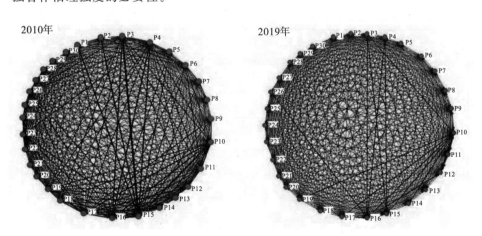

图2　跨区域生态环境合作治理网络的可视化图谱

表 1　跨区域生态环境合作治理的网络结构信息

时间	2010 年	2019 年
网络规模	30	30
网络关系数	267	198
网络密度	0.3	10.23

注：根据软件计算结果整理，保留小数点后两位（下同）。

（二）跨区域生态环境合作治理网络的块模型分析

对跨区域生态环境治理合作网络进行块分析，分别产生 2010 年与 2019 年跨区域生态环境治理的合作网络模块（见表 2）。从表 2 可以看到，2010 年与 2019 年块模型分析产生的 R^2 系数分别为 0.561 与 0.644，整体高于 0.5，表明有较高的信度。从块模型的分布来看，2010 年将生态环境合作治理的区域分为七个模块，表明区域之间的合作开始建立，合作的紧密度不高，尤其第五模块仅有贵州一个省份。模块的分布呈现出区域性特征，第一、二、三、四模块分布于经济发展较好的"长三角""珠三角"、环渤海地区，第五、六、七模块分布于地理位置与经济水平相对欠缺的西北与东北地区。2019 年生态环境合作治理的区域模块数量有所减少，分为五个模块，表明经过 10 年的发展，各区域已经开始形成相互联系的小团体，但区域分布与 2010 年相比变化不大。

表 2　跨区域生态环境合作治理的块分布

2010 年跨区域生态环境合作治理模块	
第一模块	陕西　山西　湖北　辽宁　山东　河南　河北
第二模块	甘肃　北京　内蒙古　天津
第三模块	江西　湖南　福建　江苏　广东　安徽　上海　浙江
第四模块	广西　重庆　四川　云南
第五模块	贵州
第六模块	黑龙江　吉林
第七模块	海南　青海　宁夏　新疆
R2 系数	0.561

续表

2019 年跨区域生态环境合作治理模块	
第一模块	河北　山西　江苏　浙江　山东　河南
第二模块	上海　安徽　江西　湖北　广东　陕西
第三模块	北京　天津　内蒙古　辽宁　吉林　甘肃
第四模块	福建　湖南　广西　重庆　四川　贵州　云南
第五模块	黑龙江　海南　青海　宁夏　新疆
R2 系数	0.644

另外，可以通过构建模块之间的密度矩阵与像矩阵表显示经过 10 年发展后形成的模块之间的溢出效应（见表 3）。从表 3 可以看到，第一模块对除自己之外的第二、三、四模块发出溢出效应，为主受益模块。第二模块向第一、四模块发出溢出效应，为净溢出模块。第三、四、五模块均没有溢出效应产生，为经济人模块。主受益模块对其他省（区、市）生态环境治理具有强溢出效应，主要原因在于人口外部流动与投资规模较高，对其他省（区、市）的人力、财力投资比重增加。净溢出模块主要通过增加投资的方式来达到合作治理。第三、四、五模块在生态环境合作治理中扮演接收者的角色，接收来自第一、二模块的溢出效应。总体而言，现阶段的跨区域生态环境合作治理网络呈现出区域性特点，经济发展水平较高的地区占据了合作的主导地位，这种局面不利于合作治理的正常开展，要寻求一种平等的方式来展开合作。

表 3　2019 年跨区域生态环境合作治理模块的密度矩阵与像矩阵表

模块	密度矩阵					像矩阵				
	一	二	三	四	五	一	二	三	四	五
一	0.97	1	0.72	0.74	0	1	1	1	1	0
二	0.58	0.73	0	0.43	0	1	1	0	1	0
三	0.17	0	0.07	0	0	0	0	0	0	0
四	0	0.048	0	0.12	0	0	0	0	0	0
五	0	0	0	0	0	0	0	0	0	0

注：像矩阵根据密度矩阵按照密度指数构建，"1"表示行到列有指向关系，"0"表示没有关系。

（三）跨区域生态环境合作治理网络的中心度分析

1. 点度中心度

从表4可以看到，2010年与2019年两个阶段点度中心度的均值为30.69与22.75，点入度与点出度均值分别为8.90与6.60，整体上处于下降的趋势。另外对两个阶段点度中心度进行排序后发现，河南、江苏、浙江、安徽、上海中心度数有所上升，湖北、广东、辽宁、内蒙古中心度数有所下降，吉林、黑龙江、海南、青海、宁夏、新疆保持不变。河南与江苏排名前两位，说明两个地区处于跨区域生态环境治理合作网络的核心地位，与其他省（区、市）在生态环境治理中均存在密切联系，是推动跨区域生态环境治理的主要动力。另外，根据软件计算得出两个阶段的整体中心势指数分别为57.43%与62.06%。通过比较两个阶段的中心势指数可以看出，各省（区、市）在区域环境合作治理的过程中越来越趋于少数区域的集中，无法形成均衡发展，各区域主动参与治理的行为逐渐降低。

2. 接近中心度

接近中心度主要显示网络中节点分享资源的能力。[①] 从表4可看到，2010年与2019年两个阶段接近中心度的均值为13.76与6.19。对两个阶段跨区域生态环境治理合作网络的接近中心度值进行排序后发现，海南、青海、宁夏、新疆四个区域处于网络接近中心度的核心地带，说明这四个区域对形成跨区域生态环境治理合作网络的均衡发展具有一定的影响力。另外，黑龙江和内蒙古的作用开始凸显，开始向着接近中心度的核心区域发展，通过对治理资源的影响来带动合作网络的形成。

3. 中间中心度

从表4可以看到，2010年与2019年两个阶段中间中心度的均值为14.00与7.43。对两个阶段跨区域生态环境治理合作网络的中间中心度值进行排序发现，山东、广东、河南、河北为该网络的中介点，起到连接其他省（区、市）的作用，基本没有发生太大的变化；而安徽、浙江、山西、江西的中间中心度有所上升，逐渐开始成为中介点并发挥作用。另外，根据软件计算得出两

---

① 段晖、刘杰、王丹：《我国地方教育公共治理的社会网络分析——基于上海浦东"教育委托管理"案例的研究》，《中国行政管理》2017年第5期。

个阶段中间中心势指数分别为 12.21% 与 6.24%，发生明显下降。所以，整体而言，在合作网络中某些省（区、市）的中介作用开始减弱，不利于跨区域生态环境治理合作网络的形成。

表 4　2010 年与 2019 年跨区域生态环境治理合作网络中心性分析

省份	2010 年/2019 年点度中心度						2010 年/2019 年接近中心度		2010 年/2019 年中间中心度	
	点出度		点入度		中心度		接近中心度		中间中心度	
北京	3.00	0.00	10.00	6.00	10.34	0.00	15.34	6.92	0.78	0.00
天津	3.00	3.00	8.00	6.00	10.34	10.34	14.87	6.49	0.00	0.20
河北	20.00	18.00	13.00	10.00	68.97	62.07	15.59	6.56	35.89	16.96
山西	19.00	17.00	8.00	5.00	65.52	58.62	15.10	6.47	6.79	3.25
内蒙古	11.00	4.00	7.00	5.00	37.93	13.79	14.80	6.47	0.34	0.00
辽宁	19.00	1.00	9.00	6.00	65.52	3.45	15.26	6.92	53.06	0.75
吉林	2.00	0.00	4.00	4.00	6.90	0.00	14.65	7.38	24.00	0.00
黑龙江	1.00	0.00	4.00	0.00	3.45	0.00	14.65	3.33	0.00	0.00
上海	2.00	12.00	12.00	7.00	6.90	41.38	15.51	6.52	0.00	0.11
江苏	13.00	23.00	18.00	10.00	44.83	79.31	16.02	6.59	31.11	30.30
浙江	9.00	17.00	15.00	10.00	31.03	58.62	15.76	6.59	10.20	12.38
安徽	5.00	13.00	12.00	11.00	17.24	44.83	15.51	6.61	0.11	15.54
福建	10.00	0.00	11.00	9.00	34.48	0.00	15.43	7.02	0.25	0.00
江西	11.00	8.00	11.00	10.00	37.93	27.59	15.43	6.59	0.76	3.03
山东	25.00	23.00	18.00	12.00	86.21	79.31	16.02	6.62	109.88	49.38
河南	20.00	24.00	16.00	9.00	68.97	82.76	15.85	6.55	37.16	32.95
湖北	22.00	4.00	11.00	11.00	75.86	13.79	15.43	6.61	20.53	0.13
湖南	10.00	0.00	16.00	12.00	34.48	0.00	15.85	7.07	11.55	0.00
广东	20.00	13.00	17.00	13.00	68.97	44.83	15.93	6.64	54.38	56.38
广西	5.00	1.00	6.00	6.00	17.24	3.45	14.80	6.53	0.40	0.00
海南	0.00	0.00	0.00	0.00	0.00	0.00	3.33	3.33	0.00	0.00
重庆	0.00	1.00	6.00	7.00	0.00	3.45	17.26	7.49	0.00	0.00
四川	10.00	1.00	15.00	11.00	34.48	3.45	15.76	7.57	18.98	0.93

221

续表

省份	2010年/2019年点度中心度						2010年/2019年接近中心度		2010年/2019年中间中心度	
	点出度		点入度		中心度		接近中心度		中间中心度	
贵州	6.00	0.00	6.00	5.00	20.69	0.00	14.80	6.95	1.20	0.00
云南	6.00	4.00	5.00	4.00	20.69	13.79	14.72	6.50	0.40	0.00
陕西	12.00	11.00	6.00	8.00	41.38	37.93	14.80	6.53	2.20	0.72
甘肃	3.00	0.00	3.00	1.00	10.34	0.00	14.36	6.76	0.00	0.00
青海	0.00	0.00	0.00	0.00	0.00	0.00	3.33	3.33	0.00	0.00
宁夏	0.00	0.00	0.00	0.00	0.00	0.00	3.33	3.33	0.00	0.00
新疆	0.00	0.00	0.00	0.00	0.00	0.00	3.33	3.33	0.00	0.00
均值	8.90	6.60	8.90	6.60	30.69	22.75	13.76	6.19	14.00	7.43

（四）跨区域生态环境合作治理网络的凝聚子群分析

对跨区域生态环境治理合作网络进行凝聚子群分析，可以很好地展现出网络中子集的数量以及构成子集的行动者之间的合作关联度，进而以此来分析网络的内部结构。通过 Ucinet6.7 软件对跨区域生态环境治理合作网络进行凝聚子群分析，得到 2010 年与 2019 年两个阶段的凝聚子群（见表5）。

表5 跨区域生态环境治理合作网络的凝聚子群分析结果

阶段	凝聚子群	成员
2010年	1	山西 湖北 辽宁 山东 河北 广东 福建 江西 河南 湖南 江苏 浙江 安徽
	2	山西 湖北 辽宁 山东 河北 广东 福建 江西 河南 江苏 浙江 安徽 上海
	3	山西 湖北 辽宁 山东 内蒙古 河北 广东 河南 四川 江苏 浙江
	4	山西 湖北 辽宁 山东 河北 广东 河南 四川 湖南 江苏 浙江
	5	陕西 山西 湖北 辽宁 山东 内蒙古 河北 广东 河南 四川 江苏

222

续表

阶段	凝聚子群	成员
2010年	6	陕西　山西　湖北　辽宁　山东　河北　广东　河南　四川　湖南　江苏
	7	山西　湖北　辽宁　山东　内蒙古　河北　广东　河南　江苏　北京
	8	湖北　山东　广东　河南　广西　四川　湖南　江苏
	9	湖北　山东　广东　河南　四川　重庆
	10	湖北　山东　广东　云南　贵州　广西　四川　湖南
	11	湖北　山东　广东　云南　广西　四川　湖南　江苏
	12	湖北　山东　广东　贵州　四川　重庆
	13	山西　湖北　辽宁　山东　内蒙古　河北　河南　天津　北京
	14	陕西　山西　山东　甘肃　河南　四川
	15	辽宁　山东　河北　吉林　黑龙江
2019年	1	山西　江苏　河南　上海　山东　浙江　河北　安徽　陕西　广东　湖北　湖南
	2	山西　江苏　河南　山东　浙江　河北　安徽　陕西　广东　四川
	3	山西　江苏　河南　上海　山东　浙江　河北　安徽　江西　广东　湖北　湖南
	4	山西　江苏　河南　山东　浙江　河北　天津
	5	山西　江苏　河南　山东　浙江　河北　辽宁
	6	江苏　河南　上海　山东　浙江　河北　安徽　江西　广东　福建
	7	江苏　河南　山东　浙江　广东　广西
	8	江苏　河南　山东　浙江　陕西　广东　重庆　四川
	9	山西　江苏　河南　山东　河北　内蒙古
	10	江苏　河南　山东　云南　广东　贵州
	11	江苏　河南　山东　云南　广东　广西
	12	江苏　河南　山东　云南　广东　四川
	13	江苏　河南　山东　辽宁　吉林
	14	江苏　河南　江苏　河南　山东　河北　天津　北京

从表 5 中可以看到，2010 年这一阶段山东均属于 15 个凝聚子群，是重要的共享成员，与其他行动者之间都具有合作的联系。广东、湖北、辽宁、山西所属的子群数量次之，也能在一定程度上反映出这些省的网络地位比较重要。另外，海南、青海、宁夏、新疆在网络中不属于任何子群，孤立地处于边缘位置。到了 2019 年这一阶段，凝聚子群较 2010 年减少了 1 个，从构成子群的省（区、市）的成员来看，除山东外，河南与江苏也均属于 14 个子群，数量有所增加。另外，这一阶段除原有的海南、青海、宁夏、新疆外，黑龙江也不属于任何子群，处于孤立的边缘位置。综合两个阶段凝聚子群的分析来看，核心凝聚子群的成员有所增加，但处于边缘位置的成员也有所增加，从一定程度上反映出跨区域生态环境治理合作网络关系的降低。

五、研究结论与政策启示

（一）研究结论

本文从中国 30 个省（区、市）2010—2019 年的治理工业污染数据入手，基于"政府—社会资本合作"的理论框架，借助于引力模型与社会网络分析工具，对跨区域生态环境治理的合作网络演化及结构特征进行了实证研究，得出以下结论：

第一，跨区域生态环境合作治理网络稳定性有所减弱。经过近 10 年的发展，中国各区域的经济发展水平与人口规模都在一定程度上得到了提升，但在生态环境治理层面各区域之间的合作关系有所减弱，相互之间的联系不再紧密。从中心性分析可以看出，网络中处于中心位置的主体对于资源、信息的把控增强，从而导致区域间合作以不平等的方式进行，使得弱势区域处于被动合作的局面，这样就产生了"依附性"的关系。[①]

第二，跨区域生态环境合作治理网络构成逆向于区域化发展。经过对合作网络进行块分析以及凝聚子群分析后发现，跨区域生态环境合作治理网络逐渐向着区域化的方向转变，网络中处于中心位置且具有主导作用的个体行动者增

---

① 孙中伟：《产业转移与污染灾难——基于"依附性"省际关系的分析》，《北京行政学院学报》2015 年第 1 期。

加且大多来自中东部地区,[①] 处于西部地区的一些省(区、市)在网络中充当中介者,尽管对合作网络的形成很重要,但在具体生态环境治理问题上缺乏话语权,对资源、信息的掌握也不充分,逐渐向边缘化方向发展。

第三,"政府—社会资本合作"方式影响跨区域生态环境合作治理网络。从跨区域生态环境合作治理网络的演化过程来看,社会资本的参与对网络的构成及演化具有主导作用。在2010年开始阶段,社会资本极大地提升了合作治理网络的紧密性,促进了各行动主体者之间的联系,网络中心转移呈现出"全国一盘棋"的良好局面。经过近10年的发展,社会资本开始向着经济发展好以及人力、物力资源充分的地区流动,尽管跨区域生态环境治理的合作网络依然存在,但稳定性不高。可见,社会资本在一定程度上能够直接影响跨区域生态环境治理的合作网络。

(二)政策启示

党的二十大报告提出"要坚持山水林田湖草沙一体化保护和系统治理,统筹产业结构调整、污染治理、生态保护、应对气候变化,协同推进降碳、减污、扩绿、增长,推进生态优先、节约集约、绿色低碳发展",[②] 为我国生态环境治理提出了新的要求和发展方向。本文在此基础上尝试提出未来跨区域生态环境政企合作治理的政策建议,主要包括以下三个方面:

第一,完善跨区域生态环境政企合作治理的配套政策。跨区域生态环境政企合作治理目标的顺利实现,重点在于健全的配套政策。现行投融资、税收、财政补贴等机制尚未与跨区域生态环境政企合作治理形成合力,使地方政府在与企业合作治理上存在理解和认识偏差。社会资本方也存在诸多疑虑,参与度不高。因此,要加快制度建设,进一步完善政企合作项目配套政策体系。一要完善政企合作治理项目税收优惠政策。将针对政府与事业单位的税收优惠政策扩大到政企合作治理项目涉及的建设和服务领域;建立和完善以政企合作项目为出发点的税收优惠政策体系,出台增值税、企业所得税及土地增值税相关政策。二要完善政企合作治理项目金融支持政策。充分发挥相关金融机构的融资

---

① 东、中、西部划分以西部大开发战略作为标准。

② 《中国共产党第二十次全国代表大会文件汇编》,人民出版社2022年版,第41页。

优势，为政企合作项目提供投资、贷款、租赁等。三要完善政企合作治理项目财政补贴政策。规范政企合作治理项目的补贴制度，保证补贴投放到位；建立分级补贴机制，控制补贴范围。

第二，建立跨区域生态环境政企合作治理的法律机制。首先，加快政企合作治理项目法律环境建设进程。包括出台专门的政企合作治理项目法律；构建统一的政企合作治理项目政府主管部门体系；改善政企合作治理法律环境，提升法律执行效率等。其次，建立中国化政企合作治理项目发展的法律体系。尝试建立结构功能性、层次性、综合性的政企合作治理项目法律规范系统，将民事与行政法律关系整合起来，将经济与社会效应结合起来。最后，健全政企合作治理项目争议解决机制。健全统一政企合作治理项目纠纷解决机制的立法工作，细分合同产生纠纷的法律性质，允许行政机关行使行政权力解决纠纷。完善风险分担、收益分配解决机制。

第三，优化跨区域生态环境政企合作治理的市场环境。目前，各社会资本方的参与率不均衡，尤其是民营资本的参与率低。需要不断优化跨区域生态环境政企合作治理的市场环境。一要完善市场准入与退出机制。包括打破生态环境治理领域准入门槛，鼓励支持民间投资，从而提高生态环境治理项目的运行及管理效率，激发经济活力，增强发展动力；丰富生态环境政企合作项目民营资本的参与主体、领域及方式，积极鼓励民营资本以联合体的方式参与生态环境治理项目建设。二要加强市场监管，规范市场乱象。包括加大监督惩处力度，对投资者的违法违规行为视情况采取平台曝光、禁入等措施，对于地方政府则可以采取党纪、经济、行政处罚来进行规范。建立地方政府信用评价体系，提升政府公信力。另外，积极发动社会公众进行举报，建立信息公开平台。三要营造公平竞争环境，消除地方保护主义，打破市场壁垒。包括持续推进"放管服"改革，提高企业投资便利程度，打造新型政商关系，提升企业投资活力；降低生态环境治理领域资本投资门槛，消除不合理规定和隐性壁垒；提升地方政府在政企合作治理项目中的服务意识和水平，加强与企业之间的沟通，建立健全政府与企业的常态化沟通机制。

本文通过社会网络分析的方式对跨区域生态环境合作治理网络的演化及内部结构进行了描述性研究，并依据研究结论提出了未来跨区域生态环境政企合作治理的政策建议，希望能够为学术界与实务界提供理论支撑与政策指导。但跨区域生态环境治理是一项长期的系统性工程，如何实现动态化治理到常态化协同是未来需要考虑的一个重要问题，要深入研究跨区域生态环境治理的协同优势与优势协同。这也是本研究未来进一步耕耘的方向。

（选自《东南学术》2023 年第 5 期）

森林资源利用权的民法配置

◎林旭霞　张冬梅[*]

《民法典》的编纂及相关特别法的修订，为将森林资源利用中的权利及其行使规范纳入民法调整提供了难得的历史机遇。以我国森林资源属于国家或集体所有的基本制度为前提，本文对森林资源权利配置的研究围绕"森林资源利用权"的规范设置与归属秩序展开。

一、中国语境下森林资源利用权的内涵与权利配置目标

（一）作为权利客体的森林资源

立法对森林资源直接界定的仅有《森林法实施条例》第 2 条的规定："森林资源，包括森林、林木、林地以及依托森林、林木、林地生存的野生动物、植物和微生物。"结合《森林法》第 3 条，学理上有以下四种解释：一是森林资源是与森林有关的、以林木资源为主的、包括林地资源的资源复合体，在外延上涵盖了森林、林木、林地，是三者的上位概念。① 二是广义的"森林资源"包括森林、林木、林地、野生动植物和微生物等；中义的"森林资源"包

---

　　* 作者简介：林旭霞，法学博士，福建师范大学法学院教授、博士生导师；张冬梅，法学博士，福建师范大学法学院副教授。

　　① 杜国明：《〈森林法〉基本概念重构》，《河北法学》2012 年第 8 期。

括森林、林木、林地；狭义的"森林资源"只包括森林、林木。[①] 三是法律名称中所指的"森林"，实际上与"森林资源"的内涵与外延基本一致，即森林资源可以等同于森林。[②] 四是森林资源是指森林、林木、林地以及其他各种生物相互作用、相互依存的动态复合体。[③]

如果仅就物质形态而言，广义的森林与森林资源确实具有同质性，《德国联邦森林法》的定义尤其具有代表性。[④] 我国法律文件中亦时常交叉使用森林与森林资源概念。但从森林资源作为自然资源组成部分并作为权利客体的角度考察，"森林资源"具有更为丰富的含义：一是仅当森林生态系统为人类所控制、支配时，方为森林资源；二是森林资源作为自然资源的组成部分，拥有自然资源的共同禀赋，即具备自然资源的经济属性和生态属性；三是森林资源的范畴与经济发展、社会进步、自然资源开发利用深度和广度密切相关，因此森林资源具有开放的外延，它不仅包括森林、林木、林地等实物要素及其组合，还应包括由森林生态空间、环境容量、生态服务等非实物形态的要素；四是森林资源的整体及其组成部分可以成为确权登记的对象。因此，森林资源当指人力可以控制、支配的特定区域的森林有机体的总称。构成森林资源的森林、林木、林地乃至森林生态空间、环境容量、生态服务，都有其特定的内涵和外延，都可以成为独立的权利客体，分别设立不同的权利。同时，它们之间又密切关联，共同构成森林生态系统的整体。森林资源作为整体，亦可作为权利客体，成为法律调整的对象。

（二）相关权利名称在规范意义上的局限性

关于利用森林资源的权利，立法所采用的是"森林资源使用权"和"林权"，理论上的"森林资源用益物权"提法也颇具代表性。但以上述名称规范森林资源的利用存在明显局限。

---

① 张涌：《关于〈森林法〉的修改意见》，《森林公安》2016 年第 6 期。

② 周训芳：《关键术语的法律解释对林业法实施的影响》，《中南林业科技大学学报》（社会科学版）2010 年第 3 期。

③ 高利红、刘先辉：《"森林资源"概念的法律冲突及其解决方案研究》，《江西社会科学》2012 年第 7 期。

④ 基于这种同质性，下文在比较法研究部分亦采用德国、日本等国的"森林"概念，与全文"森林资源"的范畴不相冲突。

1. 关于森林资源使用权

传统民法中使用权是指权利人在个人需要的范围内，对他人的物按照其性质加以使用的权利，使用权人不能把他的权利出卖、出租或无偿让与，亦即使用权无收益的权能。但《森林法》确立的森林资源使用制度不仅包含了林木采伐权、林地使用权，还拥有取得森林收益的权利，并且林木、林地的权利在特定条件下均具有可让与性。"森林资源使用权"不能反映森林资源利用方式的综合性与复杂性。因此，森林资源使用权的名称不足以承载对森林资源利用的权利配置和秩序规制。

2. 关于林权

作为民事权利规范的林权，是指建立在国家、集体森林资源所有权基础上的定限物权，是用以规范非所有人对森林资源所享有的占有、使用、收益的权利。[①]"林权"概念因其根植于林权制度改革实践，由林业生产经营者的理性赋予其特有的内涵。不可否认，"林权"作为迄今为止设置于森林资源之上的内容最为丰富的权利名称，在森林资源权利配置上发挥了不可或缺的作用。由于一直以来对林权概念中"林"的范围的理解始终存有分歧，影响了权利规范解释与适用的统一性。而且，"林权"规范对于当下森林资源利用的目标要求而言尚有一定差距，"林权"不能反映非实物形态的要素在森林资源利用中的作用，难以涵盖诸如林业碳汇交易之类的新型森林资源利用方式，更难以承载绿色发展目标。

3. 关于森林资源用益物权

以森林资源利用权在物权制度中的合理设置为目的，理论界亦提出"森林资源用益物权"[②]的概念，认为有关"森林资源非所有利用的权利，具备传统民法理论中用益物权的对他人之物使用和收益的基本特征，是对传统用益物权的丰富和发展"。[③]这一提法对于保障森林资源利用者的合法权益具有积极意义。但是，由于森林资源开发利用的客体、开发利用方式和权利内容的多元化，森林资源利用权性质必然涉及以有形资源为客体的典型用益物权与以无形

---

① 林旭霞等：《民法视野下的集体林权改革问题研究》，法律出版社 2014 年版，第 56 页。

② 展洪德：《关于我国森林资源用益物权立法的思考》，《学习论坛》2006 年第 6 期。

③ 杨振明、张忠潮：《物权法理念下森林资源他项权利探析》，《安徽农业科学》2008 年第 29 期。

资源（如森林碳汇、森林环境容量、森林景观）为客体的准用益物权，而传统"用益物权"的类型有限，远不能涵盖实践中多元化的森林资源利用情形。

综上，实定法上"森林资源使用权""林权"以及理论研究中的"森林资源用益物权"概念，均未能满足前述森林资源权利配置的目标。创立区别于一般用益物权，外延上更具包容性的权利概念，建立对森林资源利用规则的指引，方可实现森林资源权利的合理配置。

（三）森林资源利用权的应有内涵与特质

基于森林资源国家、集体所有的制度基础，森林资源利用权是指非所有人对森林资源进行使用、收益的权利，是以森林资源为客体、以经济利益为内容的权利。森林资源利用权具有以下特质：一是森林资源利用权是对森林资源享有的经济性权利，而非生存性或公益性权利。其目的是在森林资源的开发利用中实现发展权。二是森林资源利用权是在传统法律框架下建立新型法律关系，以解决森林资源利用中权利主张的法律依据问题。它立足但不局限于传统用益物权的权利类型，是财产权制度在自然资源利用领域的新发展。三是森林资源利用权是对森林资源合理利用的权利，既包括对森林资源经济价值的支配，也包含森林生态价值的发掘与实现，合理利用"既包括利用方式上的妥当性，也包括利用数量上的适宜性，还包括利用目的的正当性和利用过程的可持续性"。[①] 四是森林资源利用权是复合性权利，它不仅包含对森林资源各要素所享有的独立权利，更重要的是对森林资源整体所享有的权利，体现的是整体主义法律观、资源共同体规则和综合性的权利行使方式。

（四）森林资源利用权民法配置的目标

党的十八大以来，一系列关于生态文明建设以及践行绿色发展的重大政策举措，无一不与森林资源保护与合理利用密切相关，在政策层面已然形成新发展理念下森林资源权利配置的目标，体现为以下四点：第一，森林资源作为独立于土地的自然资源地位得以体现；第二，森林资源作为整体成为法律规范的对象；第三，森林资源权利边界清晰、归属明确、利益格局合理，依据《自然

---

① 金海统：《资源权论》，法律出版社 2010 年版，第 88 页。

资源统一确权登记办法（试行）》，对森林资源的所有权统一进行确权登记；第四，森林资源权利交易规则健全。党的十九大报告明确提出"在符合国家规划、规则的前提下，自然资源资产的交易均为市场交易，从而实现自然资源的全面有偿使用"。诚然，政策上的"权利、规则"并非法律上的"权利、规则"，但是上述政策目标作为包括森林资源在内的自然资源资产产权制度改革的方向，将成为相关法律制定、修改的重要依据。

二、森林资源利用权配置的模式

（一）森林资源利用权与地权的关系

1. 传统民法中关于林、地权利的两种模式

（1）林与地分离模式。基于林木具有的独立经济价值以及对其经济价值的利用很大程度上与土地物权的界定并无直接联系，加之登记制度的完善，使得土地之上的林木的特定化并无困难。因此，一些国家的立法对林木的独立客体地位加以确认，并为其建立了相对独立的财产权利制度，日本、韩国为此类立法模式的典型代表。日本《立木法》第 2 条规定："立木视为不动产。立木的所有人可以将立木与土地分离予以转让，或者以之取得抵押权。土地所有权或地上权处分效力不涉及立木。"第 11 条规定："当土地或地上权为质权的目的的，可以对在其土地上生长的树木进行所有权保存登记。"① 此种模式下，林木拥有独立于土地的所有权、用益物权和担保物权。与此相适应，《日本森林法》第 2 条对"森林"进行界定，同时于第 2 条之 2 规定："森林所有人是指根据权原在森林的土地上拥有木竹以及可以予以培育的人。"② 可见，在日本法上，"森林"包含土地与木竹，但森林所有权取决于对木竹享有的权利，与木竹的所有权保持一致。

---

① 立木二関スル法律（明治四十二年法律第二十二号），http：//elaws. e-gov. go. jp/search/elawsSearch/elaws_search，2018 年 8 月 30 日。

② 森林法（昭和二十六年法律第二百四十九号，最终更新：平成二十九年七月二十六日），http：//elaws. e-gov. go. jp/search/elawsSearch/elaws_search，2018 年 9 月 10 日。

（2）林与地一体模式。在德国、意大利、法国、瑞士的民法中，[①]土地所有权吸收了林木的所有权。《德国联邦森林法》表明，森林所有权的客体——森林，实际上指的是土地，而土地上附着的由林木构成的植物群落作为土地的重要成分。[②]此种模式下，土地为核心客体，森林的权利"实际上就是以土地为对象的财产权"。[③]我国台湾地区民法将竹木、森林的种植或保育纳入第850-1条"农育权"中，并于"森林法"第4条规定："以所有竹、木为目的，于他人之土地有地上权、租赁权或其他使用或收益权者，于本法适用上视为森林所有人。"亦即，在台湾地区民法中，地上权人即森林所有人，地上权吸收森林所有权。英美法系财产法也有此类观念，将林业视为一种土地利用方式，"土地可以用于多种目的，林业仅仅是其中之一"，[④]而森林财产权就是土地利用的"权益"（incidents）构成的权利束。[⑤]值得注意的是，在"林地一体"的模式下，森林、林木的所有权被地权所吸收，但不排除对于森林的"用益"另有特别的制度设计和法律适用。例如，《德国民法典》第1038条之（1）规定：

---

① 《德国民法典》第94条第1款规定："附着于土地上的物，特别是建筑物，以及与土地尚未分离的出产物，属于土地的主要组成部分。种子自播种时起，植物自栽种时起，为土地的主要组成部分。"《德国民法典》，杜景林、卢谌译，中国政法大学出版社1999年版，第21页。《意大利民法典》第956条规定："禁止将地上植物的所有权与土地的所有权分开进行权利的设定和转移。"《意大利民法典》，费安玲等译，中国政法大学出版社2004年版，第239页。《法国民法典》第553条规定："地上或地下一切建筑物及农作物，在无相反证据前，推动土地所有人以自己费用所设置并归其所有。"《法国民法典》，罗结珍译，法制出版社1999年版，第173—174页。《瑞士民法典》第667条规定："土地所有权，在法律规定的范围内，包括全部建筑物、植物及泉水。"《瑞士民法典》，殷生根、王燕译，中国政法大学出版社1999年版，第185页。

② Vieweg, Werner. *Sachenrecht：neu bearbeitete Auflage*，Koln：Carl Heymanns Verlag，2007：S. 11，Rdn. 13.

③ 裴丽萍、张启彬：《国外森林法立法经验及其对我国森林立法的启示》，《林业资源管理》2015年第4期。

④ Fisher D. E，*Australian Environmental Law：Norms，Principle，and Rules*，Thomson Reuters，2010，p. 356.

⑤ Thom J. Mc Evoy，*Owningand Managing Forests：A Guideto Legal，Financial，and Practical Matters*，Island Press，2005，p. 21. 以澳大利亚为例，森林财产权利束中所包括的"原住民财产权"，就是指经过法院确认的原住民森林利用的习惯权，包括"符合原住民习惯的森林农田的造林活动的权利""收获和使用森林产品的权利"，以及"将他人从某森林区域驱逐出去的权利"。

"森林为用益权的标的物时，所有权人和用益权人均可以要求以经营计划确定收益范围和经营上的处理方法。"《法国民法典》第636条则规定："森林使用权适用特别法。"《瑞士民法典》第770条之（1）规定："以森林为用益权标的物时，用益权人得在一般经营允许的范围内，行使用益权。"①《意大利民法典》第989条也规定："如果用益权的客体是定期采伐的森林、人造林或者生产木材的成材林、人造林，则用益权人可以进行正常采伐……"② 除在民事基本法规定森林之用益外，还通过特别法的具体规定来实现。例如，《德国联邦森林法》在第10条、第11条规定"造林""森林管理"，于第41条规定"促进林业"。③ 这些特别规定与土地用益物权具有明显的异质性。由此可见，在"林地一体"模式下，森林与土地被视为"一物"，其上设立一个所有权，但并不妨碍在一个所有权上分设土地用益与森林用益，且与"一物一权"并不相悖。立法上之所以有这样的安排，是因为即便在以地权为中心的模式下，也要解决非所有人经营管理森林资源的问题。以德国为例：一是国家、集体、私人所有的大面积的森林资源需由林业专门机构经营和管理；④ 二是因德国48%的森林属于私人所有，⑤ 为促进林业同时保障森林经营过程中的利益平衡，保护森林的生态价值、维护公共利益，需要对森林的用益做特别规定。

总结以上两种模式，无论"林与地一体"或"林与地分离"，区别于土地权利的森林资源利用制度，在立法上都是可行的。

2. 我国法律对森林资源权利与地权关系的选择

森林资源与土地资源无论是在财产价值还是在权利设置上的融合或分离，都有着深刻的社会经济根源。"以林地资源属于国家或集体所有为基础，设置

---

① 《瑞士民法典》，第217页。

② 《意大利民法典》，第243页。

③ Gesetz zur Erhaltung des Waldes und zur Förderung der Forstwirtschaft (Bundeswaldgesetz) vom 17. Januar 2017, BGBl. I S. S. 75.

④ 《梅克伦堡-前波美拉尼亚州森林法》第11条第4款：100公顷以上的国有林、集体林和私有林应该由林业专门机构经营和管理。§ 11 Abs. 4 Waldgesetz für das Land Mecklenburg-Vorpommern, vom 27. Juli. 2011（GVOBl. M-V2011），S. 870.

⑤ 德国食品和农业部2012年组织的第三次全国森林普查调查结果。BMEL (Bundesministeriumfür Ernährungund Land-wirtschaft)（Hrsg.）（2014）：Der Wald in Deutschland. Ausgewählte Ergebnissederdritten Bundeswaldinventur, Berlin, S. 9.

森林资源用益物权的种类，把森林资源用益物权作为实现林地所有权的途径"① 的观念由来已久。《土地承包经营法》《物权法》延续了以土地为中心的模式，将"林"视为土地的当然附属，从而以"林地权"取代了森林资源用益物权，乃至于用益物权章中，列举了海域使用权、探矿权、采矿权、采矿权、取水权等资源性权利，却全无对森林资源用益的规定。

然而，将森林资源权利设计完全纳入土地物权制度的做法并不适合我国的国情。第一，土地公有制决定了个人和单位对土地只能主张以占有、使用和收益为内容的用益物权，但就森林资源而言，很多情况下地上定着物与土地所有权、用益权分属不同的法律主体。例如，实践中国有林地确定由当地集体经济组织经营管理的情形并不鲜见；② 而国有林场同样可以经营管理集体林地、林木，并享有相应的经营权益。只有将其适当"分离"才能保护这些不同法律主体不同的利益主张。第二，传统物权以人造财富为规范重心，但森林资源却有特殊之处：它既不完全像矿产资源、水资源等自然资源一样源于天赋，也不完全像农作物一样作为土地的产物，由人类劳动产生。森林资源稀缺、可再生等特殊属性决定了对其开发利用而产生"占有、使用"不能与传统民法中物的用益等同，其权利配置也应当区别于地权。第三，伴随对森林独立价值和保护需求的认识的加强，关于"森林的利益可能与土地利益相冲突，森林物权应当与土地物权相互分离"的思路日益清晰并得到国家政策的支持。③ 因此，森林资源作为独立于土地的自然资源、森林资源权利作为独立于地权的权利，需要在立法中尤其是民事基本法中得以体现。

（二）森林资源利用权与其他自然资源用益物权的关系

1. 森林资源利用权应纳入自然资源用益物权体系

自然资源存在"突出的空间毗邻性、时间关联性和类别关联性特征"，④

---

① 展洪德：《关于我国森林资源用益物权立法的思考》，《学习论坛》2006 年第 6 期。

② 侯宁：《集体林改视角下的森林资源物权制度构建》，中国林业出版社 2011 年版，第 82—83 页。

③ 周柯：《林业物权的法律定位》，《北京林业大学学报》（社会科学版）2008 年第 2 期。《中共中央关于全面深化改革若干重大问题的决定》（2013 年 11 月 12 日）第 51 条提出要"健全自然资源资产产权制度和用途管制制度"，要求对"水流、森林、草原"等自然资源进行统一确权登记。

④ 谷树忠、李维明：《自然资源资产产权制度的五个基本问题》，《中国经济时报》2015 年 10 月 26 日。

因此具备了作为"生命共同体"的整体性和相关性。民法上的自然资源用益制度应充分考虑自然资源的整体性，尽可能将更多的自然资源纳入用益物权体系，以顺应自然资源利用生态化、系统化发展趋势的要求。森林资源利用权与《物权法》上列举的自然资源用益物权比较，同样具有"客体特定性、权利义务多元结构，以及规范功能一致性"的特点。[①] 基于这样的客观基础以及对自然资源加以系统规范的理念，将森林资源利用权纳入《民法典（物权编）》的自然资源用益物权体系，可以弥补现行《物权法》在自然资源用益物权类型上的规范不足，有助于构建系统性、协调性的自然资源利用法律制度，减少因部门分割的行政桎梏及边界不明的立法缺失造成权利行使的冲突。

2. 森林资源利用权与其他自然资源用益物权的"多元并行"

不同的自然资源上设立的用益物权，从权利内容来看，并无"统一的、逻辑自洽的本质内涵"，[②] 虽然有学者将自然资源利用权视为一种具有确定内涵的概念，并且可以归纳出自然资源利用权利的一般理论，[③] 并呼吁在民法典物权编中创设一种上位的、独立权利——"资源利用权"来概括与一般用益物权不同的自然资源利用权益，[④] 但从客观上看，各种自然资源用益物权在功能、属性和法律规则上的差异，决定了在规范设置上宜采取多元化的存在形式。反映在立法模式上，包括森林资源利用在内的自然资源用益物权应当是多元并行的：第一，与我国自然资源开发利用的实践及行政管理上的分工需求一致；第二，沿用现有自然资源用益物权立法模式与规则确认森林资源利用权，而不强求制度创新或再造，有利于节约立法和管理成本；第三，多元的权利构造更容易保持自然资源产权制度的开放状态，为立法及时容纳新的自然资源类型的发现和利用保留空间。

综上，《民法典（物权编）》对于森林资源利用权应当采用的立法模式是：单独设立森林资源利用权，明确其区别于土地用益物权的地位；在用益物权章

---

① 林旭霞等：《民法视野下的集体林权改革问题研究》，第95—97页。

② 王社坤：《自然资源利用权利的类型重构》，《中国地质大学学报》（社会科学版）2014年第2期。

③ 黄锡生：《自然资源物权法律制度研究》，重庆大学出版社2012年版。

④ 吕忠梅课题组：《"绿色原则"在民法典中的贯彻论纲》，《中国法学》2018年第1期；巩固：《民法典物权编"绿色化"构想》，《法律科学》（西北政法大学学报）2018年第6期。

的"一般规定"部分，规定"依法取得的森林资源利用权受法律保护"，使森林资源利用权与规范功能相同、拥有共同的抽象特征客体的复合性的海域使用权处于同一位阶，以保持物权法逻辑体系的一致性。由于我国现行法律体系中存在"行政型特别民法，即通过行政管理私人关系以实现特定行政目的的特别民法……但它们依然调整私主体之间的法律关系，法律的介入只是改变了私人间的利益格局"，[①]《森林法》与其他自然资源特别法同属此类特别民法，因此，在修改《森林法》时，对森林资源利用权的取得、登记及行使中的具体问题进行规定。[②]

三、森林资源利用权配置的整体性与复合性

（一）森林资源利用权的整体配置

现行立法均以森林资源各构成要素为独立客体设置权利，并分布于各单行法及规范性文件中，如林地所有权和使用权、森林所有权和使用权、林木所有权等。这些权利的简单列举及其形成的权利组合并不是一个科学、充分、结构完整的体系。第一，对于已经可以通过经济技术方法利用的森林旅游资源、生态资源、空间资源等的权属配置并无规范设置，亦缺乏包容性；第二，对于实践中不同主体差异化的森林资源利用方式和权益需求未能体现；第三，人为地割裂了各种森林资源要素之间的天然联系，不利于森林资源利用和保护的整体性。

森林资源生态功能的系统性及其不同构成要素之间的紧密联系，使得森林资源的整体财产价值得以突显。1960 年美国《多用途可持续利用法》就肯定了森林资源的户外休闲、林木采伐、山体保护、水资源保护、野生动物栖息地

---

① 谢鸿飞：《民法典与特别民法关系的建构》，《中国社会科学》2013 年第 2 期。

② 国家林业局发布《中华人民共和国森林法（2016 年修改征求意见稿）》第 17 条："林权包括森林、林木、林地的所有权和使用权，林地承包权、经营权以及法律法规规定的其他权利等。"虽然该条内容在科学性上尚可探讨，但通过《森林法》这一特别法对森林资源利用的具体权利加以确认的立法路径是可以被采纳的。

等多种用途。① 我国近年来高度关注森林的多种用途，中共中央关于生态文明建设顶层设计方案体现着山水林田湖是一个生命共同体的共识。将这种生态理念贯彻到民事立法中，必然要求正确理解森林资源内部各构成要素有机综合所产生的群落效应和整体价值，以森林资源为客体，完善与其开发利用相关的权利体系及权属配置。体现在民法上，应结合森林资源利用的宏观目标与顶层设计，借鉴比较法的立法经验，规定"以森林资源为利用标的时，利用权人在森林资源的整体规划范围内享有权利"，② 以此为《森林法》等特别法的具体规定提供指引。

（二）森林资源利用权的复合性结构

1. 复合性权利结构的依据

"在权利分类多样化、权利分工细致化的法制下，目标多层次和作为对象的复合结构时常需要法律配置复合性的权利构成。"③ 例如，海域使用权可依使用目的分为建设用海使用权和养殖使用权；④ 水权由不同功能和效力的汲水权、蓄水权、排水权、航运水权、竹木流放权等一系列权利集合而成；⑤ 不同的权利划分，可反映不同自然资源开发利用的实践特点，并且周延地展现各种自然资源利用权应有的权利内部结构图景。就森林资源利用权而言，除基于其整体性而强调的权利一体设计及规则整体规范外，也应配置复合性多层次权利，即使每一种具体权利都作用于特定的对象，调整相应的利益关系，又可实现权利间的相互联系、相互协调。

2. 森林资源利用权内部设置具体权利的标准

森林资源整体与各组成要素具有不同的价值功能和利用方式上的区别，这些区别决定了相关权利主体对森林资源不同要素的不同利益主张。因此，依客

---

① Anthony Godfrey, *The Ever-Changing View：A History of the National Forests in California*，USDA Forest Service Publishers，2005，p. 399. 转引自高静芳：《森林生态系统综合管理：美国经验及其对中国的启示》，《林业经济》2017 年第 5 期。

② 例如，《瑞士民法典》第 770 条之（1）规定："以森林为用益权标的物时，用益权人得在一般经营允许的范围内，行使用益权。"

③ 崔建远：《准物权的理论问题》，《中国法学》2003 年第 3 期。

④ 李永军：《海域使用权研究》，中国政法大学出版社 2006 年版，第 66 页。

⑤ 崔建远：《水权与民法理论及物权法典的制定》，《法学研究》2002 年第 3 期。

体标准设置森林资源利用权内部的具体权利，对于权利人及其利害关系人来说更易于辨识和明了权利的内容和范围。这也与罗马法以来物权设定的"客体依据"相吻合。在现代社会，财产权利客体的类型及其范围因人类社会活动深度与广度的拓展而日渐扩大，但独立性和特定性仍是物权客体的必备特征。森林资源中森林、林地和林木等构成要素因具有独立、特定的存在形式，以及独立的经济价值并可独立交易，完全可以在其上配置独立的具体权利。

3. 构成森林资源利用权的具体权利种类

（1）林地使用权。林地使用权以林地为客体，是权利人对国有或集体所有的林地享有占有、使用、收益以及依法流转的权利。根据"林地林用"原则的要求，在林地上种植或培育林木是林地使用权最主要的内容。从法律性质上看，林地使用权应属地上权的一种，权利人有权自主决定林地的经营、利用，并依法取得因使用林地而产生的利益，包括取得所种植或培育的林木的所有权、林木孳息的所有权。

（2）林木经营权。林木经营权调整非所有权人因利用他人的林木获取收益而形成的法律关系。权利人可以主张的权利包括林木的采伐、管护、出租、抵押或折价入股以及林木孳息的取得，如采果、采脂、种子培育等。相较于《森林法》及其实施条例中规定的"林木使用权"，林木经营权的设置，不仅满足对林木非消耗性使用的规范需求，也赋予权利人更多的消耗性利用的权利，符合林业生产经营的客观实践。此外，从生态保护的角度出发，"经营"权人对于林木的利用有着更多的权利上的自主性和义务负担的应然性。

（3）森林经营权。森林经营权是民事主体依法取得的对特定范围内森林生态系统的生态价值加以开发利用的权利。森林不仅具备提供林产品的能力，还能够影响气候和水文状况，为动物提供生存和庇护的环境，森林生态环境和森林景观等可以成为人类开发利用的对象。森林经营权以无形资源（如碳汇减排量、森林环境容量、森林景观资源）为客体，权利行使方式包括：林业碳汇的开发利用、森林景观利用等。以森林碳汇经营为例，碳汇交易的标的为碳减排量，即一定范围内森林、土地的固碳量，[①] 并不包含汇集、贮存它的森林、土地。森林碳汇的开发利用亦不以对森林、林木的排他性利用为条件。因此，此

---

① 林旭霞：《林业碳汇权利客体研究》，《中国法学》2013 年第 2 期。

类权利不同于典型物权。因其具备资源性物权客体的特性，即范围明确性、可定量性和地域或期限性，[①] 而被视为准物权，并纳入自然资源物权体系，适用物权规则。

应当指出的是：第一，森林资源利用权体系具有开放性。森林资源利用的规范设置体现着与森林相关的各种利益关系。在社会经济发展的过程中，由于森林资源利用方式和林业功能的不断变化，权利人的收益权、处分权等实现方式和程度也会受到影响。鉴于各种特色经济林业、生态林业等新兴业态与资源的利用总是密切相关，因此，以森林资源利用的客体为标准构建的权利体系并不完全限定于上述三种具体权利，而是以其开放性为森林资源的新型利用方式及其权利要求纳入法律规范提供可能。《森林法》应当规定："森林资源利用权包括林地使用权、林木经营权、森林经营权以及其他法律规定的权利。"第二，森林资源利用权的具体权利设置虽然由森林、林地和林木的特定化为基础，但由此形成的林地使用权、林木经营权和森林经营权却并非严格独立、毫无关联。森林资源的多重价值使得同一特定范围内森林林产品开发、林地利用、景观功能等可以同时并存，相关权利的设置也可以层叠实现。权利并行设置，不仅充分体现权利人对森林利益追求的层次性，也便于权利的独立行使或处分。

四、森林资源利用权的归属秩序

一个社会中稀缺资源的配置就是对使用资源权利的安排。[②] 在《民法典（物权编）》规定"依法取得的森林资源利用权受法律保护"的前提下，法律还需解决森林资源利用权如何依法取得的问题，即在土地物权之外明确森林资源利用权的归属规则，避免与土地权利之间关系不明，并且保障森林资源有效利用与公共性、社会性的统一。

---

① 具体而言，该特定性可理解为："其一，有明确的范围，不得以他物替代，在客体的存续上即表现为同一性；其二，可以定量化；其三，可以由特定的地域加以确定或特定的期限加以固定。"参见崔建远主编：《自然资源物权法律制度研究》，法律出版社 2012 年版，第 231 页。

② R. 科斯等：《财产权利与制度变迁——产权学派与新制度学派译文集》，刘守英译，上海人民出版社、上海三联书店 2003 年版，第 205 页。

（一）森林资源利用权的初始配置

森林资源利用权初始配置是指国家或集体作为所有权人依照法律规定的条件和方式，将森林资源使用收益等权利在不同主体之间进行分配，并依法明确森林资源利用权人的权利、义务。基于"目标多层次和复合性结构"，森林资源利用权的初始配置是就森林资源利用权整体进行的权利配置。

1. 国家所有森林资源利用权的初始配置

我国国有森林在森林资源中居主导地位，[①] 国家作为抽象主体，其实现支配的方式表现为决定森林资源的利用主体、利用方式、收益分配方式等重大事项。目前我国国有森林资源的利用主要以行政划拨方式或法律授权方式，由国有林场等营林单位无偿、无固定期限地原始取得，以实现"法定经营"，[②] 这对于强化国有森林资源的管理和监督、确保国有林性质的稳定和生态文明建设的战略地位具有重要意义。《民法典（物权编）》对森林资源利用权的"物权化"表达，为明晰所有者与利用者的权利边界、发挥森林资源的资产价值、明确森林资源收益权和处分权的归属提供了基础法律规范。国有森林资源的公共属性及公益需要决定了它的资产价值在大多数情况下并不能唯一体现为经济价值。民法上国有森林资源利用权的配置也必须以保护森林资源、实现其可持续发展为基本目标。在特别法上通过明确资源利用的范围、期限、条件、程序和方式等规范权利人的行为。同时减少外部性对利用权人合法权益的影响，提高森林资源的配置效率，确保国家作为所有者的资产收益。[③]

2. 集体所有森林资源利用权的初始配置

森林资源是自然资源中少数可以由集体所有的资源之一。我国现有法律承

---

① 国有森林面积占全国森林面积的 37.92%，蓄积量约占全国的 59.04%，参见《第九次全国森林资源清查结果》，http：//124.205.185.89：8058/8/shouye/zyzkinit？lm＝xzjdt，2019 年 1 月 8 日。

② 例如《森林法（2016 年修改征求意见稿）》第 18 条的规定："国家所有的森林、林木、林地由国有林场、国有林业局等国有林业单位依法开展经营管理活动，法律、行政法规另有规定的从其规定。"

③ 例如，《森林法》第 8 条规定："国家对森林资源实行限额采伐、鼓励植树造林、对造林育林给予经济扶持"等多种保护性措施；《国有林场管理办法》第 34 条、第 35 条规定："国有林场应当加强国有森林资源保护和管理，保证国有森林资源稳定增长"，"不得以其经营的国有森林资源资产为其他单位和个人提供任何形式的担保"。

认和保护集体经济组织及其全体成员对森林资源的所有权、使用权及林地承包经营权等权利，国家也通过不断推进和深化集体林权制度改革来落实和保障林农对集体所有森林资源享有的占有、使用、收益等合法权益。但《物权法》第124条、125条仅规定林地承包经营权，而取得承包林地上种植的林木所有权被视为是林地承包经营权人的收益。基于森林资源的复合性及森林资源各要素之间相互关联、相互影响且互为条件的整体性，《民法典（物权篇）》应以保障集体森林资源所有权行使和实现为目的，确认集体所有森林资源利用权。与国有森林资源相比，集体所有的森林资源在其利用权设置方面，除同样考虑其生态功能的发挥及所有者资产收益外，还有必要强调在确保农民基本生存权利的基础上有限度地实行市场化资源配置。一方面，集体森林资源通过承包经营的方式在集体内部成员之间的分配，是集体行使、实现其所有权的重要方式，也是确保林农生存利益的必要措施；另一方面，我国集体林权市场化改革的经验，已经表明市场机制是配置资源的有效手段，有助于提升集体组织的资源资产收益。因此，集体所有的森林资源利用权的初始配置上，应当以集体经济组织内部成员优先取得为原则，以其他民事主体取得为例外；以无偿取得为原则，以有偿利用为例外；以有限流转为原则，以自由处分为例外。

（二）森林资源利用权具体权利的继受取得

森林资源利用权体系内各具体权利的二次分配，是同一自然资源上多种权利并存时的资产运营需要，也是满足权利取得人长期稳定投资的回报、实现其经营活动中相关权利要求的有效路径。由于具体权利经由物权处分而取得，其客体范围及权利内容并未发生变化。因此，继受取得的森林资源利用权具体权利的物权性质不变。

基于森林资源规模经营、可持续发展要求以及维护森林生态安全的考量，除物权变动的一般规则外，特别法及《民法典（合同编）》应就继受取得森林资源利用权具体权利作出特别规定。

1. 关于允许处分具体权利的森林资源的范围、规模及用途管制的规定

《森林法》及国有自然资源管理相关的立法，应明确森林资源开发利用中具体权利处分的范围不包括天然林和公益林、国家公园、自然保护区等法律禁止市场配置的森林资源；①对于允许市场配置的森林资源，应以"节约资源、保护生态环境"为原则综合考量资源承载能力和市场供求平衡，对有偿使用森林资源的数量、规模加以限制；②根据森林资源的地理位置、天然禀赋和利用水平，以"生态保护红线、用途管制"为强制性规范，对特定范围内森林资源用途加以限制，如规定省级公益林区域仅允许利用森林景观开展观光旅游、严格控制在所有森林区域范围内进行永久性设施的建设。

2. 关于具体权利存续期限的特别规定

由于集体经济组织成员对集体所有森林资源的法定经营期间从 30 年至 70 年不等，③承包经营权人转让权利时设定的期限不应超过承包经营权本身剩余的存续期限。但是，国有营林单位对国有森林资源的利用没有明确的法定期限。从资产管理和使用收益的保障需要出发，立法上应当区分森林资源类型及具体权利内容，明确其具体权利存续上限。如林地使用权、森林经营权的期限可以相对较长，原则上不超过 30 年，而林木经营权则可相对较短，以不超过 10 年为宜。

3. 关于具体权利转让合同变更与解除的特别规定

由于森林资源的稀缺性以及森林资源利用中风险因素的复杂性，在具体权利存续期限较长的情况下，法律应当允许当事人在合同履行中，具体考量森林资源的生态环境因素的变化，通过变更权利义务保障资源公平合理的利用；当森林资源条件发生了订立合同时无法预见、非不可抗力造成、不属于商业风险

---

① 根据《国务院关于全民所有自然资源资产有偿使用制度改革的指导意见》（国发〔2016〕82 号），除国有天然林和公益林、国家公园、自然保护区、风景名胜区、森林公园、国家湿地公园、国家沙漠公园的国有林地和林木资源资产外，国有的其他森林资源资产可以引入竞争机制进行资源配置，实行有偿使用制度。允许国有林场职工承包经营的限于"农林交错、相对分散、易于经营"的国有商品林地（参见《黑龙江省伊春林权制度改革试点实施方案》第 2 条第 1 款）。

② 如《福建省国有森林资源资产有偿使用办法（试行）》（2018 年 12 月）第 11 条规定：省属国有林场国有森林资源资产有偿使用，涉及森林观光、休闲、体验、康养等旅游项目，逐级上报省级林业主管部门审批；涉及种植、养殖、采集等森林经营或林下经济项目，600 亩（不含）以上的，逐级上报省级林业主管部门审批，600 亩（含）以下的，授权市级林业主管部门审批。

③ 《农村土地承包法》第 20 条：耕地的承包期为三十年。草地的承包期为三十年至五十年。林地的承包期为三十年至七十年；特殊林木的林地承包期，经国务院林业行政主管部门批准可以延长。

的重大变化，继续履行合同将对一方当事人明显不公或可能造成森林资源破坏的，当事人一方可以请求协商解除合同，协商不成的，有权诉请人民法院或仲裁机构解除合同。

（选自《东南学术》2019 年第 5 期）

生态价值与绿色发展

"双碳"背景下我国碳账户建设的模式、经验与发展方向

◎孙传旺　魏晓楠*

2015 年底订立的《巴黎协定》明确提出，全球将尽快实现温室气体排放达标，并于 21 世纪下半叶实现温室气体的净零排放。为应对全球气候变化，中国主动承担与国情相符的国际责任，作出力争于 2030 年前完成碳达峰，努力争取于 2060 年前实现碳中和的承诺（简称"双碳"目标）。为稳步推进"双碳"目标实现，中央将"双碳"目标上升为战略任务，提出要深入推进工业、建材、交通等行业低碳转型，加大温室气体控制力度，提升生态系统碳汇能力，以及广泛形成绿色生产生活方式等系列举措。[①] 具体而言，落实"双碳"目标需从减碳和增汇两方面发力，先重点覆盖火电、水泥、钢铁、建材、化工等高碳排放部门，随后再推广至所有企业、个人和社会团体，推动能源系统完成以可再生能源替代为关键抓手的低碳转型。[②] 在碳达峰实现之前，中国既要监测社会主体的碳排放，又要核算其减碳贡献，因此，碳账户应运而生，其为每个参与主体的碳强度与碳排放管控提供了科学合理的核算方法与基础数据支

---

　　* 作者简介：孙传旺，经济学博士，厦门大学经济学院中国能源经济研究中心教授，厦门大学计量经济学教育部重点实验室研究员、博士生导师；魏晓楠（通讯作者），厦门大学经济学院博士研究生。

　　① 《中华人民共和国国民经济和社会发展第十四个五年规划和 2035 年远景目标纲要》，中华人民共和国中央人民政府网站，http://www.gov.cn/xinwen/2021-03/13/content_5592681.htm。

　　② 方国昌：《节能减排路径优化理论分析及政策选择》，科学出版社 2020 年版，第 96—125 页。

持，记录了每一个参与主体特定时间、特定空间的碳排放量与碳消除量。现阶段中国在减少二氧化碳排放上采取行政指令与市场机制相结合的方式，将减碳责任与固碳贡献层层分解到各级政府、企业、个人与其他社会团体，同时加快构建以市场机制解决外部性问题的微观市场基础，利用构建市场的方式激励社会主体主动降低二氧化碳排放。而市场有效运行的基础在于准确核算参与主体生产生活所覆盖的碳排放量与碳消除量，进而确定参与主体是否需要在市场上购买额外的碳配额或碳汇。碳账户的构建可以有效解决这一问题，将外部性问题内部化，为市场机制的有效运行提供相配套的微观基础。

构建碳账户需要厘清几个关键问题。首先，需要定义减碳行为，明确社会主体的哪种行为属于降低碳排放的行为。对企业而言，减排行为方式主要有三类，分别是应用减排技术、使用清洁能源以及集约化管理。[①] 对个人而言，减碳行为则涉及衣、食、住、行等各个方面，比如以步行代替机动车出行。其次，记录与检测减碳行为。减碳行为的记录与检测需要结合不同社会主体的特点以及现阶段技术的可行性，有针对性地构建动态跟进的数据核算系统，比如对工业企业安装能耗采集装置，当企业安装节能设备后，就可以记录到企业的减碳行为。再次，量化社会主体的减碳行为。根据现阶段的碳核算方法得到碳排放因子，计算社会主体每个减碳行为的碳减排量数据。比如利用中国核证减排量（CCER）方法估算居民选择地铁出行产生的碳减排量。最后，构建动态评价参与主体减碳行为的体系与奖励机制。由于社会主体的减碳行为具有外部性，因此应以商业和交易激励为手段，建立起政府、金融机构与多方社会组织共同参与的正向引导机制。[②]

学术界对碳账户及其会计核算体系的构建尚未形成共识，对碳账户构建的分析主要侧重于生物碳储量，缺少对经济中的碳储量变化的分析。[③] 部分学者尝试以个别平台构建个体或企业碳账户的实践经验为依托讨论碳账户的发展方

---

① 王明喜、鲍勤、汤铃等：《碳排放约束下的企业最优减排投资行为》，《管理科学学报》2015 年第 6 期。

② 黄莹、郭洪旭、谢鹏程等：《碳普惠制下市民乘坐地铁出行减碳量核算方法研究——以广州为例》，《气候变化研究进展》2017 年第 3 期。

③ 赵雪、马晓君、张剑秋：《基于国际标准更新的生态系统核算比较》，《统计与决策》2021 年第 19 期。

向,[①] 但单一平台的实践经验难以为不同类型社会主体的碳账户构建提供借鉴。本文从理论出发,梳理不同类型社会主体碳账户构建的方法,厘清不同行业、不同类型社会主体减少碳足迹的发力点,并通过对比英、美等发达国家碳账户应用的主要模式,结合我国个人碳账户与企业碳账户的应用经验,深入剖析我国碳账户建设的特点与不足之处,对"双碳"目标下碳账户的发展方向进行了探讨,以期为社会主体建立从"双碳"政策目标到低碳行为的有意识联系提供有益借鉴。

一、碳账户的基本内涵与构建方法

(一)碳账户的基本内涵

碳核算的发展源于 1992 年的《联合国气候变化框架公约》(以下简称《公约》),《公约》要求所有缔约方都编制温室气体的排放来源与封存数量清单,以便于更清晰更公平地划分碳排放责任和碳封存贡献。为增加各国温室气体清单的可比性,联合国政府间气候变化专门委员会(IPCC)制定了国家温室气体报告准则,规定各国采用标准化的定义、单位与时间间隔核算温室气体排放与清除量。[②] 碳核算分析为捕捉低碳发展提供了相关核算的方法学理论,而各国碳排放量与碳清除量的核算结果构成了碳账户的主要内容。碳账户作为基本的记账单位,为各国低碳发展提供了直观的可比工具。

碳账户是界定个人、企业等各社会主体碳足迹、碳排放权边界与减碳贡献的记录与数据治理工具。其核算与会计账户、价值链账户、绿色责任账户、金融资产账户等密切相关。一是与会计账户的关系。碳足迹与碳固定的测算涉及企业从原材料投入、加工、产品出售到最终废料处理的全部日常生产经营活动,而碳排放与固碳业务也需要计入会计科目,并以资产和负债形式体现。碳账户与会计科目的碳流动本质一致,只是衡量方式不同,前者以物质数量衡

---

①　何起东:《以碳账户为核心的绿色金融探索》,《中国金融》2021 年第 18 期。

②　Lövbrand E, and Stripple J, "Making climate change governable: accounting for carbon as sinks, credits and personal budg-ets", *Critical Policy Studies*, 2011, 5 (2), pp. 187-200.

量，后者以货币价值衡量。二是与价值链账户的关系。碳账户涉及基于全球价值链的隐含碳的测算，需将贸易利益与环境利益相结合，从不同国家投入产出关系中解析全球价值链参与对贸易隐含碳的影响，即将碳账户中的碳排放责任与碳清除贡献细化到国别层面，评估各国应对气候变化问题的贡献。三是与绿色责任账户的关系。温室气体与二氧化硫、氮氧化物等空气污染物同根同源，清除温室气体也伴随着其他大气污染物排放的减少，因而应对气候变化与大气污染物防治往往采用协同治理方式，使碳账户与其他污染物排放账户发生同向变化。这两种账户都是绿色发展账户的重要内容。四是与金融资产账户的关系。碳账户实际上也是一种创新的金融工具，用于记录社会主体的碳资产，因此可作为碳资产的交易账户进行买卖、投资、抵押、变现等。碳账户与其他账户的关系如图1所示。

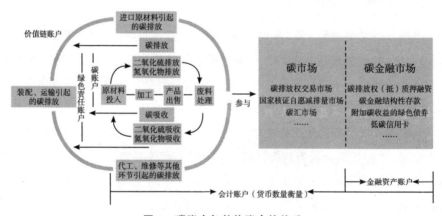

图1　碳账户与其他账户的关系

（二）碳账户构建的理论基础与方法

依据社会主体的类型，碳账户可以分为个人碳账户和企业碳账户，基于社会主体的碳足迹与固碳行为，碳账户包括碳排放与碳吸收账户，主要用于记录温室气体的排放与消除。碳账户还可以计算社会主体的减碳量（节碳量），即实际碳排放量与资源标准用量下的碳排放量的差额，量化社会主体在各个环节对降低碳排放做出的努力。图2汇总了个人碳账户与企业碳账户的构建方法。

1. 企业碳账户

现阶段，我国企业碳账户多以生命周期法为基础，并依据权威机构规定的

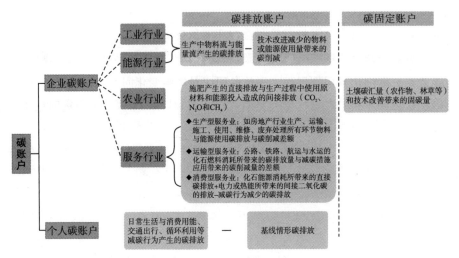

图 2　企业与个人碳账户的构建方法

系数测算方法来构建。其中，应用最为广泛的是依据 IPCC 的系数测算碳足迹和碳固定的计量核算方法。[①]碳足迹是指某个产品的整个生命周期产生的直接或间接的温室气体排放，碳固定是指通过新增或优化现有植被数量吸收大气中的温室气体并降低温室气体浓度的过程。当碳固定的数量大于碳足迹的数量时，该社会主体的碳账户为正值（不考虑碳资产交易时），存在碳盈余，反之则存在碳赤字。不同行业企业在构建碳账户时存在较大差异，详见表 1。

表 1　不同行业企业碳账户构建方法

不同行业	构建方法
工业行业	工业企业碳账户中碳排放量核算主要延续碳足迹方法，重点捕捉生产流程中涉及的所有物料流与能量流的温室气体排放，其中物料的温室气体排放来自含碳原料分解和燃烧过程，而附着在能量流中的温室气体排放主要来自煤炭、煤气等碳质燃料的燃烧。当企业采取能源再利用、再循环技术、工艺流程集约化等低碳生产方式时，会改变某个生产流程中所消耗的物料或能源使用量，进而减少工业企业二氧化碳排放量，增加碳账户盈余。

---

①　陈衣乐：《中美企业碳足迹核算方法对比》，《财会月刊》2014 年第 2 期。

续表

不同行业		构建方法
能源行业		能源行业碳账户测算与工业行业相似，重点捕捉生产环节的碳排放，能源企业与工业企业存在差异的地方在于能源开采企业的节能量与总容量有关，从而影响低碳生产方式下工业企业生产流程中所消耗的物料与能量的测算方式。比如Sun 等提出各国资源禀赋不同，在现有技术水平下不同国家能源开采的总容量不同，当采用不同类型节能技术时（如生产环节变化、提高能源效率、替代燃料选择、再循环等），对应的能源总容量与单位容量的节能量存在显著差异。[①]
农业行业		农产品涉及的温室气体主要包括 CO_2、N_2O 和 CH_4，与其他行业不同，农业企业碳账户既包括生产流程中的碳排放，又包括通过改善土壤、生物质替代等方式吸收的碳排放。从碳排放账户看，主要包括施肥产生的直接排放和生产过程中使用原材料和能源投入造成的间接排放。现有研究大多基于农产品的生命周期方法测算碳排放；农业企业的碳吸收账户则主要包括土壤碳汇量（农作物、林草等）和技术改善（比如使用秸秆综合利用技术，改善土壤碳固定水平）带来的固碳量，企业的碳固定减去碳足迹就是碳账户净额。
服务行业[②]	生产型服务业	生产型服务业中碳排放量最大的为房地产行业，基于生命周期方法构建房地产行业企业的碳账户需要涵盖整个服务流程中涉及的物质与能源投入所产生的碳排放，主要包括建筑材料生产、建筑施工、建筑拆除、材料的回收再利用等环节，当企业采取减碳的工艺流程、施工和运输方式时，会改变对应环节的碳排放系数以及能源和物料的使用量，从而形成碳账户的盈余。
	流通型服务业	流通型服务业的碳排放主要包括公路、铁路、航运与水运的化石燃料消耗所带来的碳排放量，依据生命周期方法加总不同类型运输工具单位运输量二氧化碳排放量与运输周转量的乘积，可以得到交通运输行业的碳排放量。[③] 运输行业企业的碳账户盈余一方面体现在运输过程中减碳措施的应用，另一方面也可以体现在高碳运输方式向低碳运输方式的转变上。

---

① Sun D Q，Yi B W，Xu J H，et al，"Assessment of CO_2 emission reduction potentials in the Chinese oil and gas extraction in-dustry：From a technical and cost-effective perspective"，*Journal of Cleaner Production*，2018，201，pp. 1101-1110.

② 根据国民经济行业分类（GB/T4754—2017），服务业可以分为生产型服务业、流通型服务业、消费型服务业。

③ Duan H，M W Hu，Y K Zhang，etal，"Quantification of the Carbon Emission of Road and Highway Construction in China U-sing Streamlined Life Cycle Assessment"，*Journal of Cleaner Production*，2015，95，pp. 109-116.

续表

不同行业		构建方法
消费型服务业		消费型服务业可以根据二氧化碳的排放类型分为直接二氧化碳排放和间接二氧化碳排放，前者主要指企业对不同类型化石能源消耗所带来的直接二氧化碳排放，后者主要指使用电力或热能所带来的间接二氧化碳的排放，[①] 当企业采用减碳行为时，会减少高碳燃料的消耗量，进而增加碳账户盈余。

2. 个人碳账户

个人碳账户最早由英国环境部长 David Miliband 提出，是个人碳资产管理的交易账户，用于衡量人们日常活动的碳排放量。[②] 个人碳账户的盈余主要来自减碳行为的量化，与企业碳账户测算类似，个人减排行为也可以依据权威的方法学进行测算，当前应用最为广泛的是 CCER 测算法，测算的具体范围包括日常生活与消费用能、交通出行、循环利用等行为。具体而言，个人碳账户的核算首先需要确定基准线情形下二氧化碳的排放，接着对选择低碳行为下的二氧化碳排放量进行测算，再将二者相减得到低碳行为的减碳量。以交通出行为例，当居民选择步行或地铁方式替代汽车出行时，基线情形下高能耗交通工具的碳排放量与低能耗出行工具碳排放量的差额就是个人碳账户的盈余。个人低碳行为的记录与检测具有较大的外部性，往往需要引入私营部门（包括金融机构、碳交易平台与运营企业）参与，以解决资金限制和激励不足的问题。[③] 现阶段，我国已经推出了一些个人碳账户项目，比如 CCER 交易平台、碳账户 4.0 和蚂蚁森林。

① Wang M, and Feng C, "Decomposition of energy-related CO_2 emissions in China: An empirical analysis based on provincial panel data of three sectors", *Applied Energy*, 2017, 190, pp. 772-787. Zhang Y J, and H S Chen, "The impact mechanism of the ETS on CO_2 emissions from the service sector: Evidence from Beijing and Shanghai", *Technological Forecasting and So-cial Change*, 2021, 173, 121114.

② Jagers S C, Löfgren A, and Stripple J, "Attitudes to personal carbon allowances: political trust, fairness and ideology", *Climate Policy*, 2010, 10 (4), pp. 410-431.

③ Zhao X, Y Bai, and L Ding, "Incentives for personal carbon account: An evolutionary game analysis on public-private-partnership reconstruction", *Journal of Cleaner Production*, 2021, 282 (9), 125358.

二、国外碳账户应用的主要模式

碳账户的构建方法帮助社会主体从微观角度认清践行"双碳"目标的努力方向，但碳账户还需融入碳规制的宏观框架，承担碳治理任务。我国碳账户仍处于初步建设阶段，归纳总结英美等发达国家碳账户应用模式能为我国碳账户建设提供有益经验与借鉴。

（一）信息框架理念下的碳账户应用

信息框架理念是指以碳账户的方式获取用户信息，为限额或交易提供碳足迹信息，且碳账户需充分融入碳规制政策框架。有效的碳定价是前提，即社会主体应同时接受碳税和其他碳定价机制或行业标准的监管，构建普遍的碳问责制。个人碳账户的碳消费可以通过碳税豁免或分配免费配额来避免双重征税，个人为企业执行的任何活动都应该排除在个人碳账户体系外。英国是较早启动个人碳交易与碳账户建设的国家之一，众多学者对英国个人碳交易与碳账户建设展开过讨论。Guzman 和 Clapp 通过征求学界与政府机构对英国大不列颠岛构建个人碳交易与碳账户体系的设计意见，提出一套最优的改进方案，在这一框架下，碳账户通过提供信息让社会成员参与进来，赋予社会主体权利与环境目标约束（比如给成员发放个人碳配额津贴，追踪与限制用户对汽油、电力和天然气的消费）。改进方案致力于建立一个"碳＋健康＋储蓄（CHSS）"的体系，该体系由现有数据库模块、电子信息模块与碳计算器模块组成，可以为用户提供社交、健康、储蓄与激励。这一体系被纳入参与者的支付系统中，参与者凭借碳盈余可换取现金折扣。[①] 碳账户与碳交易体系设计涉及社会和心理动机，比如经济下行时人们针对碳预算限制采取节能行为。[②] 因而这一框架建议以游戏娱乐的方式激励人们对竞争、自我表达、利他主义等社会比较的参与。

---

① Guzman L I, and Clapp A, "Applying personal carbon trading: A proposed 'carbon, health and saving ssystem' for British Columbia, Canada", *Climate Policy*, 2017, 17 (5), pp. 616-633.

② Parag Y, Capstick S, and Poortinga W, "Policy attribute framing: A comparison between three policy instruments for personal emissions reduction", *Journal of Policy Analysis and Management*, 2011, 30 (4), pp. 889-905.

（二）解决区域公平性问题的碳账户应用

一国在能源结构、能源基础设施、减碳政策与碳排放模式等方面的差异会对该国推行碳交易与碳账户计划产生影响。比如美国北部地区能源需求主要以供暖为主，而南部地区则以制冷为主要能源用途，美国100个大都市地区碳排放量调研显示，最高地区能源人均家庭碳排放量是最低地区的五倍以上。[①] 由于不同地区的初始碳强度与低碳选择存在较大差异，如果制定统一的碳交易与碳账户建设计划可能会导致分配不公平问题。对于联邦制国家而言，推行碳交易与碳账户计划会更加艰难，比如欧盟中的一些国家能够接受比其他国家更严格的政策工具，在制定排放乘数、购买低碳电力、低碳运输选择等方面更能接受高强度减排方案。不同的资源禀赋、气候特点、收入与燃料征税方式等都会对成员国的低碳方式产生影响，因而在欧盟推行统一的个人碳交易与碳账户建设方案会比较困难。[②] 由此可见，在实现特定的减排目标下，碳账户建设并不只是单纯计算碳消费和固碳贡献，还需平衡不同地区低碳行为的实施成本，制定兼顾效率与公平的碳账户核算和激励机制。

（三）增加用户参与度与提高低碳效率的碳账户应用

为减少碳排放量，当没有财政补偿计划时，可以利用碳账户监管下游用户的碳排放行为，因为通过监管，下游用户可以清晰地看到他们在哪里消耗能源，以及有哪些选择可以减少能源消费，这将比上游的限额和交易计划管控更节约成本。那么，如何吸引更多用户参与构建碳账户？Niemeier 等在介绍美国加利福尼亚的家庭温室气体限额与交易（HHCT）制度时，提出可通过改进 HHCT 制度降低政策实施成本，提高可交易许可制度和下游监管的经济效益、环境效益和公平效益。[③] 具体而言，一方面，HHCT 制度应不断扩大计划

---

① Brown M A，Southworth F，and Sarzynski A，"Shrinking the carbon footprint of metropolitan America"，*Washington*，*DC*：*Brookings Institution*，2008.

② Fawcett T，"Personal carbon trading in different national contexts"，*Personal Carbon Trading. Routledge*，2017，pp. 339-352.

③ Niemeier D，Gould G，Karner A，et al，"Rethinking downstream regulation：California's opportunity to engage households in reducing greenhouse gases"，*Energy Policy*，2008，36（9），pp. 3436-3447.

范围，比如家庭碳账户测算的口径不应仅局限在电力使用和天然气消耗，这样可能会带来下游限额与交易系统的不公平性；另一方面，在这一制度下，碳账户的核算与超额碳排放的付费以公用事业单位为主导，即公用事业单位将碳计费系统与公用事业计费系统联系起来，当公用事业单位选择清洁燃料或更新能源基础设施时，可获得政府发放的超额津贴，而拥有超额津贴的公用事业单位可以将其出售给短缺的企业，从而解决家庭限额与交易制度的效率。

三、我国碳账户场景应用的实践经验

依据参与主体的不同，我国碳账户的实践可分为个人碳账户和企业碳账户场景应用。英美等发达国家将碳账户融入碳规制政策框架，重视碳账户应用的效率与公平，而我国碳账户场景应用以自愿参与为基础，将建设的重点放在平台组建与引流扩容方面。

（一）个人碳账户

英美等发达国家通过分配个人碳配额，将超额排放行为与超额付费、缴纳碳税等方式联系起来，思考是上游企业还是下游用户的降碳成本更低。我国个人碳账户建设还处于平台组建阶段，并未将个人碳账户纳入碳规制政策框架。政府对个人碳减排行为以激励为主，不强制个人参与，而个人碳账户的场景应用以个人减碳行为捕捉为主，并未融入居民的日常生活支出。具体而言，个人碳账户场景应用模式主要有以下三种。

1. 依托环境交易所构建平台：具备承接个人碳账户核算与交易的天然优势

环境交易所作为碳排放核算与减碳项目挂牌的权威机构，在承接个人碳账户核算与交易方面具有天然优势。早在 2015 年 6 月，北京环境交易所就推出了国内首个自愿减排微商服务平台，这一平台建设实现了从 CCER 到 PC 端再到移动端的突破，具备碳排放测算、减排项目套餐、在线购买与微信支付的功能，有效推进了个人碳账户应用实现从碳中和目标拆解—碳排放测算—减排项目购买支付的全流程落地。具体而言，个人可以利用该平台记录自身"衣食住行用"的日常行为，还可根据自身的温室气体排放量购买相应的减排量，平台会自动计算一定期限内的温室气体排放量，并链接到认证过的温室气体减排项目销售渠道。从平台运营模式可以看出，北京环境交易所个人碳账户平台的建设致力于承接个人碳配额与碳交易体系，但由于目前我国尚未出台个人碳交易与个人碳配额分配制度，使得该平台的核心作用未能有效发挥。

2. 依托第三方支付平台：用户体系庞大，关注低碳行为的社交价值

随着电子支付的普及，第三方支付平台记录了人们日常生活的各个方面，可以有效捕捉个人的低碳行为，在奖励机制设计上也具有较大的发挥空间。以2016年蚂蚁金服推出的"蚂蚁森林"平台为例，"蚂蚁森林"平台立足公益创造碳汇，其用户人数达到5.5亿，是全球最大的个人碳账户平台。与国外个人碳账户建设的相似之处在于，该平台也注重个人碳账户用户的心理与社交动机。"蚂蚁森林"涉及的低碳行为覆盖了阿里旗下的蚂蚁森林、菜鸟、钉钉等软件在内的系列活动，比如用户采用步行或地铁出行、网络购票、在线缴纳生活费用等低碳行为都能获得相应的温室气体减排量，累积的减排余额被称为"绿色能量"，可用于购买虚拟树木，并获取相应的"蚂蚁森林植树证书"。蚂蚁金服的碳账户采用公益基金、环保机构与个体碳账户相结合的方式，将虚拟种树落实到现实世界，鼓励用户采取低碳行为。根据《蚂蚁森林2016—2020年造林项目生态系统生产总值（GEP）核算报告》的测算，蚂蚁森林的参与用户超过5.5亿，累计种植树木超过2.2亿，种植总面积超过306万亩，碳减排超过1200万吨，当所有种植植被进入成熟期后，生态系统生产总价值可达113.06亿元。

3. 地方政府主导构建平台：推广碳普惠制与个人"碳试点"的重要抓手

地方碳账户是以地方政府为主导，以补贴形式鼓励居民绿色出行的碳账户平台。个人碳账户可以量化城市居民的减碳行为，将累积的碳减排量转化为碳币、碳积分等形式，配合政府引导、商业和交易激励的方式，鼓励城市居民形成绿色低碳的生活理念。因而个人碳账户是碳普惠制与个人"碳试点"推广的重要抓手。2021年12月，深圳市生态环境局与碳排放交易所上线了"低碳星球"小程序，开启了深圳个人"碳试点"工作。该小程序基于腾讯大数据，记录和跟踪个人的低碳出行、微信步数等减排行为，并以"碳资产"的形式记录碳排放数据，体现其金融属性。碳普惠制与个人"碳试点"的融合立足于非生产领域的减排创新激励，对个人低碳行为的激励以自愿为主，社会节能减排激励较弱，不如个人碳配额与碳交易制度下居民的参与度高，低碳理念的推行也较为缓慢。

（二）企业碳账户

企业出于履约目的构建碳账户，也有部分地区尝试以碳金融方式激励企业主动降碳，利用数字化工具逐渐丰富碳账户应用场景。现阶段履约目的以外的企业碳账户场景应用主要有以下两种模式。

1. 政府与金融机构主导模式：借助碳金融创新扩大减排企业范围

目前我国的碳规制框架只纳入了重点排放企业，尚未将中小企业纳入节能减排管控范围，由此借助碳账户体系与碳金融创新可以激励碳交易体系以外的企业参与节能减排工作。在政府与金融机构主导模式下，政府主要负责政策制定、部门协调、提供扶持资金与相关数据等方面工作，金融机构则深挖激励机制，将碳盈余与信贷利率、信贷额度、风险敞口相挂钩。以浙江衢州的碳账户构建为例，2021 年 5 月，衢州市出台了国内首个覆盖工业、农业与个人的碳账户体系，将社会主体的银行账户、信用账户和碳账户关联起来，依托绿色金融服务信用信息平台，接入职能部门、个人、企业以及金融机构，实时记录社会主体的碳排放量与减碳量，碳账户盈余产生的碳积分可用于抵减信贷利息、手续费等。目前，衢州市工业碳征信报告已覆盖 895 家工业企业和 178 家农业企业，推出 34 个工业减碳贷产品，碳账户贷款规模达 43.41 亿元。

2. 碳账户融入供应链金融：以碳资产重构商业信用体系

将碳账户融入供应链金融的模式有助于实现"链式脱碳"，促进"链式融资"，并获得上下游企业的"链式支持"。基于核心企业供应链的碳账户构建致力于激励上下游企业的减碳行为，将低碳行为量化为碳信用，抵减上下游企业的商业信用融资成本。例如，2021 年 TCL 财务公司联合地方金融机构推出了"绿色碳链通"碳账户，从生产侧和管理侧两方面覆盖企业碳排放，聘请第三方评估认证机构对企业的碳排放量进行测算评估，满足条件的企业可以获取更优惠的应收账款抵押融资条件，将基于产业链的绿色低碳行为转化为衡量企业信用水平的"软资产"，这一模式有效解决了绿色金融发展过程中银企之间的信息不对称问题。

四、我国碳账户建设中存在的问题

英美等发达国家的碳账户应用以碳配额和碳交易为支撑，以有效的碳定价为前提。我国的碳账户模块相对独立，个人碳账户还未能与碳配额、碳交易、碳税等政策工具充分融合，较难发挥提供信息框架和对社会主体形成自我约束的功能，个人为企业执行的碳排放相关行为也未能排除在个人碳账户体系之外，个人碳账户与企业碳账户之间未形成清晰的衔接机制。具体而言，我国的碳账户建设存在以下五个方面问题。

（一）碳账户尚未融入以碳定价为核心的减排政策框架

碳账户作为建立"双碳"政策目标与社会主体低碳行为有意识联系的工具，是碳定价体系的重要组成部分，也是碳配额和可交易配额的重要支撑。然而现阶段我国碳账户的构建及场景应用还未融入以碳定价为核心的减排政策框架，且社会主体参与基本出于自愿，场景应用也主要停留在平台建设与吸引流量上，仅个别先行地区的企业碳账户的建设致力于利用碳账户盈余减少融资成本。从根本上看，碳账户并未与碳配额、CCER、碳交易等管控工具形成联系，低碳行为的改变需要碳价格与心理信号双重驱动，特别在个人碳账户的应用中，目前还缺乏"减排政策的心理构建—经济激励—最终行为改变"的完整框架构建。

（二）管理体系不完善导致我国建设碳账户的成本较高

基于发达国家碳账户应用经验，低碳行为捕捉范围较窄会引发下游限额与交易系统产生不公平问题，加之我国幅员辽阔，不同地区用能结构与低碳行为选择存在较大差异，碳账户的构建需要尽可能纳入更多类型的碳减排行为。个人或企业相关信息采集工作量较大，地方政府在开发本地碳账户时，往往希望从数据到算法都因地制宜地开发一套完整的量化核证体系与低碳行为数据搜集库。这种单独构建数据库和核算方法的模式所耗费的时间、资金与人工成本都很高，特别是个人日常活动涉及衣食住行各个方面，且大多以自愿为前提，记录起来较为困难。英美等国家的碳账户数据大多源于现有数据库，并将碳账户与现有的计费系统相联系，以减少碳核算成本。我国的个人和企业碳账户的数据采集与核算往往由运营平台主导完成，忽略了现有数据库与计费系统的整合。

（三）场景应用多跨协同发展缓慢影响碳账户利用效率

英国在构建碳账户时利用电子信息模块，将零售商、加油站、银行、航空公司与酒店等多方数据与场景协同起来，构建基于网络的超级应用程序和多用途电子碳卡。对比来看，现阶段我国的碳账户建设还主要停留在吸引用户参加、完成碳核算以及碳盈余的初级兑换阶段，在碳普惠、绿色金融、碳排放权交易等场景应用上的发展较为缓慢。构建碳账户的真正意义在于应用，即为各地区、各行业的低碳转型提供数据、标准与技术支撑，激励社会主体改变用能方式。对个人碳账户而言，现有应用方向还主要停留在地铁出行、步行、共享单车等简单的生活场景中，对减碳场景的覆盖还比较有限，还有较大的扩展应用场景的空间，比如共享汽车、智慧家居、数字化办公等，利用5G数据捕捉测算不同特征居民的低碳行为等。对企业碳账户而言，目前仅有个别地区实现了绿色金融领域碳账户应用，未来还应尽快纳入碳中和相关的碳排放权交易、用能权交易、碳科技等多个多跨场景，以提高碳账户利用效率。

（四）尚未涉及保障碳账户构建与应用的区域公平性问题

在全国范围实施碳账户管理有赖于碳账户构建和应用的公平问题得以有效解决。英美等国家在推行碳账户计划时会平衡不同地区低碳行为的实施成本，根据不同地区特点规定低碳减排行为方案，保障政策实施的效率与公平。现阶段我国在构建个人和企业碳账户时，往往采取统一的核算标准，还未能根据不同行业、不同区域、不同收入阶层的异质性特征确定低碳行为标准，进而明确碳配额及分配方法，难以保障不同地区实施碳账户管理的公平性。比如蚂蚁森林等个人碳账户工具更多关注如何计算，但却较少关注个人碳账户数据反映出的群体特征，这些数据信息可以为未来启动个人碳配额及碳交易分配方案提供数据支撑，解决农村地区无法获得低碳燃料的补偿问题。

（五）碳账户信息准确性与安全问题日渐突出

碳账户作为低碳行为与碳资产管理的交易账户，记录了社会主体生产生活等各个方面数据，在平台数据共享背景下，碳账户信息采集工作无法覆盖所有低碳行为，特别是个人碳足迹与减碳行为大多出于自愿，没有准确统一的衡量标准与来源口径，信息的准确性与科学性存疑，而信息准确性存疑会对碳盈余奖励的公平性产生直接影响，制约碳资产的发展。另外碳账户信息在应用时涉及众多行政部门、金融机构、平台公司等，信息安全难以保障，现阶段我国也没有出台相应的法律法规保障每一个环节的数据信息安全，这将直接影响社会主体参与碳账户构建的积极性。

五、"双碳"目标下我国碳账户建设的发展方向

（一）充分整合现有数据库，推进碳账户系统融入全国碳市场

碳账户作为碳配额与碳交易的基础，需与国家限额和减排政策形成统一框架。国家应根据不同地区、不同行业减排主体的特点，制定碳账户系统接入现有数据库和计费系统的实施计划，将减排技术、碳市场与激励措施结合起来。具体而言，一方面应为企业和个人碳足迹与碳消除提供定量核查方式与标准化考核依据。借鉴国外碳账户建设经验，深入挖掘现有数据库，打通碳账户与其他部门数据壁垒，吸纳各种生产生活场景，将绿色行为、真实碳减排量与减排价值相挂钩，为监管机构审查碳足迹提供依据，也为社会主体自主制定科学合理的减碳计划提供借鉴。另一方面，碳账户的应用需要政府部门、公共事业单位、金融机构、零售平台等多方主体协同推进。充分整合现有的计费系统，植入碳账户板块，接入碳定价体系，将社会主体参与和行为改变的激励措施与利益相关者模型和技术平台相结合，不断完善碳账户盈余的经济与心理上的激励机制，帮助社会主体减少碳足迹与能源消耗。

（二）创新资金激励方式，推动中小企业构建碳账户

实现碳达峰和碳中和需各方社会主体共同参与、共同发力。当前碳排放权交易市场只纳入了部分行业的大型企业，众多中小企业与居民并未明确减排目标。中小企业也是我国产出、就业和税收的重要贡献者，也占据了碳排放的较大份额，但其碳核算与碳披露能力较差，难以获得国家的绿色资金支持。因此，应

鼓励中小企业借鉴推广"衢州碳账户"或"绿色碳链通"的模式，激励金融机构为绿色低碳企业提供更低融资成本，推动中小企业实现绿色低碳转型。为此，地方政府应出台引导中小企业构建碳账户和绿色低碳发展的资金计划，吸纳社会资金成立适用于中小企业碳账户的发展基金，利用大数据与云计算采集中小企业的煤、电、气等用能与碳排放数据，依据碳排放量和低碳贡献将企业划分为不同等级。联合金融机构加大对符合条件的企业提供低息贷款、发行绿色债券、提高再贷款额度等支持，激励中小企业参与碳核算和构建碳账户。

(三) 保障碳账户建设的公平性与合理性

我国碳账户建设现处于初步阶段，目前只是对积极参与二氧化碳减排的企业和个人提供奖励措施，对高碳排放的个人和企业并未采取惩罚机制。应依据不同地区、不同行业的减排目标和历史数据动态调整碳核算方法，避免出现碳资源向碳生产率低的企业倾斜的情况，保障碳账户构建与赏罚的公平性。可以借鉴英美等国家碳账户的建设经验，将碳账户与碳配额分配框架与现有的区域能源供需结构、能源基础设施建设与收费制度有效协同起来，根据全生命周期方法配置区域间的减排责任，对弱势群体作出补偿安排。政府需统筹协调节能减碳一本账、碳排放权配额等管理目标，以碳账户为依据，出台相关法律法规，对碳排放超标的社会主体实施强制处罚，有效约束负外部性行为，同时配合市场手段，激励受管控社会主体参与碳交易，提高碳减排效率。

(四) 加强数字化创新与保障信息安全

现阶段我国碳账户构建对大数据技术的利用还主要停留在挖掘社会主体能耗数据方面，未来还需进一步促进云计算、数字化技术以及职能部门数字化管理等方面的应用，利用数字化技术打通碳排放权、自愿减排量、碳汇等多种产品交易市场，提高企业碳资产配置与碳排放管理效率。政府各个职能部门也需接入碳账户数字化管理平台，动态监测各个社会主体的碳排放与减碳行为，避免信息不对称条件下出现"运动式减碳"情况，从全局出发，科学有序推进实现"双碳"目标，正确引导绿色减碳发展。各方数据的接入与数字化创新需要同时从法律和技术两方面保障数据安全，尽快出台保障大数据与碳账户信息安全方面的法律法规，强化数据使用监管，避免碳账户信息泄露成为新风险点。

（五）满足全面绿色发展要求，避免其他污染物溢出

碳账户的构建需满足绿色低碳发展的全部内涵，如果企业只是降低了碳排放，但却增加了其他污染物排放，则不符合中国碳中和的发展路径。因此，政府与社会主体在构建碳账户约束碳排放行为时需与绿色发展的其他内涵相平衡，兼顾生态修复、减少其他污染排放与节约水资源等要求。在规定碳减排责任的同时，也明确常规污染物处理、水污染治理、生态修复等方面的治理责任，从技术上将碳账户、绿色责任、生态账户等打通，将碳核算与生态核算相统一，激励社会主体设立长期目标，协同推进减碳、减排、增绿与增长。

（选自《东南学术》2023 年第 5 期）

中国碳排放权交易市场：
成效、现实与策略

◎陈星星*

"碳排放权"是指企业依法取得向大气排放温室气体的权利，是一种特殊的、稀缺的有价经济资源，紧密联结金融与绿色低碳经济，是绿色金融体系的重要组成部分。建设和完善碳排放权交易市场是实现"双碳"目标的重要途径，是构建国内绿色金融体系的内在要求，是争取国际碳排放定价权、推进人民币国际化的重大举措。[1] 习近平总书记在 2022 年 1 月 24 日主持中共中央政治局第三十六次集体学习时强调，要充分发挥市场机制作用，完善碳定价机制，加强碳排放权交易。2021 年 7 月，我国统一碳排放权交易市场启动线上交易，现已取得积极成效，但仍面临不少问题。目前我国碳排放权交易市场碳价整体稳中有升，交易量有所放缓，2022 年 5 月日均成交量为 78.1 万吨，较 2021 年 12 月日均成交量 588.7 万吨下降 86.7%。[2] 系统分析国外碳交易市场主要做法，有助于我国进一步完善碳交易市场的体制机制，对于如期实现"双碳"目标具有重要意义。

现有文献大多集中于碳排放权交易试点建立以来试点省份的碳减排效应，

---

* 作者简介：陈星星，管理学博士，中国社会科学院数量经济与技术经济研究所副编审，中国经济社会发展与智能治理实验室研究人员。

[1] Wang Q., Xue Y., "Imbalance of Carbon Embodied in South-South Trade: Evidence from China-India Trade", *Science of the Total Environment*, 2020, 707 (C), pp. 134-473.

[2] 中金资管：《"碳"策中国（8）：破立并举促双碳》，2022 年 1 月 21 日，https://caifuhao. eastmoney. com/news/20220121160848480389110。

在此基础上进一步分析碳减排是否会造成区域间投资转移，导致出现"碳泄漏"等问题。[1] Wang 等采用 PSM-DID 方法实证分析了中国碳排放权交易试点对制造业高质量发展的影响，发现虽然试点政策显著提升了制造业的高质量发展水平，但政策效果明显滞后。[2] Lu 等进一步分析了碳排放权交易（CET）市场对发电企业的影响，认为 CET 市场的运行将使低排放机组在电力市场中更具竞争力。[3] 另一些学者从碳排放权交易市场的有效性入手，研究了碳排放权交易市场碳配额的价格机制，[4] 以及碳排放交易制度对企业研发创新的影响。[5] 本文以"政策举措—实施成效—发展现实—存在问题—政策思考"为研究框架，系统梳理了全国和试点省市碳排放权交易市场的主要政策举措和实施效果，在分析中国碳排放权交易市场发展现实的基础上，进一步分析了全国和试点省市在碳排放权交易市场建设运行中存在的问题，并对完善全国碳排放权交易市场建设提出策略思考。

一、中国碳排放权交易市场的政策举措及实施成效

（一）试点省市碳排放权交易的主要政策举措

中国碳交易试点自 2011 年建立以来，覆盖 20 多个行业，近 3000 家企业，累计成交金额超过 100 亿元。[6] 各试点省市在碳排放领域取得重大经验，实践

---

① 余珮、吴珂晗：《市场激励型环境规制是否引致对外直接投资——基于中国碳排放交易试点政策的准自然实验》，《生态经济》2022 年第 5 期。

② Wang L. H.，Wang Z，Ma Y. T.，"Does environmental regulation promote the high-quality development of manufacturing? Aquasi-natural experiment based on China's carbone mission trading pilot scheme"，*Socio-Economic Planning Sciences*，2022，81.

③ Lu Z. L.，Liu M. B.，Lu W. T.，LinS. J.，"Shared-constraint approach for multi-leader multi-follower game of generation companies participating in electricity markets with carbon emission trading mechanism"，*Journal of Cleaner Production*，2022，350.

④ 王军锋、张静雯、刘鑫：《碳排放权交易市场碳配额价格关联机制研究——基于计量模型的关联分析》，《中国人口·资源与环境》2014 年第 1 期。

⑤ 刘晔、张训常：《碳排放交易制度与企业研发创新——基于三重差分模型的实证研究》，《经济科学》2017 年第 3 期。

⑥ 第一财经：《全国市场开放，碳排放权交易十年试点有哪些得失》，2021 年 7 月 15 日，https：//baijiahao. baidu. com/s? id=1705354970382793130&wfr=spider&for=pc.

探索不同地区碳交易的制度和机制，实现了碳排放总量和强度双降。① 试点省市碳排放权交易市场建立初期，政策举措集中在构建完善碳排放权交易、碳排放管控、碳配额管理等制度建设方面，通过法律法规形式完善碳交易行为，规范和保障碳排放权交易市场的有序发展。比如 2012 年 10 月深圳市出台的《深圳经济特区碳排放管理若干规定》，明确了深圳市碳排放管控制度、配额管理制度、碳排放抵消制度和碳排放权交易制度。2013 年 11 月北京市发改委发布《关于开展碳排放权交易试点工作的通知》，明确北京市碳排放权交易试点市场交易机制。2014 年 3 月湖北省政府通过《湖北省碳排放权管理和交易暂行办法》。2014 年 5 月重庆市发改委制定《重庆市工业企业碳排放核算报告和核查细则（试行）》和《重庆市碳排放配额管理细则（试行）》，保障重庆市碳排放权交易市场有序发展。2014 年 5 月北京市发改委颁布《关于印发规范碳排放权交易行政处罚自由裁量权规定的通知》，规范碳排放权交易行政处罚自由裁量权。

随后，碳交易试点出台系列办法和实施方案，进一步制定质量管理、数据核查、配额分配、投诉处理等碳排放权交易制度。比如 2017 年 2 月，广东省发改委印发《广东省企业碳排放核查规范（2017 年修订）》以指导企业碳排放信息报告与核查；同年 4 月，印发《广东省发展改革委关于碳普惠制核证减排量管理的暂行办法》以加快推进广东省碳普惠制试点。同年 3 月，重庆市发改委公布《重庆联合产权交易所碳排放交易细则（试行）》，规范重庆市碳排放交易行为。2018 年 5 月，天津印发《天津市碳排放权交易管理暂行办法》，完善天津碳排放市场交易管理。同年 5 月，湖北省发布《关于 2018 年湖北省碳排放权抵消机制有关事项的通知》，完善湖北省碳排放权交易制度体系。2019 年 7 月，湖北省生态环境厅出台《湖北省 2018 年碳排放权配额分配方案》，明确湖北省 2018 年碳排放权配额分配方案。同年 7 月，北京出台《北京环境交易所碳排放权交易客户投诉处理暂行办法（试行）》，完善碳市场客户投诉处理流程和控制程序。

近年来，各试点省市陆续完善碳排放权交易管理规定，助推试点省份碳排放履约清缴工作。2020 年 6 月，天津市政府完善《天津市碳排放权交易管理

---

① 蓝虹、陈雅函：《碳交易市场发展及其制度体系的构建》，《改革》2022 年第 1 期。

暂行办法》以规范天津市碳排放权交易制度。2021 年 8 月，上海市生态环境局依据《上海市碳排放管理试行办法》和《上海市 2020 年碳排放配额分配方案》有关规定，开展 2020 年度碳排放配额第一次有偿竞价发放，发放总量为 80 万吨。2021 年 10 月，上海市政府印发《上海加快打造国际绿色金融枢纽服务碳达峰碳中和目标的实施意见》，推动上海市金融市场与碳排放权交易市场的合作与联动。2021 年 3 月，深圳市生态环境局出台《关于做好 2020 年度碳排放权交易试点工作的通知》，调整深圳市碳排放管控单位，并对统计数据、核查报告、质量管理、配额履约等碳排放权交易工作做出安排。2021 年 12 月，广东省生态环境厅印发《广东省 2021 年度碳排放配额分配实施方案》，明确广东省控排企业 2021 年配额总量和配额分配发放方法。

（二）全国碳排放权交易的主要政策举措

2011 年 3 月第十二个五年规划纲要提出，要求逐步建立碳排放交易市场。2012 年 6 月，国家发改委出台《温室气体自愿减排交易管理暂行办法》，保障自愿减排交易有序开展，调动碳减排活动积极性。随后，国家发改委陆续出台系列政策法规，推动建立全国碳排放权交易市场，确保碳排放交易有序开展。2014 年 12 月，国家发改委出台《碳排放权交易管理暂行办法》，推动建立全国碳排放权交易市场。为发挥试点省市示范作用，形成全国上下联动、互相配合的工作机制，2015 年 6 月国家发改委进一步发布《关于落实全国碳排放权交易市场建设有关工作安排的通知》。2016 年 1 月出台的《关于切实做好全国碳排放权交易市场启动重点工作的通知》，确定 2017 年启动全国碳排放权市场交易，发挥市场机制作用。2019 年 5 月，生态环境部印发《关于做好全国碳排放权交易市场发电行业重点排放单位名单和相关材料报送工作的通知》，确定全国碳排放权交易市场发电行业重点排放单位名单，要求做好配额分配、系统开户和市场测试运行的准备工作。2020 年，生态环境部连续印发《碳排放权交易管理办法（试行）》《纳入 2019—2020 年全国碳排放权交易配额管理的重点排放单位名单》等文件，发电行业被率先纳入碳排放配额管理。其中，《碳排放权交易管理办法（试行）》在准入标准、配额分配、排放交易、排放核查与配额清缴等方面进行了规范。169《2019—2020 年全国碳排放权交易配额总量设定与分配实施方案（发电行业）》在配额分配、配额发放、配额清缴等方面做出了规定。《2021年国务院政府工作报告》再次将其列入年度重点工作。2021年7月16日，全国碳排放权交易市场正式开市。2021年10月，生态环境部印发《关于做好全国碳排放权交易市场第一个履约周期碳排放配额清缴工作的通知》，确保各省市碳排放权交易市场完成第一个履约周期的配额核定和清缴工作。

（三）碳排放权交易政策实施成效

全国碳排放权交易市场自启动线上交易以来，市场运行有序，交易价格平稳，履约完成率达99.5%，促进了企业温室气体减排和绿色低碳转型。截至2021年12月31日，试点碳市场碳排放配额累计成交量4.83亿吨，成交额86.22亿元。试点碳市场将与全国碳市场持续并行，逐步向全国碳市场平稳过渡。

一是履约率高，促进碳排放总量下降。经过试点省市碳排放交易的十年探索，全国及试点省市碳排放权交易政策减排成效显著，重点排放单位履约率高，有效促进了温室气体减排，推动了省域低碳城市建设和碳普惠平台搭建。[1] 2021年12月31日，全国碳排放权交易市场第一个履约周期结束，北京、天津、上海、广东和深圳完成履约8次，湖北、重庆完成履约7次。2022年1月，甘肃平凉开建西北首个碳普惠城市，[2] 搭建碳普惠统一平台，强化了社会各界的低碳意识，为全国碳市场发展提供有益经验，实现了区域碳排放总量下降。二是推动产业结构调整，期初免费配额客观上抑制了"碳泄漏"行为。在碳达峰、碳中和目标的双重驱动下，高载能产业因高能耗需承担更多碳排放成本，应向低能耗、高附加值优化升级。由于中国碳排放权交易市场的发展仍处于平稳起步阶段，借鉴欧盟碳交易体系的先进经验，期初的免费配额能够降低企业碳排放成本，实现碳交易的平稳过渡，客观上起到抑制区域间和国家间"碳泄漏"行为的作用。因此，企业的期初免费配额方案仍将持续一段时

---

① 李平、陈星星：《中国新能源全要素生产率的实证测度及驱动因素》，《东南学术》2021年第2期。

② 九派新闻：《甘肃平凉开建西北首个碳普惠城市：公交出行、垃圾分类等将获"低碳奖励"》，2022年2月7日，https：//baijiahao. baidu. com/s? id＝17240673915401881112&wfr＝spider&for＝pc。

间，但随着碳交易市场的逐渐成熟，未来将降低免费配额比例直至停止免费配额发放。三是通过 CCER 机制助推欠发达地区发展和乡村振兴。碳源大多位于经济发达地区，而碳汇多位于生态良好的欠发达地区。经济发达地区的企业通过水电、光伏和森林碳汇等方式从欠发达地区获得中国核证自愿减排量（CCER），助推欠发达地区发展和乡村振兴。自全国及试点省市碳排放权交易市场实施以来，CCER 机制在碳源（买碳）和碳汇（卖碳）之间架起"桥梁"，具有生态补偿功能和助力欠发达地区发展的功能。[①] 四是加速煤电机组运营绩效分化，推动社会低碳化发展。引入碳排放权交易市场后，碳排放的外部成本显化，转化为排放主体的内部成本。高能效机组通过出售剩余碳排放配额以降低综合供电成本，低能效机组需额外增加碳排放履约成本。如南方区域燃煤高能效机组每年可通过出售配额盈利 2750 万元以上，折合度电成本降低 0.006元；而低能效机组则需额外支出 750 多万元购买碳排放配额，折合度电成本增加 0.008 元，从而碳排放权交易加速了不同能效燃煤机组的运营绩效的分化。在碳达峰、碳中和目标驱动下，高载能行业的碳排放成本显著增加，其依赖低端产业规模扩张的粗放增长模式难以为继，这从另一方面助推经济产业结构向低碳化转型发展。

二、中国碳排放权交易市场发展情况及存在的问题

（一）试点省市碳排放权交易市场发展情况

1. 试点市场在覆盖行业、控排门槛、减排战略和免费配额方面存在差异

试点省市碳排放权交易在覆盖行业、纳入控排企业门槛等方面存在差异。[②] 从覆盖行业看，试点省市碳排放权交易市场以电力、建材、化工、石化、钢铁、有色金属、造纸和民航业等 8 个高能耗行业为主，但各试点市场根

---

① 《湖北碳交易体系设计专家孙永平：碳市场作为新的政策工具，在实施中仍面临诸多挑战》，《潇湘晨报》2021 年 3 月 30 日，https：//baijiahao. baidu. com/s？ id=1695688511333356430&wfr＝spider&for＝pc。

② 赵领娣、范超、王海霞：《中国碳市场与能源市场的时变溢出效应——基于溢出指数模型的实证研究》，《北京理工大学学报》（社会科学版）2021 年第 1 期。

据自身的产业密集度、市场规模和排放效率，设置了不同的行业范围。其中，北京、上海、广东纳入了航空等服务业，深圳专门纳入了公共及机关建筑，而湖北、广东等省则以钢铁、水泥等高耗能工业为主。从纳入门槛看，深圳、北京第三产业占比高且三产企业排放量相对较小，其纳入控排企业门槛分别为年碳排放量 3000 吨和 5000 吨；上海、广东、天津、重庆纳入控排企业的门槛为年碳排放量 2 万吨；湖北的门槛值为综合能耗 6 万吨标准煤及以上；其他试点市场纳入控排企业的门槛为年碳排放量 2 万吨或综合能耗 1 万吨标准煤（详见表 1）。

表 1   碳排放权交易试点省市初期发展概况

省市	启动时间	控排企业总量	涉及行业	总量	门槛	交易产品
北京	2013 年 11 月	945 家	制造业、工业、服务业、供热企业、火力发电企业	0.5 亿吨	控排单位 5000 吨煤	BEA，CCER，林业碳汇、节能项目碳减排量
天津	2013 年 12 月	114 家	民用建筑领域及重点排放行业（钢铁、电力、石化、化工、热力、油气开采等）	1.6 亿吨	2 万吨煤以上	TJEA，CCER
上海	2013 年 11 月	600 余家	工业（钢铁、化工、电力）、非工业（宾馆、商场、港口、机场、航空）	1.5 亿吨	工业 2 万吨煤，非工业 1 万吨煤	SHEA，CCER
重庆	2014 年 6 月	254 家	工业（钢铁、铁合金、电石、电解铝、烧碱、水泥）	1.3 亿吨	2 万吨煤	CQEA，CCER
湖北	2014 年 4 月	236 家	工业（钢铁、电力、热力）	2.81 亿吨	6 万吨标煤	HBEA，CCER

续表

省市	启动时间	控排企业总量	涉及行业	总量	门槛	交易产品
广东	2013年12月	246家	电力行业、水泥、钢铁、陶瓷、石化、纺织、有色、塑料、造纸	3.8亿吨	2万吨煤	GDEA，CCER
深圳	2013年6月	811家	工业、制造业、建筑业	0.3亿吨	工业3000吨煤，政府机关及大型公建1万平方米	SZA，CCER

资料来源于齐鲁期货研究所、前瞻产业研究院：《中国碳金融市场研究2021》，https：//shoudian.bjx.com.cn/html/20180718/913896.shtml。

2. 试点市场碳配额交易价格差异较大，较成熟市场碳价偏低

各试点市场的碳配额交易价格差异较大，以北京和上海碳排放权成交均价为例，北京碳排放权成交均价高于上海碳排放权成交均价，每吨价格在24元～1000元，均价为70元/吨左右。北京碳排放权成交均价波动较大，可能与市场炒作和投机相关，市场价格仍期待回归更加合理的区间。2020年各试点市场成交均价在10元/吨～70元/吨范围之内，远低于欧盟碳排放配额价格78元/吨～708元/吨。国内试点市场价格呈现先升后降再回升的特征，市场交易初始价格小幅上升，随后一路走低，直至2020年有所回升。总体来说，国内试点市场交易不连续，市场活跃度较低，价格代表性有限。

3. 试点市场碳配额交易量波动显著，交易时间较为集聚

截至2022年6月6日，广东、湖北、深圳的累计成交量分别为18477.41万吨、8122.47万吨和5083.87万吨，累计成交额分别为41.30亿元、19.38亿元和12.03亿元，在试点市场中排名前三位。其中，广东的累计成交量和累计成交额最多，明显高于其他试点市场。各试点市场每日交易量变化波动显著，交易量较多的时间段集中于履约期前后。如2020年北京市场的履约期为7月31日，因此成交量最多的时间段集中于6月前后。可见现阶段重点控排企业的出发点大多是应对履约而非交易，金融机构参与度较低，碳交易市场流动性欠佳（试点市场碳配额交易量及成交额详见表2、表3）。

表2 试点省市碳排放权配额累计成交量 单位：吨

指标名称	上海碳排放权（SHEA）	北京碳排放权（BEA）	深圳碳排放权（SZA）	广东碳排放权（GDEA）	天津碳排放权（TJEA）	湖北碳排放权（HBEA）	重庆碳排放权（CQEA）
2013	20108	1438	114760	120129	9995		
2014	823255	459229	999335	638053	510056	4935519	145000
2015	2736896	1641354	3665251	4248886	1509197	13538246	213088
2016	5177525	3846326	12828439	16254317	2196608	27869736	346379
2017	8574507	5898684	17876479	40639958	2994666	38819304	4566378
2018	11013649	8848189	27005403	57943988	4622310	49006834	8304012
2019	13038204	11807147	37489736	101172806	6019198	54949126	8474750
2020	15277356	13873467	43756377	133180242	9511113	64581377	8530753
2021	17168745	15371816	47153595	166084000	16825511	75222548	9106563
2022	18039093	16586406	50838720	184774103	18713941	81224749	10533279

注：历年累计成交量为当年平均值；2022年数值截至2022年6月6日。

资料来源：上海环境能源交易所、北京环境交易所、深圳碳排放权交易所、广州碳排放权交易所、天津排放权交易所、湖北碳排放权交易中心、重庆碳排放权交易中心。

表3 试点省市碳排放权配额累计成交额 单位：元

年份	上海	北京	深圳	广东	天津	湖北	重庆
2013	555092	74416	7184001	7227740	290931	—	—
2014	31798045	27129515	68495046	36028818	10876021	117769926	4457300
2015	91988710	91081252	186929771	114585126	27855323	332219686	5712056
2016	115173073	195518865	462143429	280091280	36846545	645827509	7217358
2017	187933060	297888834	594940397	596706674	44201804	814028374	18474236
2018	275159544	459018313	850000968	817356016	61947354	987741985	27764038
2019	353186576	664720909	1045566028	1519561304	80167059	1142086423	28596527
2020	446749948	839911986	1115450066	2219336288	163354261	1411622619	29757218
2021	521591631	958550627	1161173947	3231490019	357914270	1714295013	45464119
2022	558276145	1049417388	1202726873	4129513054	411283503	1938474105	97806459

注：历年累计成交量为当年平均值；2022年数值截至2022年6月6日。

资料来源：同表2。

（二）试点省市碳排放权交易市场存在的问题

一是交易市场流动性不足，惜售现象严重，市场活跃度低。全国碳排放权交易市场主要是电力行业，交易主体主要为大型央企和国企等火电企业，集中履约的直接碳配额现货交易导致市场流动性不足，市场活跃度不高。一些大型央企、国企将持有的碳配额视为国有资产，合理配置碳资产能力不足，"惜售、限售"等情况较为普遍，甚至出现"谁出售、谁负责"的现象，非履约期交易总量在配额总量中的占比较低，换手率较低。[①] 2021年全国碳市场交易换手率约为3%，而欧盟碳市场换手率高达400%以上。部分企业和地方政府还存在地方保护主义思想，不允许跨省交易等行为影响了碳市场的活跃度和流动性。二是CCER机制建设缓慢，MRV制度和履约规则落实不到位。碳排放权抵消机制是丰富碳市场交易品种，拓宽碳市场履约渠道的重要途径。目前，中国核证自愿减排量（CCER）机制建设不够完善，新项目审批时间长制约了抵消机制的作用。2021年我国碳市场覆盖的碳排放量约为45亿吨，如果按照中国核证自愿减排量规定的可抵消配额5%的比例测算，中国核证自愿减排量的年市场需求量逾2亿吨，目前交易量显然无法有效满足碳市场的容量。部分试点省市的碳排放监测核算/报告/核查（Monitoring Reporting and Verification，简称MRV）制度和履约规则存在落实不到位的现象，可能与试点市场的法律制度不够完善、对ETS政策影响经济发展存在担心、MRV规则的可操作性不够强以及企业对ETS的认识和准备仍不充分等原因相关。三是商业银行参与有限，碳金融政策激励不足。国内商业银行早在2009年就开始探索发展碳金融业务，早期以参与清洁发展机制（CDM）项目为主，2012年银行与试点交易所建立合作，提供碳交易资金结算清算及存管服务。一些试点省市开发了碳基金、碳债券、碳远期等碳金融产品，但整体规模较小，地区发展不均衡，可持续性不高。[②] 2021年全国统一碳排放权交易市场运行期初，市场波动和风险较

---

① Yu H. C., Wang L., "Carbon Emission Transferby International Trade: Taking the Case of Sino-U. S Merchandise Tradeasan Example", *Journal of Resources and Ecology*, 2010, 1 (2), pp. 155-163.

② 鲁政委、叶向峰、钱立华等：《"碳中和"愿景下我国碳市场与碳金融发展研究》，《西南金融》2021年第12期。

大，商业银行参与有限。从 EU-ETS 的成功实践看，碳期货交易总量占 90％以上，碳衍生品较为丰富，主要包括碳排放权的远期、期货、期权、掉期、价差、碳指数等产品，衍生品交易量为现货交易量的 10 倍左右。碳金融的发展需要国家通过配套政策加以扶持，并出台系统政策加以引导。

（三）全国碳排放权交易市场发展情况

2012 年以前，我国参与碳排放交易的唯一方式为参与国际 CDM 项目。2012 年北京、上海等试点省市在试点地区参与 CCER 交易。2021 年 7 月 16 日，全国碳排放权交易市场正式线上交易，市场成交量周期性显著，碳价阶段性波动，控排企业碳交易意愿显著增强。

1. 以发电行业为突破口，助推构建减污降碳管控体系

全国碳排放权交易市场以发电行业为突破口，涉及约 7500 家电力企业，可交易碳排放量超过 50 亿吨/年。发电行业以煤炭消费为主，首批纳入全国碳市场的发电行业共计 2162 家，排放规模约 40 亿吨，约占全国碳排放总量的40％。发电行业排放数据自动化管理程度高，设施完备，管理较为规范。

2. 市场成交量周期性显著，交易存在"羊群效应"

全国碳排放权交易市场在成交量和成交规模方面存在明显的周期性特征。进入履约周期清缴月，履约期内超出排量的企业需要在碳排放权交易市场中购买额外的配额来抵消过量的排放量，造成总成交量和市场活跃度显著提升。然而履约期之外，市场活跃度较低，主要原因在于：一方面，市场参与主体为发电企业，同业约束方式相同，操作方式相近，在相同的政策条件下容易交易集中，引发"羊群效应"；另一方面，现阶段碳排放配额分配以免费分配为主，宽松且免费的配额发放使得企业利用交易推动减排的内生动力不足，积极性欠佳。随着从事碳交易的主体增多，市场免费额度发放收紧，市场活跃度预期得到改善。

3. 碳价阶段性波动，量价交易受政策影响明显

截至 2022 年 3 月，全国碳市场碳排放配额（CEA）挂牌协议交易累计成交量为 1.89 亿吨，累计成交额为 82.08 亿元。[①] 2021 年 8 月碳市场成交量与

---

① 资料来源：上海环境能源交易所发布的全国碳市场每日成交数据。

交易活跃度低位运行，9月有所回升。目前，重点排放单位完成约45亿吨二氧化碳年排放量的履约，参与交易的企业数量较少、占比较低，企业对进入市场从事碳交易持观望态度。[①] 2021年10月26日，各行政区域95％的重点排放单位已于12月15日完成第一个周期履约。时间线公布后，碳市场交易活跃度尤其是交易量明显回升，2021年11月和12月，全国碳市场碳排放配额（CEA）成交量分别为104.59万吨和588.72万吨，远高于7—10月31.85万吨的平均水平，碳市场整体交易活动受履约政策影响显著（详见表4）。

表4　全国碳市场碳排放配额（CEA）成交量及成交金额

	2021年						2022年		
	7月	8月	9月	10月	11月	12月	1月	2月	3月
成交量（万吨）	54.11	11.31	46.04	15.96	104.59	588.72	65.51	167.06	70.856
成交金额（万元）	2797	528	1923	6709	4289	25222	3423	9643	3997

注：成交量及成交金额为当月平均值。

资料来源：上海环境能源交易所。

4. 控排企业碳交易意愿增强，碳金融交易成为新兴市场

控排企业碳交易意愿增强，比如碳交易市场的"老兵"龙源电力2006—2013年通过CDM[②]业务获取利润22.5亿元，[③] 最高时期占龙源电力净利润总额的1/4。2021年全国排放交易市场上线后，龙源电力完成全国碳市场第一单，碳配额25万吨。随着未来钢铁建材等行业纳入碳交易市场，CCER冲抵量将显著增加，碳金融交易成为新兴市场，控排企业碳交易意愿预期进一步增强。2021年4月19日广州期货交易所正式成立，碳排放期货成为重点上市品种，计划于2022—2023年推出。央行披露数据表明，2021年第3季度中国投向具有碳减排效益项目的贷款占绿色贷款的66.9％；[④] 2021年我国绿色债券

① 周林、刘泓汛、曹铭等：《全国碳排放权交易市场模拟及价格风险》，《西安交通大学学报》（社会科学版）2020年第3期。

② CDM指发达国家政府或发达国家政府企业通过购买发展中国家减排项目产生的减排量，完成减排义务。

③ 新浪财经，《龙源电力："双碳"目标下公司主业料迎快速增长，碳交易业务有望贡献新增量》，2022年1月29日，https：//baijiahao. baidu. com/s? id＝1723271812483522636 &wfr＝spider&for＝pc。

④ 丘斌：《"双碳"目标下中小银行的发展》，《中国金融》2022年第2期。

发行规模达到 4600 亿元，绿色债券累计发行规模超过 1.6 万亿元，跻身世界前列。国家气候战略中心的数据显示，我国长期碳金融资金缺口年均在 1.6 万亿元以上，由此说明金融机构尤其是中小银行发展机遇广阔。

（四）全国碳排放权交易市场存在的问题

1. 配额总量设定较为宽松，未能体现配额的稀缺性

当前，全国统一碳排放权交易市场配额总量设定较为宽松，履约主体通过初始分配取得的碳排放配额数量超过其实际的温室气体排放需求，造成配额过度分配，导致配额价格低迷。欧盟碳排放权交易体系和美国区域温室气体行动（RGGI）在碳市场初建阶段曾因为配额过度分配导致配额价格几乎跌至零。从配额总量设置来看，我国的碳配额总量设置较为宽松，企业不需要通过"配额交易"等二级市场行为来完成履约，无法激励企业积极参与节能减排。从 2020 年以来的数据看，各试点市场成交均价除北京外主要在 10 元/吨～70 元/吨左右（北京地区价格偏高，达到 100 元/吨以上），远低于欧盟碳排放配额价格（欧盟同时期碳期货结算价格在 10 欧元/吨～90 欧元/吨之间，用 2020 年欧元兑换人民币平均汇率，欧盟碳期货结算价折合人民币在 78 元/吨～708 元/吨）。

2. 配额分配方式仍以免费分配为主，不利于节能减排和技术进步

《碳排放权交易管理办法（试行）》明确提出，全国碳市场关于配额分配方式的总体思路是初期免费分配，适时引入有偿分配。2016 年国务院批复同意的《全国碳排放权配额总量设定与分配方案》进一步指出，全国碳市场在启动初期采用基准法和历史强度法免费分配配额，适时引入有偿分配，待市场机制完善后提升有偿分配的比例。现阶段基于历史法确定未来排放量的分配方式，导致即使高排放企业减排成效和效率较高，但由于历史排放量高使其仍面临较高的减排任务，"鞭打快牛"的方式不利于企业节能减排和技术进步。

3. 市场成交量和价格政策性特征显著，控排企业碳交易意愿不强

2021 年 10 月生态环境部发布重点排放单位清缴碳排放配额的通知后，碳排放权市场交易活跃度明显提振，交易量和价格明显回升。2225 家电力企业是我国碳排放市场的参与主体，这些企业约束相同，操作方式相近，交易集中，易引发"羊群效应"。我国的碳市场以强制性参与为主，市场交易以政府为主导，控排企业以履约为主要目的参与碳市场，因此会出现以履约期碳成交

量起伏较大，非履约期碳成交量均偏小的"潮汐现象"。[①] 由于市场调节作用不足，控排企业交易意愿不强，市场流动性不足，由此形成恶性循环。

4. 碳市场核查体系和信息披露制度尚未完善

目前中国碳市场核查服务主要采取由省级生态环境主管部门委托第三方核查机构的方式进行核查，这可能会导致独立性受损和寻租行为的产生，难以保证核查数据和结果的真实性和有效性。政府对核查工作的过多干预会造成碳市场调节机制失灵，降低碳市场运行效率。当前全国碳排放权交易市场仍处于建设初期，对未履行控排义务的企业惩罚力度偏低，比如对未按要求及时报送温室气体排放报告，或者拒绝履行温室气体排放报告义务的企业，处 5 万～20 万元的罚款。仍有部分企业尚未建立完善的内部质量控制和碳排放监管体系，一些企业甚至出现篡改、虚报碳排放报告的行为。

5. 碳金融产品的创新与推广力度不足制约碳市场的规模化发展

目前我国碳交易方式主要为现货交易，尚未构建期权或者期货交易，相关碳金融产品的创新尚显不足，这在一定程度上制约了我国碳交易的活跃程度。部分试点省份开展了碳金融衍生产品和涉碳融资工具的尝试，涌现出碳债券、碳基金、配额回购融资、碳排放权抵质押贷款、碳结构性存款、碳保险等碳金融产品，但发行数量较少、金额较小，仍属示范性质和零星试点状态，规模化交易尚不多见。从全国统一碳排放权交易市场来看，碳金融产品尚未开发，做市商制度尚未引入。中国的碳金融市场还处于发展的初级阶段，碳金融产品种类少，区域发展不平衡，金融机构难以有效介入碳市场开展规模化交易。全国统一碳排放权交易市场的活跃度较低，市场流动性明显不足。

三、完善中国碳排放权交易市场建设策略思考

未来中国碳排放权交易市场应进一步完善市场机制，通过释放合理的价格信号，引导社会资金的流动，降低全社会的减排成本，进而实现碳减排资源的最优配置，推动生产和生活的绿色低碳转型。

---

① 张晶、崔瑛麟：《我国碳交易市场价格走势特征比较研究——基于湖北、广东、深圳三个区域碳交易市场样本数据分析》，《价格理论与实践》2021 年第 5 期。

（一）坚持碳排放权市场总量设置适度从紧，提高资金利用效率

随着全国碳排放权交易市场机制和运行日趋完善，以及碳达峰、碳中和政策目标下碳减排力度的进一步增强，我国碳配额总量设置应坚持适度从紧原则，从目前基于强度减排的配额总量设定方式，向基于总量减排的配额总量设定方式过渡，将碳排放内化为企业生产成本，提高企业碳减排活动的积极性。通过外部环境成本显性化和内部化，以"市场—金融—技术"三引擎驱动能源绿色低碳转型，实现碳减排效益最大化。[①] 从碳定价机制中筹集到的资金按照一定比例划拨到环保专项基金中，对高排放地区、高排放企业开展针对性扶持，提高资金利用效率。分阶段推进全国碳排放交易体系建设，灵活调整不同阶段下的碳排放交易政策，在保证公平的条件下激发碳排放市场活力，保持碳价格稳定。

（二）鼓励商业银行拓展碳市场业务，构建多层次碳交易市场和碳金融市场

碳金融是碳市场的有益补充，可以提高碳市场的流动性，为碳市场健康发展提供资金保障。2022 年 1 月，中国农业银行率先与中国碳排放权注册登记结算有限责任公司达成合作，利用"农银碳服"系统助力完成全国碳排放权交易市场第一个履约周期配额清缴工作，是国有大型银行推动碳排放交易，丰富碳金融产品的首次尝试。建议放宽金融机构准入，允许金融机构参与碳金融衍生品市场的交易，强化碳价格发现功能，平抑碳价格波动，促进碳金融体系多元化发展。监管机构可以制定相应的激励政策，制定碳市场发展指引，适当减免开展碳金融业务金融机构的税收行为。在立法先行、监管体系健全的前提下，联合银行、证券、期货、基金等金融机构，实现碳现货市场、期货/期权市场以及碳融资市场等共同发展，构建多层次立体的碳交易市场和碳金融市场，更好地激发碳市场活力，充分挖掘碳排放权这一特殊资源的价值，从而确保我国"双碳"目标顺利达成。

---

① 陈星星：《非期望产出下中国省域能耗效率评估与提升路径》，《东南学术》2018 年第 1 期。

（三）延长发电行业碳排放配额全额免费实施周期，保持生产环节征收碳税

在全国碳排放权交易市场中，发电行业作为能源供应端被率先纳入碳市场。当前电力市场化改革已让发电企业面临较大竞争压力，煤电企业等难以内部消化碳排放成本，而要将碳排放成本疏导至终端用户难度较大。因此建议适当延长发电行业碳排放配额全额免费实施周期，建立畅通的成本疏导或价格传导机制，保障能源电力供应安全和行业可持续发展。电力是生产生活的必需品，单纯提高电价会导致全社会用能成本增加，易引发广泛关注和不满，不利于提高人民群众的幸福感，因此建议在生产环节征收碳税，尽管最终可能终端用户使用成本会更高，但更易于群众接受。对电力、水泥和钢铁产业，碳税可以在价值链的较早环节征收，而不必面向所有家庭、企业或机构。对于牲畜产生的甲烷排放，可以在屠宰场的环节征税。随着未来全国碳排放权交易市场主体增加，免费配额逐步缩减，碳价将逐步走高，也将推高燃煤等化石能源综合发电成本。

（四）建立多功能、一体化的全国碳排放权交易市场数据分析平台

增强科技支持和资金配套，借助人工智能、大数据、区块链等信息技术，建立多功能一体化碳排放权交易市场数据分析平台。整合现有的"广东碳交易""中国碳市""四川环境交易""沈阳碳交易"等地方碳交易用户终端APP，建立多功能一体化碳排放权交易市场数据分析平台，构建全国统一的碳交易用户终端。通过金融科技实现对目标客户的个性化管理，打造精准化碳排放权市场交易服务模式。同时，培训碳排放交易专业人员，对碳交易市场、控排企业、金融行业碳排放交易从业人员进行全国统一规范化管理。

（五）构建区域协同碳排放权交易中心，探索碳排放权交易市场国际合作

从 EU-ETS 的发展历程看，碳金融产品关系到中国碳排放权交易市场的流动性和交易规模，因此，构建完备的碳金融体系，大力发展中国碳配额期货是未来中国碳排放权交易市场发展的必然方向。大湾区碳排放权交易所的成立，可作为加快构建全国区域协同碳排放权交易中心的有益探索，推广至京津冀、长三角、泛珠三角、粤闽浙沿海区域碳排放交易合作，打通碳排放权交易

试点省份的"点"与全国统一碳排放交易市场"面"之间的"线"联系，促进全国碳排放交易市场的顺利开展。中国碳排放权交易市场应加深与全球碳市场的合作，探索国际化道路。2021年9月，中国—加州碳市场联合研究项目正式启动，以共同应对气候变化挑战，实现碳达峰、碳中和目标。未来中国碳市场要进一步加强与全球各碳市场的合作，借鉴国际碳市场的发展经验，协调中国与国际碳排放权交易机制间的差异，加快中国碳排放权交易市场国际化进程。

（选自《东南学术》2023年第5期）

绿色创业生态系统的创新机理研究

◎李华晶*

当前，全球经济社会可持续发展理念特别是中国生态文明建设为绿色创业研究和实践提供了契机。绿色创业是创业者着眼未来产品和服务的机会开发过程，遵循可持续发展的经济、环境和社会三重底线，创造经济、心理、社会和环境多重价值。[①] 作为具有多时空维度和多行动层面的内涵体系，绿色创业内嵌生态系统属性，与兼备整体性和动态性的创业生态系统呈现交叉融合的研究态势，绿色创业生态系统（Green Entrepreneurial Ecosystems，简称 GEEs）研究呼之欲出，成为创新创业领域前沿探索方向。

绿色创业生态系统是以创业者、创业团队和创业型企业为核心行动主体，以相关组织和机构为参与主体，由上述主体之间及其与所处自然、文化和市场等外部环境之间交互作用所形成，以提高区域创业活动水平及其可持续发展贡献度为演进目标的有机整体。[②] 从概念内涵、要素结构和演化过程来看，绿色创业生态系统较绿色创业更强调系统性，较创业生态系统更强调绿色性。用电影《流浪地球》比喻，创业生态系统是个"地球"，绿色创业生态系统是"阳光普照的地球"，绿色创业生态系统让创业星球不再流浪，能够实现经济增长

---

* 作者简介：李华晶，管理学博士，北京林业大学经济管理学院教授、博士生导师。

① McMullen J., Shepherd D. "Entrepreneuri alaction and the role of uncertainty in the theory of the entrepreneur", *Academy of Management Review*，2006，31（1），pp. 132-152.

② 李华晶：《京津冀绿色创业生态系统建设研究》，《管理现代化》2017 年第 1 期。

和生态文明互促共进。

一、绿色创业生态系统的创新价值

在协同推进经济高质量发展和生态环境高水平保护的中国创新创业情境下，绿色创业生态系统成为具有共性导向和交叉融通的科学问题，在理论和实践领域具有重要的创新价值，主要体现在以下三个方面。

（一）廓清绿色创业生态系统内涵体系有助于多学科知识交叉

如何吸收多学科分析范式，将跨学科理论与创业研究进行融合，进而从微观视角厘清绿色创业生态系统的内部结构，提炼基于核心主体的架构要素和行动主线，是进行绿色创业生态系统形成和演化分析以及开展实证研究的重要前提，更是进行研究创新的首要问题。虽然创业生态系统研究成果并不鲜见，但绿色创业生态系统的理论本质仍是有待挖掘的"谜题"，其内部机理亟待进行充分解析。

为此，通过现场观察、叙事研究和扎根理论的科学设计，廓清绿色创业生态系统架构要素和主线，理论内涵突出核心主体的网络中心地位及其与外部环境的给养联系，架构要素聚焦核心主体与系统资源要素的联结机制，架构主线强调核心主体机会开发是系统动态性线索所在。[①] 由此提炼出兼具理论创新和实践操作性的绿色创业生态系统内涵体系，有助于在绿色创业和创业生态系统研究的基础上，按照社会技术系统理论范式，推动生态学、经济学、心理学和社会学以及复杂科学等多学科实现知识交叉，促进给养理论、助推理论和社会创新理论等领域研究聚焦行动主体的核心作用，以此从微观视角揭示绿色创业生态系统的内涵本质。

（二）明晰绿色创业生态系统发展规律有助于共性难题突破

绿色创业生态系统核心主体与外部环境如何交互影响？围绕技术的资源联结如何发生并发挥作用？服务社会的机会开发过程呈现何种态势？这些是开展

---

① Cohen B. "Sustainable valley entrepreneurial ecosystems", *Business Strategy and the Environment*, 2006, 15 (1), pp. 1-14.

绿色创业生态系统理论创新需要明晰的基本线索和重点问题，也反映了动态性研究的共性难题，即如何通过单学科深入研究和多学科交叉研究，在时间维度上揭示系统形成和演化机理，在空间维度上从提炼主体行动路线拓展到解构主体与环境的交互机理。

因此，从社会技术系统理论范式出发，明晰绿色创业生态系统发展规律，不仅符合该理论代表人物 Trist 对管理要确保社会系统与技术系统协同的基本认识，[①] 更有助于在解决共性难题的过程中实现理论融通和突破。从形成视角来看，抓住技术助推进路到社会创新效应的核心链条，解答绿色创业生态系统的本源和方向问题；从演化视角来看，聚焦绿色创业主体行动与其他主体和环境的交互机理，提供多要素动态性的整合模型和"行动路线图"。特别是从方法论视角看，融汇助推理论与社会创新理论在绿色环保领域的研究成果，[②] 吸收叙事研究、联合分析和实验研究等研究设计，提炼绿色创业生态系统形成的技术动力，识别和评价绿色创业生态系统演化的社会创新效应，进而科学总结绿色创业生态系统发展规律，既可以为创业生态系统研究提供新见解，也能够为其他学科领域生态系统研究提供绿色创业的新分析框架。

（三）提炼绿色创业生态系统政策路径有助于情境化实践创新

如何促进中国情境下绿色创业生态系统健康成长从而创造可持续新价值，提升绿色创业生态系统对区域可持续发展乃至中国绿色发展和创新发展的贡献度，是绿色创业生态系统研究的应有之义，也是基于中国情境提炼研究发现的落脚点和应用方向。[③] 能够满足可持续发展需要且前景良好的绿色创业活动为什么有些会夭折而有些得以启动并获得成功？以绿色技术为代表的技术动力所助推的创业行为能够保证符合可持续发展三重底线的价值创造吗？绿色创业生态系统的社会创新效应在生态、社会和经济三个方面是平衡的吗？存在问题的原因和优化对策又是什么？

---

① Fox W. "An Interview with Eric Trist, Father of the Sociotechnical Systems Approach", *Journal of Applied Behavioral Science*, 1990, 26 (2), pp. 259-279.

② Bonini N., Hadjichristidis C., Graffeo M. "Green nudging", *Acta Psychologica Sinica*, 2018, 50 (8), pp. 814-826.

③ 李华晶、张玉利、汤津彤：《基于伦理与制度交互效应的绿色创业机会开发模型探究》，《管理学报》2016 年第 9 期。

由此，紧扣中国绿色发展情境的绿色创业生态系统研究，强调复杂适应系统范式的应用价值，倡导针对不同区域空间开展比较分析，通过运用系统动力学、演化博弈、联合分析以及统计分析等方法手段，提炼并检验不同情境下绿色创业生态系统的成长规律，据此延揽制度理论基本主张，揭示中国情境下有效促进绿色创业生态系统健康成长的政策路径。尤其在当前统筹推进疫情防控和经济社会发展工作中，如何平衡严格规范环评审批执法与精准服务企业复工复产的关系，如何落实绿水青山既是自然财富、又是经济财富，绿色创业生态系统研究和实践任重道远，不仅有助于兼顾创业激活和环境绿化，能够为绿色创业环境健全提供系统性和创新性政策指导，而且有助于绿色发展和创新发展的高质量协同，为中国生态文明建设提供绿色创业生态系统的创新方案。

二、绿色创业生态系统的创新机理绿色创业

生态系统作为一个创新体系有其创新过程，从基于绿色创业过程具有系统性、动态性和复杂性的判断出发，紧跟创业生态系统和绿色创业研究前沿，理论创新与实际应用并重，遵循理论推演和动态跟踪调查的研究思路，以绿色创业生态系统形成和演化为脉络，有助于增强技术助推动力和社会创新效应，通过揭示绿色创业生态系统的发生和发展机理，提炼出绿色创业生态系统健康成长方向，为创业研究理论体系和研究范式构建提供知识基础和现实依据，并归纳出面向创新创业管理、可持续发展等实践活动的科学启示和建议。

（一）绿色创业生态系统的创新缘起：创业主体行动

绿色创业生态系统将绿色创业研究从行动主体的考察，拓展到主体与环境交互机理的探寻，构建绿色创业生态系统的动态架构，揭示绿色创业的环境本质和逻辑。创业者作为行动主体，是揭示绿色创业活动规律的重要分析视角，但是，系统考察绿色创业者与外部环境交互的研究明显不足，以环境友好为本质特征的绿色创业生态系统研究刚刚起步。[①] 现有研究多是从外部较为宏观的

---

① Hockerts，K.，Wüstenhagen，R. "Greening Goliathsversus Emerging Davids-theorizing about the role of incumbents and new entrants in sustainable entrepreneurship"，*Journal of Business Venturing*，2010，25（5），pp. 481-492.

视角，考察绿色创业的政策环境等表征问题，欠缺从微观视角挖掘创业主体与环境交互的核心"谜题"，未能系统揭示绿色创业生态系统得以产生和发展的机理。

因此，绿色创业生态系统研究和实践，要突破当前在分析和行动层次上的局限，融合创业理论与给养理论，聚焦行动主体的核心作用，以创业者作为绿色创业生态系统核心主体，从机会—资源一体化视角入手，引入资源联结和机会开发的研究成果，构建绿色创业生态系统的动态架构，避免研究陷入"范畴错误"，丰富已有的创业者层面创业理论的思想内核，为解答绿色创业生态系统产生和发展机理的本质问题提供了理论可能。

具体而言，绿色创业生态系统作为一个创新性的理论体系和行动架构，并非停留在宏观环境层面，而是嵌入进微观主体层面，明晰行动的概念本质和独特属性，廓清绿色创业生态系统架构要素和主线，为开展绿色创业生态系统的动因和效果分析提供基础。内在机理包括三个环节：一是明晰绿色创业生态系统核心主体。从微观视角切入，在可持续发展理论和创业理论融合基础上，明晰兼具绿色和创业多重属性的绿色创业生态系统概念特征，聚焦绿色创业生态系统中具有能动性的核心创业主体（如绿色创业者、绿色创业团队和绿色创业企业），参考创业行动理论剖析这些绿色创业主体行动发生和作用机理，提炼基于创业者行动的绿色创业生态系统创新本源。二是梳理绿色创业生态系统架构要素。借鉴给养理论主张即行动主体知觉形成是环境生态特征产物，构建由核心主体与环境资源共同构成的绿色创业生态系统架构，参考代表性研究对硅谷创业生态系统六类资源要素的划分，对绿色创业生态系统环境资源进一步细分为自然资源（基础设施）、社会资源（公共部门、学术机构、社会文化）和经济资源（金融部门、私营部门），据此剖析绿色创业生态系统核心主体与其所处环境之间的关联性和互补性，提炼基于资源联结的绿色创业生态系统架构要素。三是理顺绿色创业生态系统行动主线。遵循机会开发为创业生态系统核心主线的理论基础，[①] 借鉴创业机会开发双阶段（即从他人机会到自我机会）模型，探查绿色创业生态系统核心主体如何从他人机会开发阶段转化到自我机会开发阶段，以及如何实现绿色创业机会价值的创造，挖掘基于机会开发的绿

---

① 林嵩：《创业生态系统：概念发展与运行机制》，《中央财经大学学报》2011 年第 4 期。

色创业生态系统架构形成和演化的逻辑主线。

图 1　GEEs 创新缘起：创业主体行动

创业主体行动作为绿色创业生态系统创新缘起的机理参见图 1 所示。由图可见，创业主体行动从微观视角回答绿色创业生态系统的核心主体是谁、架构要素有什么以及架构如何形成这三个基本问题，在多学科理论融合基础上，提炼绿色创业生态系统兼具绿色和创业多重属性的生态系统内涵特征，揭示基于资源联结的架构形成机制和基于机会开发主线的动态演化规律。需要说明的是，图 1 所示的内在机理在融合多学科前沿理论同时，也反映出当前中国绿色发展的实践经验以及国内学者关于"机会—资源一体化"的新近探索，[①] 有助于推动绿色创业生态系统基础研究的理论创新和科学贡献。

值得一提的是，创业主体行动也符合社会技术系统范式的理论主张。[②] 社会技术系统研究范式在创业研究中的应用，强调创业生态系统在揭示创业本源和社会价值的重要地位，关注绿色创业过程中技术系统与社会系统的融合联动，而创业者、创业团队或创业型企业正是融合联动过程中的推手。针对创业生态系统，技术被视为推动系统形成的关键资源要素，而社会创新效应则可以反映创业生态系统作为人与环境交互作用以及一定社会关系共演过程的重要评价主题。例如，一些研究发现，创业者对绿色技术的热衷其实源于积极的政策刺激，而那些非环境友好的行为则与创业者伦理问题密切相关。另一种相反的解释则认为，绿色创业的动力来自创业者们较高的社会责任感和道德水平，而那些非绿色的创业行为，更多地归因于制度环境的不健全。还有研究指出，在

---

①　林艳、张晴晴、李慧：《基于时空观的绿色创业生态系统共生演化仿真研究》，《学习与探索》2018 年第 11 期。

②　Gibbs D., O'NeillK. "Rethinking sociotechnical transitions and green entrepreneurship: The potential for transformative change in the green building sector", *Environment and Planning A: Economy and Space*, 2014, 46 (5), pp. 1088-1107.

发展中国家的现实条件下，探查创业生态系统的影响具有独特价值，发展中国家和新兴市场对研究创业实现社会价值过程具有重要意义。[①]

（二）绿色创业生态系统的创新过程：技术助推进路

基于社会技术系统研究范式，对绿色创业生态系统创新的认识，需要从偏重空间体系的分析，拓展到关注形成和演化的过程，挖掘绿色创业生态系统技术助推与社会创新机理，揭示绿色创业的动态进程。正如前文所言，社会技术系统理论主张组织既是一个社会系统、又是一个技术系统，是由二者相互作用而形成的社会技术系统，管理者要关注技术和社会两方面的变革并实现二者协同发展。但是，现有研究和实践对此关注不够，仍有一些人将绿色创业视作可持续发展诉求下自然和必然的结果，欠缺对创业者如何开展创新过程的系统探查。

从创业生态系统研究伊始，技术因素就发挥着核心驱动作用，学者们将技术视为影响创业生态系统生成的重要因素，相关研究成果呈现从微观到宏观的递进层次：微观层次的研究从知识溢出、过滤和转移等角度切入，揭示技术要素如何渗透创业生态系统内部；中观层次的研究则立足大学、科研机构和技术创业企业等组织形式，分析技术主体在创业生态系统生产或演化过程的作用；宏观层次的研究围绕技术政策和技术创新等，从创业生态系统评价角度探讨技术对创业生态系统发展水平的指征和影响。[②] 特别是围绕绿色技术创新与绿色创业主题的文献不断涌现，一些学者对技术创新开放性、绿色技术创新、绿色价值观与社会生态系统整体优化以及城市绿色空间生态系统的多学科探讨，为技术与绿色创业生态系统之间的密切联系提供了佐证。

具体而言，绿色创业生态系统的创新过程是一个技术助推的进路，通过吸收助推理论主张并融合技术创业相关研究成果，可以发现这一进路以绿色技术为代表，通过技术对创业主体行动的助推影响，特别是技术助推两个基本导向，推动绿色创业生态系统的形成和创新过程。内在机理包括三个环节：一是

---

① 李新春、叶文平、朱沆：《牢笼的束缚与抗争：地区关系文化与创业企业的关系战略》，《管理世界》2016 年第 10 期。

② 蔡义茹、蔡莉、杨亚倩等：《创业生态系统的特性及评价指标体系——以 2006—2015 年中关村发展为例》，《中国科技论坛》2018 年第 6 期。

绿色创业生态系统的技术助推设计。从技术作为创业生态系统关键资源的理论主张出发，结合行为经济学和助推理论范式，解答绿色创业行动主体的决策如何伴随绿色技术环境和条件的改变而相应变化，挖掘促进绿色创业生态系统形成的技术选择体系特征，并借鉴助推理论的基本原则，设计针对核心主体的技术助推方案，廓清基于技术助推的绿色创业生态系统创新机理。二是绿色创业生态系统的技术助推导向。从空间维度看，参考知识溢出和技术扩散相关研究主张，解析如何通过绿色技术在私营部门、基础设施和社会文化的空间扩散助推其与绿色创业生态系统核心主体的聚合；从时间维度看，参考知识过滤和技术预见相关研究主张，探查如何通过由公共部门、金融部门和学术机构共同参与且面向未来的绿色技术预见，助推其与绿色创业生态系统核心主体的聚合。在上述时空维度分析基础上，提炼技术助推对绿色创业生态系统核心主体行动方向的引导机理。三是绿色创业生态系统的技术助推实现。借鉴技术创业分析思路，揭示技术助推设计和导向如何促使绿色创业生态系统核心主体认知转化为行动；参考社会网络研究主张，廓清技术助推如何推动要素网络形成及其结构；吸收创业生态系统与商业模式融合研究的最新发现，以基于技术助推的商业模式创新作为标志，明晰在资源联结及其治理和异变下的绿色创业生态系统创新动态过程。

图 2　GEEs 创新过程：技术助推进路

技术助推进路作为绿色创业生态系统创新过程的内在机理参见图 2 所示。由图 2 可见，技术助推作为进路主线，回答了绿色创业生态系统形成的动力即前因是什么，特别关注绿色技术的助推设计和导向对绿色创业生态系统核心主体行动的引导，进而提炼绿色创业生态系统创新过程的技术驱动地位。需要说明的是，图 2 也紧扣图 1 关于绿色创业生态系统架构资源要素的创新行动定位，遵循技术是创业生态系统关键资源的主张，按照技术作为知识载体和信息渠道两个角色，解析技术助推绿色创业生态系统形成的不同环节，同时注意响应当前绿色技术创新的管理实践,[①] 关注绿色技术对绿色创业生态系统的代表性助推作用。

(三) 绿色创业生态系统的创新价值：社会创新效应

创业生态系统在社会领域的创新效果日益受到学者关注，相比较区域创业活动在数量上的活跃，创业活动在质量上的提升以及由此带来社会福祉的增加成为当前研究新动向。因此，绿色创业生态系统的创新价值，并非落脚在经济领域，还需要从社会创新视角考察。社会创新概念可以追溯到彼得·德鲁克在20世纪70年代出版的《管理：任务、责任、实践》，他主张把社会需要和社会问题转化为商业机会，赋予企业社会责任新的意义。社会学和伦理学等领域学者也在同时期开始探讨企业组织形态、社会技术、政治创新、新的生活方式等社会创新问题，尤其在近年来强调社会创新是企业持续发展的一种极具前瞻性方式，有助于企业通过与其他社会领域合作创造社会价值并将社会效益融入其商业模式。[②]

绿色创业生态系统的社会创新效应，可以基于可持续发展的经济、环境和社会三重底线进行考察。一是基于经济底线评价创业生态系统对社会经济发展的贡献，例如已有研究基于年鉴和指数数据，选取多样性和自我维持性相关经济指标，分析比较了中关村和硅谷的创业生态系统成长效果。二是基于环境底线考察创业生态系统对自然生态水平的影响，例如从自然环境可持续性角度提炼的创业在生态系统发展的多重作用。三是基于社会底线挖掘创业生态系统在伦理道德和社会公益等方面的价值，例如从社会文化、中低收入群体就业、幸福生活、减少贫困和社会企业等多角度剖析创业生态系统可能带来的社会价值。

具体而言，绿色创业生态系统的创新价值在于社会创新效应的实现，内在机理包括三个环节：一是绿色创业生态系统社会创新动因。回答核心主体缘何追求社会创新而不只是（甚至不是）经济收益结果，参考包容性创新理论对创

---

① 徐建中、王曼曼：《绿色技术创新、环境规制与能源强度——基于中国制造业的实证分析》，《科学学研究》2018年第4期。

② 盛亚、于卓灵：《论社会创新的利益相关者治理模式——从个体属性到网络属性》，《经济社会体制比较》2018年第4期。

造社会整体福利的诉求，从个体内在拉动和环境外在推动两个角度，分析创业者伦理和 BOP（Bottom of Pyramid，金字塔底端）市场对绿色创业生态系统核心主体机会开发的作用，解析其带来社会福祉的重要驱动因素及其影响机理。二是绿色创业生态系统社会创新路径。廓清社会创新效应的实现方式，借鉴现代生物进化理论和组织生态学研究成果，明确绿色创业生态系统演化过程中实现社会创新效应的三种微观组织方式：公司社会创业活动、社会企业生成、非营利组织创建，解析这三类组织"新物种"伴随系统演化如何创造绿色创业机会价值以及进行彼此之间的互动联系。三是 GEEs 社会创新评价。借鉴创业生态系统评价研究思路，同时突出绿色创业的绿色属性，从整体性、多样性和友好性三个维度构建和完善绿色创业生态系统的社会创新效应评价指标体系，其中，整体性侧重于评价系统对区域可持续发展的整体推动，多样性侧重于评价系统对不同生命周期阶段［如萌芽期（stand-up）、启动期（start-up）、成长期（scale-up）］绿色创业的多样包容，友好性侧重于评价系统对社会善治水平的友好促进。

图 3　GEEs 创新价值：社会创新效应

　　社会创新效应作为绿色创业生态系统创新价值的内在机理参见图 3 所示。由图可见，绿色创业生态系统的结果端即其演化的社会创新效应，从社会创新产生缘起出发，呈现三类实现路径，并形成能够反映社会创新整体性、多样性和友好性的评价指标体系，能更好反映出绿色创业生态系统与区域发展的融合、对阶段性创业的包容以及对社会善治的贡献。需要说明的是，图 3 也紧扣图 1 关于绿色创业生态系统架构机会主线的研究定位，兼顾机会开发的动态性和绿色创业的环境友好性，同时注意响应图 2 关于技术资源要素的定位以及社会创业等前沿研究成果，^① 这样的联系也符合社会技术系统理论范式，即主张通过社会与技术系统同时优化才能达到经济系统的最优化，据此提升绿色创业生态系统的开放性和对社会问题反思和解决。

(四) 绿色创业生态系统的创新应用：区域情境嵌入

绿色创业的积极作用，就像一个"灵药假设"，尚有待在实证研究中得到足够验证，在实践中的表现也并非理想中那般"妙手回春"。尤其是中国生态文明建设的客观现实，使得中国情境具有自身的独特属性，同时也蕴含了诸多有价值的科学问题。^② 而目前的绿色创业研究成果，大多来自西方国家实践，同时在基础理论提炼和研究方法运用上，还亟待充实和规范。

因此，绿色创业生态系统的创新机理，有必要在方法创新方面，嵌入中国生态文明建设情境，特别是绿色发展与创新发展的协同情境，将绿色创业生态系统从经验假说层面，推进到科学研究层面，通过区域情境嵌入，细致比较和刻画绿色创业生态系统成长路径，揭示具体时空维度下绿色创业对可持续价值创造的实践效果，提炼其健康成长并创造可持续价值的管理对策，有助于为中国企业绿色成长和政策制定提供可操作性指导。

为了科学精准地嵌入中国绿色发展和创新发展协同的具体实践情境，绿色创业生态系统的创新应用，可以借鉴复杂适应系统 (Complex Adaptive System，简称 CAS) 理论及其与创业生态系统研究融合的最新成果，^③ 将绿色创业生态系统定位于基于特定情境的复杂适应系统，以技术助推和社会创新为系统的输入和输出端，开展情境嵌入的比较分析，提炼不同情境下绿色创业生态系统的成长路径异同，并运用制度理论提出助力绿色创业生态系统的健康成长的管理对策。

---

① McMullen J. "Organizational hybrids as biological hybrids: Insights for research on the relationship between social enterprise and the entrepreneurial ecosystem", *Journal of Business Venturing*, 2018, 33 (5), pp. 575-590.

② 项国鹏、宁鹏、罗兴武：《创业生态系统研究述评及动态模型构建》，《科学学与科学技术管理》2016 年第 2 期。

③ Roundy P., Bradshaw M., Brockman B. "The emergence of entrepreneurial ecosystems: A complex adaptive systems approach", *Journal of Business Research*, 2018, 86 (5), pp. 1-10.

具体而言，区域情境嵌入下的绿色创业生态系统的创新机理应用包括：一是基于国内不同区域之间的系统成长路径比较。紧扣当前中国生态文明建设实际，立足绿色发展和创新发展政策协同，选取国内典型区域比较不同区域绿色创业生态系统在技术助推和社会创新方面的异同，关注上述不同情境下核心主体与制度环境的互动，从技术和社会两个维度提炼系统成长的不同路径，基于CAS视角剖析国内绿色创业生态系统的成长复杂性和适应性。二是基于国内和国外地区之间的绿色创业生态系统成长路径比较。依据全球可持续发展以及不同国家绿色经济水平差异的背景，选取国内和国外地区典型区域，基于技术助推和社会创新方面的异同，开展系统成长路径的比较分析，关注不同国家制度环境下核心主体资源联结和机会开发的行动规律，提炼多元情境下绿色创业生态系统作为复杂适应系统成长的自发性和目的性。三是基于制度体系优化的绿色创业生态系统健康成长对策分析。在上述两个比较要点分析结果的基础上，参考复杂适应系统的聚集、涌现、多样性和非线性等基本特性，将绿色创业生态系统核心主体视为复杂适应系统的适应主体，梳理中国情境下绿色创业生态系统健康成长面对的管理问题，提炼基于制度体系优化的管理对策，以更好保障系统的动态平衡过程，创造可持续发展的新价值。

图 4　GEEs 创新应用：区域情境嵌入

区域情境嵌入下的绿色创业生态系统创新应用参见图 4 所示。由图可见，不同情境下绿色创业生态系统的成长路径异同具有挖掘价值，其背后存在的问题和相应的解决对策有理论和实践意义。[①] 需要说明的是，前三个图示及其相应内容侧重于相同情境下的机理解析，而本图示及其相应内容更加突出区域差异的情境化比较分析，体现绿色创业生态系统的复杂适应系统属性，着眼于情

① Conti C., Mancusi M., Sanna-Randaccio F., Sestini R., Verdolini E. "Transition towards a green economy in Europe: Inno-vation and knowledge integration in the renewable energy sector", *Research Policy*, 2018, 47 (10), pp. 1996-2009.

境嵌入下系统成长的个性化、实例化、分层化和网状化特点，提炼基于技术和社会双元维度的成长路径，并针对问题提出解决对策，从而增强绿色创业生态系统创新机理的具象性和制度优化的指导性。

值得一提的是，不少新近研究尝试剖析不同区域情境的绿色创业实践，来推动理论创新成果。关注区域既包括卢旺达、阿尔巴尼亚和中国等发展中国家，也有欧盟和美国等发达经济体；研究情境多立足发展中国家、转型经济、新兴经济体或区域合作，探讨情境独特性及其对绿色创业和当地经济增长的推动，甚至包括对环境恶化或极度贫困等社会问题的解决。[①] 这些研究也从侧面支持了图 4 所示的创新机理比较分析的意义，进一步而言，当前中国生态文明建设背景亟待绿色创业生态系统研究充分挖掘中国情境特征，同时避免将研究囿于只是为实际问题提供解决措施，应当通过对本质问题进行规范的情境化研究，[②] 获取能够构建和发展科学理论的研究发现，更深远的意义在于如何让创业成为实现绿色发展与创新发展协同的积极推动力量。

三、绿色创业生态系统的创新展望

生态文明建设背景下，如何实现区域创新发展与绿色发展协同，绿色创业生态系统提供了研究思路和解决方案。基于前文解析，遵循社会技术系统研究范式，绿色创业生态系统的创新机理可以总结为四个环节（见表 1）：创新缘起于创业主体行动，创新过程是技术助推进路，创新价值为社会创新效应，创新应用须区域情境嵌入。

党的十八大以来，中国生态文明建设的新实践，为基于中国情境开展绿色创业生态系统研究提供了良好契机。国家出台的一系列相关政策明确，要打造创新创业生态圈和资源共享平台，积极推进绿色发展，走出一条经济发展与环境改善的双赢之路。这些重要思想论述和政策举措，以及党的十九大以来推动经济高质量发展的战略导向，迫切需要我国创新创业实践转型升级。特别是党

---

① Bruton G., Ketchen D., Ireland R. "Entrepreneurship as a solution to poverty", *Journal of Business Venturing*, 2013, 28 (6), pp. 683-689.

② 张秀娥、徐雪娇：《创业生态系统研究前沿探析与未来展望》，《当代经济管理》2017 年第 12 期。

的十九届四中全会重申，实行最严格的生态环境保护制度，同时还要完善科技创新体制机制。如何自觉把经济社会发展同生态文明建设统筹起来，绿色创业生态系统正是回应上述要求的解决路径，能够很好契合绿色发展与创新发展的协同。

表 1　绿色创业生态系统（GEEs）创新机理

GEEs 创新机理	GEEs 创新缘起：创业主体行动	GEEs 创新过程：技术助推进路	GEEs 创新价值：社会创新效应	GEEs 创新应用：区域情境嵌入
基本脉络	核心主体 架构要素 架构主线	助推设计 助推导向 助推实现	社会创新动因 社会创新路径 社会创新评价	国内情境 国际情境 健康成长
关键环节	资源联结 机会开发	技术作为知识载体 技术作为信息渠道	内在拉动和外在 推动组织价值演进	系统复杂性和适应性 成长自发性和目的性
理论视角	机会—资源一体化	社会技术系统范式	社会技术系统范式	复杂适应系统
实践导向	创业者/团队/企业主体作用	绿色技术创新驱动	可持续发展方向	基于情境的优化

值得肯定的是，伴随绿色创业生态系统相关研究的兴起，在经济、社会和生态各个领域，涌现了众多以绿色创业为源起的新企业，还有很多既有企业通过内部绿色创业努力实现"绿色转身"。例如，2019 年 2 月底，京津冀协同发展迎来 5 周年，作为一项国家战略，不仅持续推动了三地产业质量升级，还坚持推进三地生态优化联动。无独有偶，同样在 2019 年 2 月底，国家发改委发布了《关于培育发展现代化都市圈的指导意见》，该《意见》提出到 2035 年形成的若干具有全球影响力的都市圈，既是功能多样、产业集聚、设施完善的创新创业平台，也是强化生态环境共保共治和绿色生态网络。

但仍需正视的现实是，在实践中并非所有的绿色创业行动都能促进绿色创业生态系统的形成和演化。不少创业者面对绿色机会时要么力不从心，要么熟视无睹，要么避而远之，要么背道而驰。这些问题也从另一个侧面说明，立足中国情境开展绿色创业生态系统的创新机理理论研究和实践探索的必要性和广阔前景。

（一）理论融合展望

一是创业生态系统与给养理论融合，从机会—资源一体化角度构建绿色创业生态系统概念体系，充实创业理论研究，拓展绿色创业认识并为实践提供理论依据。特别是从微观视角回答绿色创业生态系统核心主体是谁、架构要素有什么以及架构如何形成这三个基本理论问题，在多学科理论融合基础上，提炼兼具绿色和创业多重属性的生态系统内涵特征，[①] 揭示基于资源联结的架构形成机制和基于机会开发主线的动态演化规律。需要说明的是，模块一研究内容在融合多学科前沿理论同时，需注意吸收当前中国绿色发展的实践经验以及国内学者关于"机会—资源一体化"的新近探索，提高未来研究开展绿色创业生态系统基础研究的理论创新和科学贡献。

二是技术创业与助推理论融合，从空间维度的技术扩散和时间维度的技术预见两个导向，廓清绿色创业生态系统形成的技术助推机理，搭建行为驱动模型，解答绿色创业发生和作用的本源和方向问题。未来研究建议以技术助推作为分析主线，回答绿色创业生态系统形成的动力即前因是什么，特别关注绿色技术的助推设计和导向对核心主体行动的引导，进而提炼系统形成的内在机理。需要说明的是，根据资源要素的研究定位，遵循技术是创业生态系统关键资源的主张，按照技术作为知识载体和信息渠道两个角色，解析技术助推绿色创业生态系统形成的不同环节，同时需注意响应当前绿色技术创新的管理实践，而这也是助推理论重要的应用领域，以增强未来研究理论融合的前沿性和学术价值。

（二）实践协同展望

一是结合价值创造和社会创新实践，从整体性、多样性和友好性三个维度深入考察绿色创业生态系统演化的社会创新效应，创建评价指标体系，丰富创业生态系统评价研究并提出新视角。未来研究建议关注绿色创业生态系统的结果端即其演化的社会创新效应，从社会创新产生缘起出发，梳理三类实现路

---

① Shepherd D., Patzelt H. "The new field of sustainable entrepreneurship: Studying entrepreneurial action linking 'What is to be sustained' with 'What is to be developed'", *Entrepreneurship Theory and Practice*, 2011, 35 (1), pp. 137-163.

径，并构建能够反映社会创新整体性、阶段性和友好性的评价指标体系，以更好剖析绿色创业生态系统与区域发展的融合、对多样性创业的包容以及对社会善治的贡献。值得一提的是，机会是创业生态系统研究主线，因此，未来研究有必要兼顾机会开发的动态性和绿色创业的环境友好型，同时需注意绿色技术创新以及社会创业等前沿研究成果，借鉴社会技术系统理论范式，从创新与绿色发展协同性及其优化角度挖掘绿色创业生态系统的整体最优化，据此提升研究成果对社会问题解决的指导性以及未来生态文明建设思路的启发性。

二是契合中国管理实践情境，借鉴复杂适应系统理论视角，提炼绿色创业生态系统的情境化成长路径，在异同比较基础上找出实践问题所在并提出针对性对策建议，挖掘中国情境下绿色创业生态系统的创新解决方案，提升研究成果在国内和国外情境的应用价值和普适性贡献。未来研究建议充分关注不同区域绿色创业生态系统的比较分析，尤其在制度变革和经济转型的动态环境中，政策制定者如何实现包括自身在内的不同利益主体协同演化，挖掘系统的个性化、实例化、分层化和网状化特点，提炼基于技术和社会双元维度的绿色创业生态系统成长路径，并针对区域特点提出特色对策，从而催生更多创业者投身绿色创新创业实践，提高绿色创新创业质量，提高创新创业政策制定的科学性与有效性。

综上可见，从技术助推与社会创新入手研究绿色创业生态系统的创新机理，紧跟多学科理论交叉融合的态势，具有绿色创业和创业生态系统前沿成果的支撑，符合中国生态文明建设的重要诉求，有助于推动创业理论的情境化创新并切实提升区域绿色创业质量，为实现创业的可持续发展价值提供行动路线。正如 1962 年出版的被视为"世界环境保护运动里程碑"的著作《寂静的春天》作者所倡导的：人类与自然环境应当相互融合。特别是 2020 年初爆发的新冠疫情，让学术和实践领域再次反思经济繁荣与环境友好和社会福祉之间的平衡关系，而中国疫情防控的成功经验也彰显了创新、协调、绿色、共享、开放五大新发展理念的重要性和必要性。期望绿色创业生态系统研究和实践，通过融合创新创业的科学理性与人文情怀，为创新发展与绿色发展的协同以及经济社会可持续发展，提供具有中国特色的理论思路和现实方案。

（选自《东南学术》2020 年第 5 期）

中国工业生产率增长的绿色新动能

◎涂正革 王 昆 甘天琦[*]

党的十八大以来，以习近平同志为核心的党中央把生态文明建设摆在治国理政的突出位置。生态环境保护成为生态文明建设的主阵地和主战场，而低能耗和低排放逐渐成为环境保护的核心目标和主要任务。2020年9月，中国在联合国大会上宣布，力争在2030年前实现碳达峰、2060年前实现碳中和的目标，其本质是能源节约与环境保护问题，归根结底依然是寻求工业的绿色转型。在新时代背景下，推进工业绿色转型的关键在于提高工业绿色全要素生产率，即实现经济发展与环境保护的双赢。全要素生产率反映了生产过程中各种投入要素的单位平均产出水平，即投入转化为最终产出的总体效率。考虑能源投入、环境污染的全要素生产率一般称为绿色全要素生产率或环境全要素生产率，绿色全要素生产率（以下简称为"绿色生产率"）增长是新时代背景下中国经济高质量发展的需要，准确识别绿色生产率增长及其来源意义重大。

近年来，众多学者对中国绿色生产率展开了丰富的研究。在绿色生产率变化方面，涂正革和肖耿的研究发现1998—2005年中国绿色生产率加速增长，成为工业增长和污染减排的核心动力。[①] 陈诗一认为1980—2008年中国绿色

* 作者简介：涂正革，经济学博士，华中师范大学经济与工商管理学院教授、博士生导师，华中师范大学低碳经济与环境政策研究中心主任；王昆，华中师范大学经济与工商管理学院博士研究生，华中师范大学低碳经济与环境政策研究中心助理研究员；甘天琦，经济学博士，中南民族大学经济学院讲师。

① 涂正革、肖耿：《环境约束下的中国工业增长模式研究》，《世界经济》2009年第11期。

生产率呈先加速增长后减速增长态势。[1] 陈超凡的研究显示，2004—2013年绿色生产率有所下降。[2] 在绿色生产率变化的来源方面，学者们将绿色生产率增长的来源分为技术进步和效率变化，普遍认为技术进步是中国绿色生产率增长的主要原因。[3] 然而，现有文献鲜有对十八大以来工业部门绿色生产率增长的研究，且对绿色生产率增长的来源的分解也较为单一。有鉴于此，本文将样本时期延伸到2019年，探讨新发展阶段以来工业绿色生产率变化的状况，此外使用新的方法尝试对绿色生产率变化进行新的分解，这是对中国工业生产率增长新动能的有益探索。

一、理论框架及方法

（一）环境技术与方向性产出距离函数

生产过程中，除了产生人们期望的"好"产出外，往往还伴随非期望的"坏"产出，如 SO_2、NO_X 等环境污染物。把环境"坏"产出考虑进来而形成的产出与投入的技术结构关系为环境技术。假定投入向量为 $x = (x_1, \cdots, x_N) \in R_+^N$，好产出（期望产出）向量为 $y = (y_1, \cdots, y_M) \in R_+^M$，坏产出（非期望产出，如 CO_2、SO_2 等环境污染物）向量为 $b = (b_1, \cdots, b_J) \in R_+^J$，$N$、$M$、$J$ 分别代表投入、好产出、坏产出的种类数。于是，构造代表环境技术的产出集 $P(x)$。[4] 以 $P(x)$ 为基础，定义环境方向性产出距离函数为：

---

① 陈诗一：《中国的绿色工业革命：基于环境全要素生产率视角的解释（1980—2008）》，《经济研究》2010年第11期。

② 陈超凡：《中国工业绿色全要素生产率及其影响因素——基于ML生产率指数及动态面板模型的实证研究》，《统计研究》2016年第3期。

③ 王兵、吴延瑞、颜鹏飞：《中国区域环境效率与环境全要素生产率增长》，《经济研究》2010年第5期；王兵、刘光天：《节能减排与中国绿色经济增长——基于全要素生产率的视角》，《中国工业经济》2015年第5期；李小胜、张焕明：《中国碳排放效率与全要素生产率研究》，《数量经济技术经济研究》2016年第8期。

④ Färe R., Grosskopf S., Noh D. W., Weber W., "Characteristics of a Polluting Technology: Theory and Practice", *Journal of Econometrics*, 2005, 126 (2), pp. 469-492.

$$\vec{D}(x, y, b; g) = \sup[\beta : (y + \beta g_y, b - \beta g_b) \in P(x)] \quad (1)$$

该函数寻求的是投入不变的情况下好产出扩张、坏产出缩减的最大可能性，计算所得的 β 为距离函数值，实质上衡量该决策单元非效率的大小（β 值越大，表明其效率越低）。$g = (g_y, -g_b)$ 是方向向量，它表示决策单元以前沿为目标，扩张好产出的方向为 g_y，同时缩减坏产出的方向为 g_b。

(二) 内生环境方向性产出距离函数

已有研究基于传统方向向量构建方向性距离函数模型，即方向向量外生确定的传统框架，[①] 此框架事先（外生）设定方向向量为 $(y, -b)$，其含义是决策单元靠近前沿边界 $P(x)$ 的方向是同比例扩张好产出和缩减坏产出。与现有研究不同，本文采用新的内生选择方向向量的方法来计算方向性距离函数。参考 Hampf 和 Krüger 的研究，构建如下基于内生方向向量的方向性距离函数模型，即内生框架[②]：

$$\vec{D}(x_{k'}, y_{k'}, b_{k'}; g_y, -g_b) = \max \beta$$

$$s.t. \quad \sum_{k=1}^{K} z_k y_{k,m} \geqslant (1 + \beta \alpha_{k',m}) y_{k',m}, \quad m = 1, \cdots, M,$$

$$\sum_{k=1}^{K} z_k b_{k,j} = (1 - \beta \delta_{k',j}) b_{k',j}, \quad j = 1, \cdots, J,$$

$$\sum_{k=1}^{K} z_k x_{k',n} \leqslant x_{k',n}, \quad n = 1, \cdots, N, \quad (2)$$

$$\sum_{m=1}^{M} \alpha_{k',m} + \sum_{j=1}^{J} \delta_{k',j} = 1,$$

$$z_k \geqslant 0, \quad k = 1, \cdots, K, \quad \alpha_{k',m} \geqslant 0, \quad m = 1, \cdots, M, \quad \delta_{k',j}$$
$$\geqslant 0, \quad j = 1, \cdots, J$$

其中，K 表示观测值个数，下标 $k = 1, \cdots, K$、$k' = 1, \cdots, K$ 表示某一特定观测值。与事先设定方向向量的传统框架不同，模型（4）中加入了变量

---

① 传统框架参见涂正革：《环境、资源与工业增长的协调性》，《经济研究》2008 年第 2 期。

② Hampf B., Krüger J., "Optimal Directions for Directional Distance Functions：An Exploration of Potential Reductions of Greenhouse Gases", *American Journal of Agricultural Economics*, 2015, 97 (3), pp. 920-938.

α 和 δ，α 和 δ 分别代表好产出扩张和坏产出缩减的权重，α 和 δ 可以不相等，也就是说决策单元靠近前沿边界 P（x）的方向可以是不同比例扩张好产出和缩减坏产出。模型（2）中的方向向量为（αy，$-\delta b$），由于 α 和 δ 由系统投入产出关系内生决定，故称该方向向量为内生方向向量。

（三）绿色生产率变化的测度

基于方向性距离函数，构造绿色生产率变化指标。利用距离函数来计算全要素生产率由来已久。早期 Caves 等人和 Färe 等人使用传统距离函数定义了 Malmquist 生产率指数。[①] 此后，Chung 等人和 Chambers 等在方向性距离函数的基础上，定义了考虑环境因素的 Malmquist-Luenberger 生产率指数和 Luenberger 生产率指标。[②] 本文设样本时期为 t（$t=1$，$\cdots$，T），参考 Pastor 和 Lovell 的全局思想，[③] 定义从 t 期到 $t+1$ 期的考虑坏产出（环境因素）的全局 Luenberger 生产率指标，记为 GL：

$$GL\ (x^t,\ y^t,\ b^t,\ x^{t+1},\ y^{t+1},\ b^{t+1})\ =\beta^{G,t}-\beta^{G,t+1} \tag{3}$$

GL 衡量了绿色生产率变化。GL 大于（小于）0，表明从 t 期到 $t+1$ 期绿色生产率增长（减少）。在式（3）中，$\beta^{G,t}$ 表示 t（$t=1$，$\cdots$，T）期的投入产出在全局参考技术（即参考技术由所有时期的投入产出集决定）下计算的方向性距离函数值。使用全局参考技术的优势有两点：其一，不同时期计算的 β 值具有可比性，因为都是用全局的前沿；其二，可以很好解决在计算跨期距离函数时出现不可行解的问题。与经典的全要素生产率分解方法一样，绿色生产率变化指标 GL 可分解为效率变化（各个决策单元与生产前沿之间差距的变化）

① Caves D. W., Christensen L. R., Diewert W. E., "The Economic Theory of Index Numbers and the Measurement of Input, Output, and Productivity", Econometrica, 1982, 50, pp. 1393-1414. FäreR., Grosskopf S., Norris M., Zhang Z., "Productivity Growth, Technical Progress, and Efficiency Change in Industrialized Countries", *American Economic Review*, 1994, 84, pp. 66-83.

② Chung Y. H., FäreR., Grosskopf S., "Productivity and Undesirable Outputs: A Directional Distance Function Approach", *Journal of Environmental Management*, 1997, 51 (3), pp. 229-240. Chambers R. G., FäreR., Grosskopf S., "Produc-tivity Growthin APEC Countries", *Pacific Economic Review*, 1996, 1 (3), pp. 181-190.

③ Pastor J. T., Lovell C. A. K., "A Global Malmquist Productivity Index", *Economics Letters*, 2005, 88 (2), pp. 266-271.

和技术变化（生产前沿的移动）两个因素，效率变化记为 EC，技术变化记为 TC，如下式：

$$GL = (\beta^t - \beta^{t+1}) + [(\beta^{G,t} - \beta^t) - (\beta^{G,t+1} - \beta^{t+1})] = EC + TC \quad (4)$$

在式（4）中，β^t 表示 t（$t=1$，…，T）期的投入产出在 t 期参考技术（即参考技术由当期的投入产出集决定）下计算的方向性距离函数值。β^{t+1} 表示 $t+1$（$t=1$，…，$T-1$）期的投入产出在 $t+1$ 期参考技术下计算的方向性距离函数值。EC 是跨期效率变化，其值大于（小于）0 表明从 t 期到 $t+1$ 期效率改善（恶化）；TC 衡量了从 t 期到 $t+1$ 期技术的变化（t 期相对全局 G 的技术变化与 $t+1$ 期相对全局 G 的技术变化的差距，从而衡量 t 期与 $t+1$ 期之间的技术变化，类似差中之差），它表示两期技术前沿的差距，其值大于（小于）0 表明从 t 期到 $t+1$ 期技术进步（退步）。

模型（2）中，$\beta = \beta \sum \alpha_m + \beta \sum \delta_j$，（非）效率变化可分解为两个层面的变化：一是发展（非）效率变化（经济增长层面），记为 DEC；二是绿色（非）效率变化（环境减排层面），记为 GEC。同样，技术变化也可进一步分解为发展技术变化和绿色技术变化，分别记为 DTC 和 GTC。因此，GL 可以进一步分解为四大因素，如下式（将 $\sum \alpha_m$、$\sum \delta_j$ 记为 α、δ）：

$$
\begin{aligned}
GL = &(\beta^t \alpha^t - \beta^{t+1} \alpha^{t+1}) + [(\beta^{G,t} \alpha^{G,t} - \beta^t \alpha^t) - (\beta^{G,t+1} \alpha^{G,t+1}) - \beta^{t+1} \alpha^{t+1}] \\
&+ (\beta^t \delta^t - \beta^{t+1} \delta^{t+1}) + [(\beta^{G,t} \delta^{G,t} - \beta^t \delta^t) - (\beta^{G,t+1} \delta^{G,t+1} - \beta^{t+1} \delta^{t+1})] \\
= &DEC + DTC + GEC + GTC
\end{aligned}
$$

$$(5)$$

基于此，就可以识别绿色生产率增长的动能：是来自发展效率改善、发展技术进步，还是绿色效率改善、绿色技术进步？前两者合计代表传统的发展动能（经济绩效），记为 DC，后两者合计代表新理念的绿色动能（环境绩效），记为 GC。这也是本文选用内生框架的主要原因。GL 测度了兼顾好产出（经济产出 y）和坏产出（环境污染排放 b）的绿色生产变化。在投入要素不变的情况下，好产出 y 的增加会带来总体效率的提升，坏产出 b 的减少也会带来总体效率的提升。到底绿色生产率增长是归功于好产出 y 的增加还是个坏产出 b 的减少？把其中产出 y 增加的原因称为发展动能，即经济质效提升带来的生产率增长。发展动能包括与传统经济增长相关的不考虑环境影响的技术进步和效率改善的动力因素。把其中坏产出 b 的减少的原因称为绿色功能，即环境绩效提升带来的生产率增长。绿色动能包括与环保减排相关的绿色技术进步和绿色效率改善的动力因素。

相比于外生方向的传统框架，内生框架不仅能分解出效率变化和技术变化，还进一步分解出发展效率变化、绿色效率变化、发展技术变化和绿色技术变化。这样的分解能厘清生产率增长更多是来自发展动能还是绿色动能，从而能识别绿色动能是否成为中国生产率增长的主要源泉。

二、数据来源与实证分析

（一）数据来源及统计描述

本文选取 1998—2019 年中国 30 个省（区、市）（不包括西藏自治区和港澳台地区，下同）的规模以上工业企业经济环境数据作为分析基础，数据主要来源于 1999—2020 年《中国统计年鉴》《中国工业统计年鉴》《中国能源统计年鉴》《中国环境统计年鉴》、各省份统计年鉴和《新中国 60 周年统计资料汇编》。对于投入变量，本文采用工业固定资产净值年平均余额作为资本投入；工业全部从业人员年平均人数作为劳动投入；工业终端能源消费量作为能源投入。对于产出变量，本文选用工业增加值[①]作为好产出（期望产出）；工业 SO_2 排放量作为坏产出（非期望产出）。其中，工业固定资产净值年平均余额、工业增加值均采用 1998 年不变价格。各变量的描述性统计如表 1 所示。

表 1　投入与产出变量的描述性统计

变量类型	变量	观察数	平均值	标准差	最小值	最大值
投入	工业固定资产净值	660	4542.8	4353.9	181.4	26901.5
	工业从业人员人数	660	261.5	283.7	10.0	1568.0
	工业能源消耗量	660	5035.4	4165.4	84.2	22707.7
好产出	工业增加值	660	4535.3	6411.0	48.7	39918.1
坏产出	工业 SO_2 排放量	660	52.7	38.6	0.1	176.0

---

① 某一省（市、自治区）某一年份若没有工业增加值直接公开数据，本文通过《国民经济和社会发展统计公报》公布的工业增加值增速进行估算得到工业增加值。

(二)中国工业绿色生产率变化及其分解

1. 静态整体分析

表2显示，1999—2019年中国工业绿色生产率呈现增长态势。从经典的两因素（技术变化与效率变化）分解看，1999—2019年技术变化平均为技术进步，效率变化平均为效率恶化，两者的贡献率分别为112.5％和－12.5％。由此说明，技术进步是绿色生产率增长的核心动力，而效率恶化阻碍了绿色生产率增长。从新的四因素（绿色技术变化、发展技术变化、绿色效率变化、发展效率变化）分解看，发展技术进步对生产率增长的贡献最大，其贡献率高达88.9％；其次是绿色技术进步，其贡献率为23.7％；绿色效率变化和发展效率变化均对生产率增长产生了抑制作用，其贡献率分别为－5.3％和－7.2％。所以，作为绿色生产率增长核心动力的技术进步，既源于发展技术进步也源于绿色技术进步；阻碍绿色生产率增长的效率恶化，既有发展效率恶化的原因也有绿色效率恶化的原因。

从绿色生产率增长的来源——发展动能与绿色动能来看，发展动能对生产率增长的贡献率达81.7％（主要原因在于发展技术进步），绿色动能的贡献率为18.3％（主要原因在于绿色技术进步）。因此，从二者比较看，1999—2019年中国工业绿色生产率增长更多来自发展动能。

表2 1999—2019年中国工业绿色生产率变化及其分解

年份	GL	经典两因素		新的四因素				发展动能与绿色动能	
		EC	TC	DEC	GEC	DTC	GTC	DC	GC
1999	0.2864	0.0822 (28.70)	0.2042 (71.30)	0.0092 (3.21)	0.0730 (25.48)	0.2738 (95.59)	－0.0696 (－24.29)	0.2830 (98.81)	0.0034 (1.19)
2002	0.4712	－0.0315 (－6.68)	0.5027 (106.68)	－0.0131 (－2.77)	－0.0184 (－3.91)	0.4830 (102.50)	0.0197 (4.18)	0.4700 (99.73)	0.0013 (0.27)
2005	0.3446	0.0122 (3.54)	0.3324 (96.46)	0.0073 (2.11)	0.0049 (1.43)	0.3386 (98.23)	－0.0061 (－1.77)	0.3458 (100.35)	－0.0012 (－0.35)
2008	－0.0170	－0.0657 (385.86)	0.0487 (－285.86)	－0.1041 (611.19)	0.0384 (225.33)	0.0801 (－470.25)	－0.0314 (184.40)	－0.0240 (140.93)	0.0070 (－40.93)
2009	－0.1085	0.0374 (－34.46)	－0.1459 (134.46)	0.1056 (－97.28)	－0.0682 (62.82)	－0.2239 (206.31)	0.0780 (－71.85)	－0.1183 (109.03)	0.0098 (－9.03)

续表

年份	GL	经典两因素		新的四因素				发展动能与绿色动能	
		EC	TC	DEC	GEC	DTC	GTC	DC	GC
2012	0.0288	0.0083 (28.77)	0.0205 (71.23)	−0.0050 (−17.39)	0.0133 (46.17)	0.0294 (102.14)	−0.0089 (−30.91)	0.0244 (84.74)	0.0044 (15.26)
2015	0.1111	−0.0814 (−73.32)	0.1925 (173.32)	−0.0070 (−6.30)	−0.0744 (−67.02)	0.1106 (99.59)	0.0819 (73.73)	0.1036 (93.29)	0.0075 (6.71)
2018	0.2850	−0.0292 (−10.24)	0.3142 (−110.24)	−0.0130 (−4.57)	−0.0162 (−5.67)	0.2316 (81.26)	0.0826 (28.98)	0.2185 (76.69)	0.0664 (23.31)
2019	0.1756	0.2926 (166.60)	−0.1170 (−66.60)	0.2020 (115.01)	0.0906 (51.59)	−0.1244 (−70.84)	0.0075 (4.24)	0.0776 (44.17)	0.0981 (55.83)
十八大前 (1999—2011)	0.2188	−0.0095 (−4.32)	0.2283 (104.32)	−0.0106 (−4.84)	0.0011 (0.50)	0.2268 (103.64)	0.0016 (0.73)	0.2162 (98.78)	0.0027 (1.22)
十八大后 (2012—2019)	0.1657	−0.0298 (−17.96)	0.1954 (117.96)	−0.0145 (−8.75)	−0.0152 (−9.18)	0.1311 (79.14)	0.0643 (38.82)	0.1165 (70.35)	0.0491 (29.65)
所有年份 (1999—2019)	0.1834	−0.0230 (−12.53)	0.2064 (112.53)	−0.0132 (7.20)	−0.0098 (−5.34)	0.1630 (88.86)	0.0434 (23.66)	0.1498 (81.68)	0.0336 (18.32)

注：表中每个年份的值均代表与上年相比的变化，括号内数字表示各因素对生产率增长的贡献率。全国绿色生产率增长及其分解通过对30个省（区、市）求平均得到。考虑到美观性，表中未报告所有年份，感兴趣的读者可向作者索取。

通过整体静态分析可以发现，1999—2019年，中国工业绿色生产率总体上呈显著增长。对中国工业绿色生产率增长而言，技术进步是强劲动力，而地区之间效率差异加剧是整体工业绿色生产率提高的障碍，这与以往研究结论基本一致。与以往不同的是，本文发现：技术进步的动力作用主要源于发展技术进步，绿色技术进步的贡献约为发展技术进步的1/4。这说明，我国工业绿色技术创新还不够，由绿色创新而带来的绿色增长动力尚未强劲显现，在碳达峰、碳中和背景下，未来绿色创新空间较大。此外，平均效率下降的阻力作用既来自发展效率恶化也来自绿色效率恶化。这表明，我国工业要增长与减排齐上阵，积极推动产业绿色升级，缩小地区之间效率差异，化"效率障碍"为"效率动力"。从发展动能与绿色动能看，我国工业绿色生产率增长的动力更多来自发展动能（发展技术的进步）。

2. 动态分析

（1）绿色生产率：呈现"升—降—升"的三阶段动态变化特征

表 2 和图 1 展示了 1999—2019 年中国工业绿色生产率变化及其分解的动态变化趋势，其中图 1（a）为经典两因素分解，图 1（b）为新的四因素分解。可以看到，除 2008 年、2009 年以外，其他年份的中国工业绿色生产率增长较为明显。

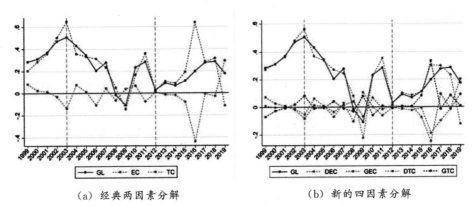

（a）经典两因素分解　　　　　　　（b）新的四因素分解

图 1　中国工业绿色生产率变化及其分解的动态趋势（1999—2019 年）

注：图中每个年份的值均代表与上年相比的变化，下文图 2（a）同。

从动态趋势上看（如图 1 所示），1999—2019 年绿色生产率变化的动态趋势大概可分为三个阶段：第一阶段（1999—2003 年），绿色生产率增长呈上升趋势；第二阶段（2003—2012 年），绿色生产率增长呈下降趋势；第三阶段（2012—2019 年），绿色生产率增长呈上升趋势。第一阶段绿色生产率增长持续上升可能是因为可持续发展战略的实施，主要表现有 20 世纪 90 年代中后期"抓大放小"国有企业，对高耗能、高污染的小企业"关停并转"，推出"两控区"政策等。以高耗能、高污染为特征的重化工业现象的再次膨胀可能是第二阶段绿色生产率增长下降的原因。此外，全球金融危机也是生产率下降的原因之一。第三阶段绿色生产率增长再次上升可能得益于我国提出的包含生态文明建设的"五位一体"布局、包含绿色发展的新发展理念以及积极开展的多措并举的环境政策。

（2）绿色生产率增长两因素分解：技术进步为绝对主力、效率差距成为阻碍

通常，绿色生产率变化可分解为技术变化和效率变化两个因素。从两个因素的比较看，技术进步几乎始终是各时期绿色生产率增长的主要原因。由图 1

(a) 可知，1999—2019 年绿色生产率增长的年份，技术变化均为正（即技术进步），且技术进步都大于效率改善。而效率变化在多数时期（10/19）为负（即效率恶化），抑制生产率增长；在少数时期（9/19）即使为正（即效率改善），但几乎都与技术进步存在不小的差距，对生产率增长的贡献明显低于技术进步。2008 年绿色生产率仅微弱下降，2009 年下降显著，说明全球金融危机对 2009 年绿色生产率的影响比较大，这主要是因为技术退步明显，全球金融危机对前沿省（区、市）的冲击较大，导致代表创新能力的技术变化显著为负。从总体趋势上看，绿色生产率变化由技术变化主导，而对效率变化的敏感程度较弱。

（3）绿色生产率变化四因素分解：绿色技术、发展技术、绿色效率和发展效率

进一步地，绿色生产率变化可以被分解为绿色技术变化、发展技术变化、绿色效率变化、发展效率变化四个因素。从四个因素的比较看，发展技术进步是绿色生产率增长的主要原因。可以看到，除极个别年份以外，发展技术进步均大于绿色技术进步、绿色效率改善和发展效率改善，尤其是 2012 年以前发展技术进步远大于其他三个，是绿色生产率增长的主要动力。在 2009 年，发展技术变化显著为负，是该年绿色生产率显著下降的主要原因。

对于绿色技术进步，2012 年以前（1999—2011 年）绿色技术进步对生产率增长的促进作用不明显，贡献率仅为 0.7%；2012 年以来绿色技术进步出现波动上升趋势，2012—2019 年贡献率达到 38.8%。由此可以看出，2012 年以来绿色技术进步展现出成为绿色生产率增长的新动力的潜质，这说明 2012 年以来绿色技术创新不断发展进步。通过分析中国专利数据可以发现，2012 年以来中国绿色专利授权数的同比增速持续快于除绿色专利外的所有专利授权数。[①] 此外，在 2009 年，尽管发展技术变化显著为负，但绿色技术变化为正，抑制了绿色生产率减少。这说明金融危机对发展技术创新的冲击更大，而对绿色技术创新的冲击更小。2009 年绿色发明专利授权数的同比增速加快，而除

---

① 作者根据国家知识产权局和中国研究数据服务平台（CNRDS）绿色专利研究数据库算得，根据计算，2012—2019 年国内绿色发明专利授权数的同比增速平均为 18.35%，除绿色发明外的所有发明专利为 17.68%；绿色实用新型专利授权数的同比增速平均为 21.71%，除绿色实用新型外的所有实用新型专利为 19.99%。

绿色发明专利外的所有发明专利授权数的同比增速减慢。① 对于两个效率变化，一是发展效率变化，大多时期（14/21）为负（效率恶化），几个时期（7/21）即使为正（效率改善），但几乎都不大，所以发展效率改善较少，对生产率增长多为抑制作用。二是绿色效率变化，约一半时期（9/21）为负（效率恶化），一半时期（12/21）为正（效率改善），所以绿色效率变化对生产率增长有时为抑制作用有时为促进作用，其中促进作用较大（即效率改善较大）的年份有 2012 年、2017 年和 2019 年。

（4）绿色生产率增长的来源：发展动能还是绿色动能？

表 2 和图 2 展示了 1999—2019 年中国工业绿色生产率增长分为发展动能与绿色动能的动态变化。其中图 2（a）为发展动能与绿色动能的历年变化，图 2（b）为历年贡献率。② 可以看到，1999—2011 年（除 2008 年和 2009 年），绿色生产率增长基本来源于发展动能（主要原因在于发展技术进步），如图 2 所示，发展动能的动态曲线与绿色生产率变化几乎重合，发展动能对绿色生产率增长的贡献率在 100% 附近（最小不低于 96.8%），而绿色动能的贡献率在 0% 附近（最大不高于 3.2%）。自 2012 年起这个局面发生转变。图 2（a）显示，2012 年以来绿色动能不断上升，与发展动能的差距缩小，到 2019 年绿色动能的作用超越了发展动能。图 2（b）显示，2012 年以来绿色动能对生产率增长的贡献率不断上升，发展动能的贡献率不断下降，到 2019 年绿色动能的贡献率超过发展动能，达到 50% 以上（55.8%），发展动能的贡献率下降到 44.2%。这说明绿色动能自 2012 年以来不断发力，逐渐成为中国绿色生产率增长的主要动力源泉。2008 年和 2009 年，绿色生产率下降的主要原因在于发展动能为负，而绿色动能略微为正，对绿色生产率减少起到一点抑制作用。

通过动态分析发现，1999—2019 年中国工业绿色生产率除 2008 年和 2009 年外均增长。各时期生产率增长的主要动力源泉是技术进步。其中，发展技术进步在 2012 年以前是绝对主要动力，2012 年以来绿色技术进步上升，逐渐成为新的动力源泉。这说明 2012 年是中国绿色技术创新迅速发展（绿色创新驱

---

① 作者根据国家知识产权局和中国研究数据服务平台（CNRDS）绿色专利研究数据库计算得到，2009 年绿色发明专利授权数的同比增速为 47.34%，而 2008 年为 36.53%；2009 年除绿色发明外的所有发明专利授权数的同比增速为 43.63%，而 2008 年为 45.13%。

② 发展动能与绿色动能的贡献率之和为 100%。

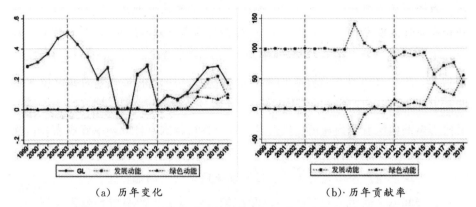

| （a）历年变化 | （b）·历年贡献率 |

图2　中国工业绿色生产率增长的来源：发展动能还是绿色动能？

动发展）的转折点，这也能从中国绿色专利数的增长变化看出来。发生转变的可能原因是：党的十八大以来，生态文明建设和新发展理念的提出极大拓展了中国经济发展的内涵，中国经济进入向高质量发展转变的新阶段，要素驱动、投资驱动向创新驱动转变。效率变化对生产率增长多数时期为阻力，少数时期为动力。

总体而言，2012年以前，各时期生产率增长的来源基本是发展动能（主要原因在于发展技术进步），2012年以后，绿色动能上升（主要原因在于绿色技术进步），逐渐成为生产率增长的新的主要来源。这说明2012年是绿色动能对生产率增长发挥作用的转折点，也表明十八大以来我国积极开展的生态文明建设卓有成效。

（三）工业绿色生产率增长的地区差异性

中国经济由于发展阶段、发展模式、资源禀赋、地理因素等的不同存在明显的地区差异，因此有必要对绿色生产率变化的区域异质性展开分析。

表3显示样本期内三大地区[①]的绿色生产率均显著增长，其中西部增长最大，中部次之，东部最小。对于生产率增长的源泉，三大地区均表现为技术进

———————

① 东部地区包括北京、天津、河北、辽宁、上海、江苏、浙江、福建、山东、广东、海南等11个省（市）；中部地区包括山西、吉林、黑龙江、安徽、江西、河南、湖北、湖南等8个省；西部地区包括四川、重庆、贵州、云南、陕西、甘肃、青海、宁夏、新疆、广西、内蒙古等11个省（区、市）。

步与效率恶化的驱动模式，进一步为绿色技术进步、发展技术进步、绿色效率恶化和发展效率恶化的驱动模式。具体而言，三大地区绿色生产率增长因素存在较大差异。首先，东部地区绿色技术进步最大，对生产率增长的贡献最大，达到28.3％，中部地区次之，西部地区最小，其中，东部地区的绿色技术进步是中部和西部的1.2倍和2.0倍，贡献率是中部和西部的1.4倍和2.4倍。其次，西部地区发展技术进步最大，对生产率增长贡献最大，中部次之，东部最小，这是生产率增长呈现"西中东"阶梯特征的主要原因。最后，从效率角度看，无论是绿色效率恶化还是发展效率恶化，东部地区均最小。所以，从发展动能与绿色动能对绿色生产率增长的作用来看，三大地区存在明显差异。东部地区的绿色动能最大，是中部和西部地区的2.1和3.7倍，绿色动能的贡献率达25％，而发展动能的贡献率为75％。西部的发展动能最大，绿色动能最小，其发展动能的贡献率为94％，而绿色动能的贡献率仅6％。中部处于东部和西部中间，绿色动能和发展动能的贡献率分别为11％和89％。

表3　中国工业绿色生产率变化及其分解的地区差异性

地区	GL	经典两因素		新的四因素				发展动能与绿色动能	
		EC	TC	DEC	GEC	DTC	GTC	DC	GC
东部	0.1742	−0.0142	0.1884	−0.0082	−0.0060	0.1391	0.0493	0.1309	0.0433
		(−8.15)	(108.15)	(−4.71)	(−3.44)	(79.85)	(28.30)	(75.14)	(24.86)
中部	0.1945	−0.0321	0.2266	−0.0132	−0.0189	0.1866	0.0399	0.1734	0.0211
		(−16.51)	(116.50)	(−6.79)	(−9.72)	(95.94)	(20.50)	(89.15)	(10.85)
西部	0.2052	−0.0459	0.2511	−0.0330	−0.0129	0.2264	0.0247	0.1934	0.0118
		(−22.37)	(122.37)	(−16.08)	(−6.29)	(110.33)	(12.04)	(94.25)	(5.75)
"低低"	0.1826	−0.0114	0.1940	−0.0029	−0.0085	0.1452	0.0488	0.1423	0.0403
		(−6.24)	(106.24)	(−1.59)	(−4.65)	(−79.52)	(26.73)	(77.93)	(22.07)
"高高"	0.1859	−0.0576	0.2434	−0.044	−0.0136	0.2162	0.0272	0.1722	0.0137
		(−30.98)	(130.93)	(−23.67)	(−7.32)	(−116.30)	(−14.63)	(−92.63)	(7.37)

注："低低"表示低能耗低排放地区，"高高"表示高能耗高排放地区。括号内数字表示各因素对生产率增长的贡献率。

由上面对三大地区绿色生产率增长及其分解的分析发现，东中西部地区绿色生产率增长的来源存在较大差异性，主要体现在以下两点。

其一，西部的发展技术进步最大。西部发展技术较为落后，自主创新不多，有很大的技术引进空间，可从东部引进技术，引进成本低，且不存在贸易壁垒，因此技术进步快。东部若要实现技术进步，可从国外引进先进技术，也可自主创新。从国家知识产权局公布的数据看，东部专利授权数在数量和增速上均远远高于中西部。东部技术进步的两个途径一是成本很高，二是见效较慢，三是可能遇到国外技术封锁问题，因此技术进步小于西部。

其二，东部的绿色技术进步最大。一是经济水平效应。东部是中国经济最发达的地区，也是改革开放以来最先富裕起来的区域。因为东部经济水平高，财富水平高，绿色技术创新活跃，技术创新更向绿色技术倾斜，从而东部的绿色技术进步更大。二是工业结构效应。参考陈诗一的方法，把30个省（市、自治区）分成低能耗低排放的"低低"地区和高能耗高排放的"高高"地区两个组别，[①] "低低"地区包括北京、上海、天津、福建、浙江、广东、江苏、海南、吉林、山东、湖北、辽宁、安徽、河南、江西等15个省（市、自治区），相对以轻工业为主，"高高"地区包括湖南、河北、四川、黑龙江、云南、重庆、青海、陕西、甘肃、内蒙古、广西、山西、宁夏、贵州、新疆等15个省（市、自治区），相对以重工业为主。"低低"地区和"高高"地区的绿色生产率增长表现如表3所示。"低低"地区包括东部除河北外的10省（市）和中部5省，"高高"地区包括西部所有的11省（市、自治区）、中部3省和东部的河北。换言之，东部主要为"低低"地区，而西部主要为"高高"地区。从表3可以看出，"低低"地区的绿色技术进步大于"高高"地区。因此，东部的绿色技术进步更大的一部分原因是工业的更轻型化。三是环境规制效应。波特假说认为，环境规制可以促进企业进行绿色创新。[②] 按照"十一五"规划以来五年规划对于污染减排的规划约束目标，东部地区明显强于中西部地区，因此东部绿色技术进步更大的一部分原因可能是环境规制的作用。

三、主要结论及启示

本文基于1998—2019年我国30个省（市、自治区）工业经济环境数据，基于内生方向向量的方向性距离函数模型测度我国工业绿色生产率变化，同时

---

① 陈诗一：《中国各地区低碳经济转型进程评估》，《经济研究》2012年第8期。

② Porter M. E., Linde C. van der, "Toward a New Conception of the Environment-Competitiveness Relationship", *Journal of Economic Perspectives*, 1995, 9, pp. 97-118.

对绿色生产率变化进行新的分解，探究绿色生产率增长的原因，揭开中国工业绿色生产率增长的新面貌。研究发现：

一是1998—2019年，中国工业绿色生产率总体呈显著增长。平均来看，发展技术进步是生产率增长的核心动力，其贡献率达88.9%；绿色技术进步为明显动力，其贡献率为23.7%；绿色效率恶化和发展效率恶化阻碍了生产率增长。从发展动能和绿色动能看，发展动能是绿色生产率增长的主要源泉，其贡献率为81.7%，绿色动能的贡献率为18.3%。二是从时间维度看，2012年是绿色生产率变化的重要转折点。2012年以前发展技术进步是绿色生产率增长的主要动力源泉，而绿色技术进步的贡献率仅为0.7%，2012年以后绿色技术进步成为新的动力源泉。因此2012年是中国绿色技术创新迅速发展的一个转折点。从发展动能和绿色动能看，2012年以前发展动能是绿色生产率增长的主要原因，其贡献率达98%，而绿色动能的贡献率不足2%，2012年以后绿色动能逐渐成为生产率增长新的主要原因，到2019年其贡献率上升到55.8%。因此2012年是绿色动能对绿色生产率增长广泛发挥作用的一个转折点。这表明十八大以来主要由绿色技术创新带来的新的绿色增长动力正在显现。三是从区域维度看，东中西部地区的绿色生产率驱动因素差异明显。东部的绿色动能最大，主要原因在于东部地区的绿色技术进步最大。

根据以上研究发现，本文得到以下几点政策启示：

第一，牢固树立新发展理念，引导绿色创新驱动工业发展。通过减税降费、创新补贴、金融优惠等方式增强对企业自主绿色科技研发的支持力度；同时鼓励企业积极引进与吸收国外或其他地区的先进绿色环保科技。完善科技人才评价体系，构建人才创新保障机制，培育人才的"绿色环保"理念，打造一批"敢创新、想创新、要创新"的绿色创新人才队伍。

第二，充分评估政策效应，探索建立健全环境规制体系。制定环境政策时要统筹兼顾环境绩效与经济绩效，既要"绿水青山"，又要"金山银山"，同时要考虑地区差异性。要充分评估环境政策能否激励各地区绿色创新和绿色生产率增长，能否促进经济高质量发展。设计实施合适的环境规制体系，制定合理的环境标准，完善与推广新型市场激励型环境政策，如排放权交易，推广第三方治理，从而诱导企业承担起节能减排的责任，激发绿色发展的潜力。

第三，推动产业结构优化升级，构建绿色新工业体系。一方面要对传统工业进行升级改造，持续关注高污染行业企业的整治，淘汰落后产能与过剩产能，推进新技术在传统工业中的应用推广，促进传统工业企业绿色转型、清洁生产。另一方面大力发展新兴工业，如高端制造业、清洁能源等。高端制造业具有能耗低、附加值高、技术先进等特点，是未来工业需要着力布局的增长点。全面推进清洁能源和可再生能源等领域的技术攻坚，大力开发水电、风电、太阳能等非化石能源，优化能源结构，发展绿色工业，助力实现碳达峰、碳中和。

（选自《东南学术》2021 年第 5 期）

海洋碳汇产品价值实现的困境与对策

◎杨　林　沈春蕾*

一、引言及文献述评

作为地球生态系统中最大的碳库，海洋是应对气候变化与实现可持续发展目标的关键。海洋储存了全球约93％的二氧化碳，每年可吸收约1/3人类活动产生的碳排放，其固定和储存碳的容量和效率明显高于森林，在应对全球气候变化中发挥着不可替代的作用。[①] 合理开发利用海洋碳汇还具有多样化的生态系统服务和功能，包括缓冲污染、海洋资源养护、提供栖息地、保护生物多样性、休闲游憩等，[②] 对促进经济、生态、社会可持续发展具有重要意义。

为充分发挥海洋碳汇在应对气候变化方面的功能，中国提出并不断推进"蓝碳计划"。2015—2019年间，国家陆续出台《关于加快推进生态文明建设

---

　　* 作者简介：杨林，农学博士，山东大学国家治理研究院研究员、博士生导师；沈春蕾，山东大学商学院博士研究生。

　　① Gruber N，Clement D，Carter B R，et al.，"The oceanic sink for anthropogenic CO_2 from 1994 to 2007"，*Science*，2019，363（6432），pp. 1193-1199.

　　② Barbier E B，Hacker S D，Kennedy C，et al.，"The value of estuarine and coastal ecosystem services"，*Ecological Monographs*，2011，81（2），pp. 169-193. Vierros M，"Communities and blue carbon：the role of traditional management systems in providing benefits for carbon storage，biodiversity conservation and livelihoods"，*Climatic Change*，2017，140，pp. 89-100.

的意见》《全国海洋主体功能区规划》《"十三五"控制温室气体排放工作方案》《关于完善主体功能区战略和制度的若干意见》《国家生态文明试验区（海南）实施方案》，对发展海洋碳汇作出重要部署，鼓励探索建立蓝碳标准体系及交易机制。2021年发布的《关于完整准确全面贯彻新发展理念做好碳达峰碳中和工作的实施意见》（以下简称《意见》）提出，将碳汇交易纳入全国碳排放权交易市场，建立健全能够体现碳汇价值的生态保护补偿机制。此后，各地开始探索海洋碳汇产品价值的实现路径。2023年10月，生态环境部、市场监管总局公布并施行《温室气体自愿减排交易管理办法（试行）》（以下简称《管理办法》），国家核证自愿减排量（CCER）正式重启；生态环境部发布《温室气体自愿减排项目方法学红树林营造（CCER-14-002-V01）》（以下简称《红树林营造》），为发展海洋碳汇提供方法学支撑。将海洋碳汇资源资产化，实现海洋碳汇产品价值，是实现碳中和战略目标、加快推进海洋生态文明建设、践行"绿水青山就是金山银山"的有力抓手。然而，当前海洋开发环境复杂，滩涂种植和后期管护等活动成本高、综合收益见效慢，海洋碳汇产品的资本回报率较低，导致其对私人部门投资不具备足够的吸引力。[①] 双碳背景下，探究海洋碳汇产品价值实现的有效路径，有助于推动海洋碳汇资源资本化进程，从而实现"海洋碳汇资源优势→海洋碳汇产品收益→海洋生态修复与增值→经济、生态、社会效益协同提升"的良性循环，为全球海洋生态环境有效治理提供"中国方案"。

关于海洋碳汇产品价值实现的研究主要从三个方面展开：一是核算海洋碳汇价值。沈金生和梁瑞芳基于海洋牧场生产获得的蓝色碳汇总净收益现值和其他渔业用海净收益现值，计算海洋牧场蓝色碳汇交易价格。[②] 孙康等以碳税法和人工造林法核算出的价值均值作为海水养殖业固碳节约的经济价值。[③] 二是构建海洋碳汇交易机制。赵云等在原有碳交易市场的基础上探索海洋碳汇交易

<hr />

① 杨越、陈玲、薛澜：《中国蓝碳市场建设的顶层设计与策略选择》，《中国人口·资源与环境》2021年第9期。

② 沈金生、梁瑞芳：《海洋牧场蓝色碳汇定价研究》，《资源科学》2018年第9期。

③ 孙康、崔茜茜、苏子晓等：《中国海水养殖碳汇经济价值时空演化及影响因素分析》，《地理研究》2020年第11期。

模式，明确交易主体与交易流程。① 曹云梦和吴婧探讨了我国海洋碳汇交易的动力、实现与保障机制。② 李淑娟等从完善法律制度、统一核算标准、促进多元主体交易等角度提出滨海湿地蓝色碳汇交易实现路径。③ 三是讨论海洋碳汇的生态补偿问题。曹港程和沈金生尝试设计海洋碳汇产品生态补偿标准。④ 李明昕等认为，应积极引导金融机构加大对海洋碳汇交易的支持力度，探索碳金融衍生品。⑤

综上，已有成果大多探索某一类或某一区域内海洋碳汇的价值核算或碳交易与碳金融等具体价值实现方式，尚未系统梳理海洋碳汇产品多元价值实现的困境与应对之策。鉴于此，本文通过梳理海洋碳汇产品价值实现的逻辑机理，总结国内外海洋碳汇产品价值实现的现实探索，研判中国海洋碳汇产品价值实现的现实困境，并有针对性地提出对策，拓宽海洋生态产品价值实现路径，为海洋碳汇产品的多元价值实现、助力碳中和提供参考借鉴。

二、海洋碳汇产品价值实现的逻辑机理

（一）海洋碳汇产品的内涵与特征

2009 年，联合国环境规划署、联合国粮农组织和联合国教科文组织政府间海洋学委员会联合发布《蓝碳：健康海洋固碳作用的评估报告》，首次使用并界定"蓝碳"一词，明确了海洋生态系统在应对全球气候变化和碳循环中的作用。2010 年，联合国教科文组织政府间海洋学委员会、国际自然保护联盟

---

① 赵云、乔岳、张立伟：《海洋碳汇发展机制与交易模式探索》，《中国科学院院刊》2021 年第 3 期。

② 曹云梦、吴婧：《"双碳"目标下我国海洋碳汇交易的发展机制研究》，《中国环境管理》2022 年第 4 期。

③ 李淑娟、丁佳琦、隋玉正：《碳汇交易视角下中国滨海湿地蓝色碳汇价值实现机制及路径研究》，《海洋环境科学》2023 年第 1 期。

④ 曹港程、沈金生：《海洋牧场碳汇资源生态补偿标准》，《自然资源学报》2022 年第 12 期。

⑤ 李明昕、徐丛春、王涛等：《"双碳"目标下我国海洋碳汇交易机制进展、面临的挑战及发展策略》，《科技管理研究》2023 年第 4 期。

和保护国际基金会联合发起"蓝碳倡议",将海洋碳汇纳入碳市场的交易范畴。2013 年,联合国政府间气候变化专门委员会发布《2006 年国家温室气体排放清单的 2013 年增补:湿地》,首次将红树林、盐沼湿地、海草床三大海岸带蓝碳生态系统列入温室气体清单,这标志着"海洋碳汇"被正式纳入全球气候规制体系。

海洋碳汇又称"蓝碳",是指海洋生态系统吸收并储存大气中的二氧化碳等温室气体的过程、活动和机制,主要包括海岸带蓝碳(红树林、盐沼湿地、海草床等介导的碳汇)、渔业碳汇(养殖贝类、藻类等介导的碳汇)与开阔海区蓝碳(微型生物等介导的碳汇)三大类。海洋碳汇产品是符合海洋碳汇方法学要求且经过审定、登记、核查、监测、报告,可在碳市场中进行交易的碳信用产品,具有正外部性、稀缺性、差异性、竞争性与排他性特征。正外部性是指海洋碳汇产品能够缓解气候变化带来的严重后果,且大部分受益人无须支出相关成本。稀缺性是指能够吸收、固定并储存二氧化碳的海洋生态系统有限,再加上海洋环境污染、资源过度开发等引致海洋生态系统破坏,导致能够被相关方法学认证且可以进行交易的海洋碳汇生态系统的数量与质量有限。在应对气候变化的巨大需求下,海洋碳汇产品的稀缺性更加凸显。差异性是指依托于不同类型的海洋生态系统载体,海洋碳汇产品数量、类型、碳汇功能等存在明显的地域和时间差异。因此,相关方法学研究、碳汇计量监测与交易价格确定呈现较大差异性。竞争性与排他性是指作为可计量、可交易的商品,进入碳市场交易的海洋碳汇产品具有明确的产权归属,具备私人物品的竞争性与排他性特征,碳信用需求方为获得海洋碳汇产品要支出相应的成本。

(二)海洋碳汇产品的价值构成与价值实现

海洋碳汇产品具备商品的二重性,即使用价值和价值。其使用价值体现在通过碳汇功能实现固碳增汇,不仅可以抵消碳排放,还可以产生防风固浪、保护海洋生态环境及生物多样性、发展生态产业、改善人居环境等生态服务价值,是交换价值的物质承担者。价值体现为,在方法学研究、项目开发、资源利用、生态修复过程中投入了人力、物力、资金和技术,凝结了无差别的人类劳动，是交换价值形成的基础。[①]

生态系统服务付费理论为海洋碳汇产品价值实现提供了理论依据。生态系统服务付费区别于"污染者付费原则"，强调将生态系统的环境功能作为一种有偿服务，由生态系统服务受益者向服务供给者支付，用于促进生态保护和环境管理。[②] 基于这一理论，海洋碳汇产品价值实现是将海洋碳汇产品蕴含的内在使用价值通过市场机制与政策安排，以市场化或非市场化手段转化为交换价值的过程。海洋碳汇产品的生态效益可以转化为经济效益，逆向激励海洋碳汇项目开发，增加海洋碳汇产品供给，促进可持续发展与人类健康，实现经济效益、生态效益和社会效益协调统一。第一，海洋碳汇产品价值实现的经济效益主要体现在促进渔民增收、经济增长方面。从个体层面来看，渔民可以出售海洋碳汇产品获取经济收益，拓宽渔民收入渠道；从区域层面来看，海洋碳汇产品交易可以创造就业机会，[③] 拓宽融资渠道，[④] 促进地方经济增长。第二，海洋碳汇产品价值实现的生态效益体现在海洋碳汇资源具备多样化的生态系统功能与服务。红树林、盐沼湿地、海草床、贝藻养殖等海洋碳汇项目具有固碳增汇、缓解气候变化等功能，还能提供多种生态系统服务，如净化水质、吸收处理废弃物、维护生态平衡和生物多样性、恢复渔业资源、避免海岸侵蚀、为海洋生物提供栖息地、促进海洋生物物种多样性等。[⑤] 第三，海洋碳汇产品价值实现的社会效益主要为促进相关产业可持续发展与海洋资源可持续利用。海洋是食物的重要来源之一，发展海洋碳汇产品可以促进渔业可持续发展，保障全球粮食安全，调节人类膳食结构，提高营养水平。[⑥] 开发海洋碳汇会衍生科学

---

① 刘芳明、刘大海、郭贞利：《海洋碳汇经济价值核算研究》，《海洋通报》2019 年第 1 期。

② Wunder S，"Payments for environmental services and the poor：concepts and pre-liminary evidence"，*Environment and Develop-ment Economics*，2008，13，pp. 279-297.

③ 胡原、曾维忠：《碳汇造林项目促进了当地经济发展吗？——基于四川县域面板数据的 PSM-DID 实证研究》，《中国人口·资源与环境》2020 年第 2 期。

④ 季曦、王小林：《碳金融创新与"低碳扶贫"》，《农业经济问题》2012 年第 1 期。

⑤ Shen C，Hao X，An D，et al.，"Unveiling the potential for artificial upwelling in algae derived carbon sink and nutrient miti-gation"，*Science of the Total Environment*，2023，905，167150.

⑥ 徐敬俊、覃恬恬、韩立民：《海洋"碳汇渔业"研究述评》，《资源科学》2018 年第 1 期。

研究、技术开发、工程建设、监测和管理、数据分析等配套产业，通过减缓气候变化、改善水质、修复海洋生态系统、渔业资源养护，实现海洋资源的可持续开发利用。

三、国内外海洋碳汇产品价值实现的现实探索

（一）国外海洋碳汇产品价值实现的实践

国际社会日益认识到海洋碳汇的价值和潜力，部分国家和地区陆续开展蓝碳相关研究，探索海洋碳汇产品的市场化交易和融资模式。

1. 海洋碳汇产品交易

海洋碳汇产品交易是指需求方通过交易平台向供给者购买经核证的海洋碳汇产品来中和自身的碳排放量，是海洋碳汇产品价值实现的市场化手段。目前，国际海洋碳汇产品市场交易机制主要包括强制碳市场中的清洁发展机制（CDM）与自愿碳市场中的核证碳标准认证机制（VCS）、维沃计划标准认证机制（PVS）。

强制碳市场中的 CDM 是由《联合国气候变化框架公约》（UNFCCC）主导的发达国家与发展中国家之间的碳交易机制，在该机制下发布的《退化红树林生境的造林和再造林（AR-AM0014）》《在湿地开展的小规模造林和再造林项目活动（AR-AMS0003）》两个方法学文件对红树林等蓝碳项目开发具有指导作用。然而，CDM 采用的集中式审核流程较为复杂，时间消耗和管理成本较高，导致目前在 CDM 机制下且尚在有效期内的蓝碳项目仅有塞内加尔海洋群落红树林修复项目。该项目的开发以 AR-AMS0003 方法学为基础，预计在 2008—2038 年间每年吸收 2704 公吨二氧化碳。[1] 然而，该项目产生的碳汇量尚未被成功交易。[2]

自愿碳市场下的 VCS 由非营利组织 VERRA 建立，是全球使用最广泛的

---

① Project 5265：Oceanium mangrove restoration project，2023-11-11，https：// cdm. unfccc. int/ Prjects/ DB / ErnstY-oung1316795310. 61 / view.

② 陈光程、王静、许方宏等：《滨海蓝碳碳汇项目开发现状及推动我国蓝碳碳汇项目开发的建议》，《应用海洋学学报》2022 年第 2 期。

自愿温室气体减排机制。《滨海湿地创造方法学（VM0024）》《潮汐湿地和海草恢复方法学（VM0033）》均属于 VCS 方法学体系。VCS 机制下的碳汇项目开发无须国家主管机关的批准，易于实施且灵活，目前有塞内加尔、印度、印度尼西亚、缅甸和哥伦比亚等海洋保护区的红树林项目。其中，印度尼西亚的红树林修复和海岸绿带保护项目通过恢复种植红树林吸收二氧化碳，丰富了当地生物的多样性，帮助渔民建立可持续渔业，支持妇女参与项目的开发与管理。[①]

维沃计划标准认证机制（PVS）下开发的碳汇项目多为社区主导，交易规模较小。马达加斯加的 Tahiry Honko 项目和肯尼亚加齐湾的 Mikoko Pamoja 项目是首批经由 PVS 认证的红树林保护项目。该项目由社区主导，通过出售碳信用额度来筹集资金，最终将项目收益反馈给社区的教育、健康和用水保障等基础设施建设，有效促进当地经济社会发展。[②]

2. 海洋碳汇产品基金 UNFCCC 要求

在应对全球气候变化过程中，发达国家缔约方应提供财政援助，调动气候融资，协助发展中国家缔约方实现 UNFCCC 目标。为此，UNFCCC 建立了向发展中国家缔约方提供财政资源的融资机制，将全球环境基金（GEF）、气候变化特别基金（SCCF）等作为融资机制的运作实体，支持发展中国家的蓝碳项目发展。在蓝碳专项基金方面，2021 年亚马逊与保护国际基金会共同成立国际蓝碳研究所，推动蓝碳项目开展，支持东南亚及其他地区的海岸带蓝碳生态系统的修复与保护。2022 年，澳大利亚联合世界自然保护联盟共同建立蓝碳加速基金，为发展中国家的高质量蓝碳项目开发和实施提供资金支持。蓝碳加速基金关注项目的生态、社会效益，注重项目对地区经济和社会发展、生态保护与修复的推动作用。这些蓝碳基金的投资依据为我国未来海洋碳汇项目基金的设立和发展提供了重要参考。

3. 海洋碳汇产品保险

海洋碳汇保险旨在为海洋碳汇项目提供保险方案，是控制海洋碳汇产品价

---

① Herr D，Blum J，Himes-Cornell A，et al.，"An analysis of the potential positive and negative livelihood impacts of coastal carbon offset projects"，*Journal of Environmental Management*，2019，235，pp. 463-479.

② Macreadie P I，Costa M D P，Atwood T B，et al.，"Blue carbon as a natural climate solution"，*Nature Reviews Earth & Envi-ronment*，2021，2，pp. 826-839.

值实现过程中自然、市场和技术等风险的重要金融手段，为海洋碳汇产品提供碳汇损失风险保障。2020年，保护国际基金会与保险公司合作建立生态修复保险服务公司，该公司利用红树林减灾效益年费和红树林碳汇交易收益，为4000公顷红树林保护和恢复提供了稳定的资金支持。基于海洋碳汇项目风险管理而开发的蓝色保险项目是海洋生态系统保护和恢复工作的重要资金来源，以碳汇交易或保险收益反哺碳汇项目区的保护与恢复已成为国际上的常见做法。

（二）国内海洋碳汇产品价值实现的实践

我国部分地区已开始探索海洋碳汇产品价值实现，在市场交易、蓝碳基金、质押贷款、指数保险等方面进行了有益尝试。

1. 海洋碳汇产品交易

目前，我国海洋碳汇市场尚处于开发、探索阶段。部分省市已开始自发探索海洋碳汇产品交易，其交易产品类型主要为红树林与海洋渔业碳汇（见表1）。地方性的海洋碳汇产品交易实践助推了蓝碳资源的市场化进程，其项目收益主要用于生态修复、渔民增收和社区公益，所购碳汇多用于中和企业活动产生的碳排放。海洋碳汇产品交易实践实现了海洋碳汇产品在促进增收、带动社会资本参与的经济效益，固碳减排、生态系统保护与修复的生态效益，改善村集体生计的社会效益，成为区域海洋经济发展的新支点。但目前我国海洋碳汇产品市场价格波动很大，尚未建立一套较为完善的价格形成机制，缺乏有效经济激励。

表1 中国海洋碳汇产品市场交易项目

类型	时间	项目	成交量/（吨）	单价/（元/吨）	收益用途
红树林碳汇	2021年6月	广东湛江红树林造林项目	5880	66	维持项目区的生态修复效果
	2021年9月	泉州洛阳江红树林生态修复项目	2000	—	红树林再造
	2022年5月	三亚海口三江农场红树林修复项目	3000	约100	项目区红树林管护工作及周边社区和学校公益活动
	2023年6月	浙江温州苍南县红树林碳汇交易项目	2023	60	保护修复海洋生态
	2023年9月	深圳红树林保护碳汇拍卖	3875	485	上缴市财政用于红树林保护与修复

类型	时间	项目	成交量/（吨）	单价/（元/吨）	收益用途
渔业碳汇	2022年1月	福建连江县海洋渔业碳汇交易项目	15000	8	—
	2022年5月	福建莆田市秀屿区贝类海洋渔业碳汇交易项目	10840	约18	—
	2022年9月	福建莆田市秀屿区南日镇云万村、岩下村村集体海洋渔业碳汇交易项目	85829	约5	增加村集体经济收入
	2022年10月	浙江苍南县沿浦镇政府渔业碳汇项目	10000	10	—
	2023年2月	宁波象山西沪港坛紫菜、海带、牡蛎等一年碳汇量拍卖	2340	106	浒苔养殖和固碳机制研究
	2023年6月	山东2023东亚海洋合作平台青岛论坛蓝碳交易项目	821	—	—
盐沼碳汇	2023年9月	江苏盐城滨海盐沼生态系统碳汇产品交易项目	1926	—	—

注：资料来源于各地人民政府网站、新华网、碳交易网。

2. 海洋碳汇产品基金

我国的海洋碳汇产品基金以企业资金和社会筹集资金为主要来源，并致力于完善收益和成本风险共担机制，用于支持海洋增汇项目，以增加海洋碳汇产品供给。设立海洋碳汇产品基金，可以有效解决海洋碳汇项目因普遍存在的签发周期长、价值实现难、碳汇资产长期搁置等造成的融资困难，为蓝碳项目开发、建设与运营提供长期稳定的资金支持和保障。2021年7月，兴业银行厦门分行与厦门产权交易中心合作设立全国首个蓝碳基金，资金专项用于采购海洋碳汇，推出全国首张以海洋碳汇结算的"碳中和"机票。交易所得可继续用于碳汇生态系统保护与修复，促进保护区与社区共建，持续提升海洋碳汇应对气候变化的功能。引导并鼓励更多的蓝碳基金投资运作，是未来我国海洋碳汇产品价值实现的重要途径。

3. 海洋碳汇产品质押贷款

鉴于海洋碳汇项目建设周期长、投资风险高，部分金融机构以海水养殖产生的减碳量、固碳量远期收益权为切入点，推出特色贷款服务，化解小微渔业企业和个体渔民的资金周转困难问题。山东青岛、烟台、威海、滨州，江苏盐城，广东汕头等已落地多笔海洋碳汇质押贷款（见表2）。

表 2 中国海洋碳汇产品质押贷款

时间	地区	银行	贷款金额	质押物
2021 年 8 月	山东青岛	兴业银行青岛分行	1800 万元	胶州湾湿地碳汇
2021 年 8 月	山东威海	荣成农商银行	2000 万元	海带等海产品减碳量远期收益权
2021 年 9 月	浙江温州	洞头农商银行	15 万元	紫菜、羊栖菜减碳量远期收益权
2021 年 10 月	广西防城港市	防城港市区农村信用合作联社	50 万元	海洋碳汇收益权
2022 年 8 月	江苏盐城	兴业银行盐城大丰分行	1000 万元	湿地修复减碳量远期收益权
2022 年 9 月	广东汕头	工商银行汕头分行	50 万元	牡蛎减碳量远期收益权
2022 年 10 月	山东烟台	农业银行烟台长岛支行	30 万元	藻类减碳量远期收益权
2022 年 11 月	山东威海	威海市商业银行文登支行	100 万元	牡蛎碳汇指数保险单
2022 年 12 月	山东烟台	长岛农商银行	300 万元	海草床、海藻场固碳产生的碳汇远期收益权
2023 年 1 月	江苏盐城	南京银行大丰支行	2 亿元	紫菜减碳量远期收益权
2023 年 1 月	山东滨州	潍坊银行滨州分行	50 万元	藻类、贝类减碳量远期收益权
2023 年 8 月	山东烟台	蓬莱农商银行	300 万元	海带减碳量远期收益权

注：数据来源于各地人民政府网站、碳交易网。

现有海洋碳汇质押贷款多以企业参与藻类养殖、湿地保护等海水养殖碳汇价值的预期收益权质押为增信手段，将碳汇价值转化为质押品。2022 年 11 月，威海市商业银行文登支行开发"海洋碳汇保险＋信贷"的银保合作新模式，以养殖企业前期投保的牡蛎碳汇指数保险单为质押物，若因赤潮等海洋灾害导致牡蛎损毁，企业难以归还贷款，银行可用质押保单的赔款优先偿还贷款，转嫁信贷风险。投放海洋碳汇质押贷款能有效解决项目建设资金困难问题，使海洋碳汇资源变为可变现的碳汇资产，打通海洋碳汇产品价值实现的绿色金融通道。

4. 海洋碳汇产品指数保险

由于海洋养殖、勘察定损复杂，海洋灾害易造成海洋碳汇生态系统大面积损毁，固碳效果缺乏有效保障，因此，现有海洋碳汇保险多采用指数的方式理赔，以实现其损失补偿、风险管理、资金融通的功能。参照海洋碳汇产品的增汇能力、碳汇市场交易价格等定制海洋碳汇指数保险方案，既能有效化解养殖过程中的灾害风险，又能借助保险杠杆，将损失补偿用于灾后海洋碳汇资源救助、生态保护修复等生产活动，为激活蓝色生态链注入新动能。2022 年 5 月，全国首单海洋碳汇指数保险在威海落地，采用触发即赔原则，若海草床因特定海洋环境变化造成碳汇减弱，保险公司将为投保方进行赔偿。同年 6 月，烟台黄渤海新区发布国内首单政策性海洋碳汇指数保险，将卫星遥感技术应用于保险产品定损，赔偿款用于提升海洋有机碳含量，恢复和提高海洋固碳水平。2023 年，平安产险于深圳承保全国首单红树林碳汇指数保险，为福田自然保护区的红树林碳汇价值实现提供风险保障和防灾减损服务。但现有指数保险的覆盖面非常有限，多是针对特定沿海地区特定的小规模海洋碳汇产品。

四、海洋碳汇产品价值实现的现实困境

我国在海洋碳汇产品开发、交易、海洋碳汇生态系统保护与修复方面作出许多有益探索。然而，从当前的现实需求来看，目前我国海洋碳汇产品价值实现过程中仍然存在制度不明、标准缺失、效率低下、支撑乏力、补偿缺位等问题。

（一）制度不明：相关政策法律与监管机制不完善

健全海洋碳汇产品认证、核算、交易、投资等相关政策与法律体系，完善有效的监管机制是海洋碳汇产品价值实现的关键保障。然而，当前相关政策依据缺乏、法律缺失、产权模糊、监管不足限制了海洋碳汇交易活动的制度化和规范化运行。一是目前全国碳市场的交易产品以配额为主，可用于抵消碳排放配额清缴的 CCER 比例不超过 5%，且基线和额外性要求过于严格，关于海洋碳汇产品是否以及如何参与到全国碳市场交易中，缺乏相应的政策和制度依据。二是海洋碳汇及其交易过程缺乏法律保障。我国海洋相关法律法规均侧重于保护海洋环境与资源，并未将海洋碳汇纳入考量范围，使得相关部门难以对破坏或损害海洋碳汇资源的责任者进行处罚。三是我国海洋碳汇产品所依托的海域为国有属性，海域的所有权和使用权剥离，国家享有对海洋资源的支配权和管理权。[1] 然而，由于海洋碳汇产品具有弥散性、流动性、跨区域等特征，难以对其进行明确划分，[2] 且关于海洋碳汇资源的使用权、归属权、收益权，以及出让、转让、出租、抵押等权责归属问题尚存争议，导致易出现产权交叉重叠和缺位遗漏现象。在产权难以明晰的情况下，容易产生成本和经济收益纠纷，不利于海洋碳汇产品市场交易的推进。四是尚未建立针对海洋碳汇产品价值实现过程的监管机制，在碳汇产品审批、认证、监测等方面存在监管规则不明确和机构责任不清的情况。

（二）标准缺失：尚未建立与国际接轨的海洋碳汇方法学

海洋碳汇的科学核算与监测是海洋碳汇产品价值实现的基础，构建一套科学合理的海洋碳汇方法学体系是保证海洋碳汇交易市场持续健康发展的重要前提。尽管自然资源部发布了《海洋碳汇核算方法》、生态环境部发布了《红树林营造》，但目前关于不同类型海洋碳汇建设程度不一，固碳机理、计量依据仍存在争议。与国际上已出台的海洋碳汇相关方法学相比，我国制定发布的相关方法学数量少且国际认可度不高，尚未形成一套国际普遍认同、权威性强的核算方法和监测标准体系。同时，因海洋碳汇生物多样性较强，不同海洋生物碳汇机理不同，加上受气候变化、季节性变化、生态适应性等的影响，现有方法的科学性、准确性、推广性和应用性较弱，未能充分体现蓝碳生态系统的复

① 白洋、胡锋：《我国海洋蓝碳交易机制及其制度创新研究》，《科技管理研究》2021年第 3 期。

② 李京梅、王娜：《海洋生态产品价值内涵解析及其实现途径研究》，《太平洋学报》2022 年第 5 期。

杂性与动态变化，导致难以对全域范围内的海洋碳汇进行精准计量与监测，极大限制了海洋碳汇产品的价值实现。

（三）效率低下：海洋碳汇产品交易机制的灵活性和有效性有待提高

灵活高效的交易机制是海洋碳汇产品价值实现的核心一环。目前海洋碳汇产品交易市场建设仍处于摸索与开发阶段，核算方法、行业规范、认证流程、技术标准与交易机制不成熟，难以实现规模化交易。第一，海洋碳汇相关方法学不明确且认证流程复杂，项目开发存在较大的不确定性，且存在一定的技术门槛。第二，现有海洋碳汇产品交易主要是由当地政府或社会组织进行的小规模、区域性交易，缺乏明确的交易规则、核证标准、产品定价、监督主体，规范的市场交易体系尚未建立。目前国内仅有广东湛江的红树林造林项目符合VCS评审，其他项目的规范性较弱。第三，海洋碳汇产品价格的非市场化特征较为明显，规范成熟的价格机制尚未建立，产品缺乏定价依据。例如，2022年我国首单村集体海洋碳汇以 5 元/吨的价格进行交易，远低于当年全国碳市场的成交均价 45.61 元/ 吨。[①] 但 2023 年全国首单红树林保护碳汇拍卖的起拍价高达 183 元，成交价为起拍价的 2.65 倍，并不能正常反映碳汇市场的供求情况。第四，我国海洋碳汇产品供给方多为个体渔民或中小型养殖企业，相关从业人员分布较为分散，对碳汇交易与碳市场的了解程度较低；大部分个体或企业业主缺乏有效的引导和组织，导致碳汇交易市场信息不对称程度高、交易成本较大，由此对海洋碳汇产品交易的实现造成了一定阻碍。第五，支撑海洋碳汇产品市场建设的配套产业不足，相应的咨询、科研、代理机构方兴未艾，不利于海洋碳汇的可持续发展。

（四）支撑乏力：应对多重风险的金融支持力度较弱

海洋碳汇产品在项目开发与交易过程中面临多重自然风险与人为风险。海洋碳汇资源极易受到病虫害、台风风暴潮、寒潮等自然因素的影响，造成海洋碳汇产品遭受损失，国际气候谈判进程、政府优先事项变更、评价标准不完善、产权关系与资金供给调整等带来了政策环境的不确定性，碳市场供求失

---

① 毕马威：《2023 年中国碳金融创新发展白皮书》，2023 年 11 月 8 日，https：//caifuhao. eastmoney. com/ news/ 202311081709229946131700。

衡、碳价非周期性波动、劳动力成本上升、金融机构与其他交易主体存在信息不对称、交易平台不健全带来的市场风险，养殖经验、项目管理经验不足、计量监测不全面等造成的技术风险等，都可能造成海洋碳汇产品难以实现其价值。

开发基金、债券、保险等金融及其衍生工具是对冲海洋碳汇产品多重风险的重要手段。然而，海洋碳汇发展较晚，海洋碳汇产品价值实现尚处在探索阶段，碳汇价格低迷，导致金融机构对短期内收益并不显著的海洋碳汇项目缺乏投资兴趣。尽管部分地区已开始尝试发布海洋碳汇金融产品，但推广范围较小，主要集中在少数沿海省份，中小海水养殖企业融资渠道狭窄且成本过高等问题仍存在。金融机构缺乏熟悉海洋碳汇产品相关市场运作模式、风险管理等方面的专业人才，现有海洋碳汇产品质押贷款额度偏低，且由于海洋环境的连通性、流动性、水体掩蔽性等特点，导致在具体实施过程中面临保险金额难以测算、责任范围不全面、理赔方式较为复杂、风险补偿有效性不足等问题。

（五）补偿缺位：海洋碳汇生态补偿制度长期缺位

完善海洋碳汇产品生态补偿机制是解决海洋生态环境问题、促进海洋碳汇产品价值实现的长效政策手段。海洋碳汇产品生态补偿是指政府以财政转移支付、财政补贴等方式向海洋碳汇产品供给方提供经济补偿。近年来，中央和地方政府陆续出台了一系列海洋生态保护补偿和海洋生态损害补偿政策，以调节海洋经济发展和海洋环境保护之间的矛盾。但现有的生态保护补偿制度仍有较大提升空间。[①] 即使是发展较快的林业碳汇，也尚未被中央政府纳入森林生态补偿范畴。而以政府为主导的海洋生态补偿也面临较大挑战。一是政府生态补偿依赖财政预算。在政府财政收支紧张的情况下，海洋生态补偿的可行性、规模与有效性无法保证。二是难以进一步发挥海洋碳汇生态效益。政府对海洋碳汇产品进行生态补偿意味着降碳成本直接由政府承担。对海洋碳汇产品供给方来说，政府补偿会挤出供给方投入，不利于进一步培育海洋碳汇资源；对需求方来说，不直接承担海洋碳汇产品的相关降碳成本，无法对其形成成本压力和倒逼机制，不利于进一步调动其节能减排积极性。三是政府难以对海洋碳汇产

---

① 靳利飞、周海东、刘芮琳：《适应碳达峰、碳中和目标的生态保护补偿机制研究——基于碳汇价值视角》，《中国科学院院刊》2022年第11期。

品补偿进行有效定价。当生态补偿价格太低时，相关政策无法发挥激励作用；当生态补偿价格太高时，可能引发相关领域过度投资，且在财政上不具有可持续性。

五、助力海洋碳汇产品价值实现的对策

（一）推进顶层设计，坚持上下联动

坚持政府引导、市场运作、多方参与，将"自上而下"的顶层设计和"自下而上"的地方探索相结合。制定海洋碳汇产品价值实现总体方案，明确海洋碳汇资源的开发和利用的原则与程序、评估核算、考核监管等标准体系。推进海洋碳汇交易立法，明确海洋碳汇产品交易的法律定位、产权归属、市场监管等配套保障措施，以高位阶的法律法规建设推动基层实践，规范海洋碳汇产品的有偿使用。在海域使用权的基础上，界定海洋碳汇产品供求双方，明确海洋生态系统及其所产生碳汇的所有权、使用权、收益权、分配权、流转权的归属及权能，发挥民事主体在实现海洋碳汇价值上的积极性，并将碳汇损害纳入侵权责任之中，保障海洋碳汇产品交易顺利展开。选择海洋碳汇资源丰富的地区推进海洋碳汇交易试点，总结地方实践经验，形成相关示范项目案例库成果，推广可复制的交易制度。提升政府监管职能，特别在开发海洋碳汇项目时，要加强海洋生态环境的保护和督察，从而更好地实现海洋碳汇产品多重价值。

（二）研发制定海洋碳汇标准，抢占海洋碳汇标准制定的国际话语权

加大对相关科研机构的支持力度，加快制定具有中国特色且受国际认可的海洋碳汇项目方法学，为世界海洋碳汇潜力挖掘提供"中国范式"。在海洋碳汇产品确权登记的基础上，建立海洋碳汇资源动态调查监测评估，加强碳汇遥感监测，摸清我国海洋生态系统碳储量、碳增量、碳年埋藏速率的数量、空间格局及时空变化，建立完备系统的海洋生态产品基础信息和产品目录。构建海洋碳汇资源资产核算和管理台账体系，将海洋碳汇核算纳入自然资源资产负债表编制。明确海洋生态系统对人类活动和气候变化的反应机制，根据潜在风险与影响因素有针对性地预测我国海洋碳汇分布变化情形，为制定详细、具体的

海洋碳增汇与碳汇产品价值实现方案提供数据支持。

（三）基于中国海洋碳汇产品特色，建立健全海洋碳汇产品交易机制

建立海洋碳汇产品碳信用认证体系是海洋碳汇产品交易的前提。海洋碳汇项目申报者要以海洋碳汇项目方法学文件为方法论依据，展开项目论证，编制预估减排量核算表，撰写项目设计文件。科研机构除在碳汇项目方法学和标准制定等方面发挥重要作用，还要为海洋碳汇项目开发者提供技术指导和项目申报指导。完善的海洋碳汇产品交易平台是交易的核心。在这一平台上，交易客体为海洋碳汇产品碳信用凭证，交易主体为海洋碳汇碳信用需求方和供给方。需求方主要是碳排放超出政府配额的企业或地区，其购买碳排放信用以抵消自身碳排放量，实现碳排放合规需求。海洋碳汇产品的供给方，即海洋碳汇产品的持有者，包括海洋碳汇项目的直接开发方、红树林保护区、国家湿地公园等管理单位，为中小规模项目经营者提供代理服务的中介机构等。将海洋碳汇产品纳入国家统一的碳市场交易，鼓励控排企业认购海洋碳汇，并在全国统一的交易平台上构建全面的碳汇产品交易信息网络服务系统，提供实时有效的供求信息，降低市场交易风险与交易成本，引导交易市场规范发展。灵活但受监管的中介机构是提高交易运行效率的保障。对于大部分中小规模的海洋碳汇项目开发方来说，从第一产业经营业主向项目开发方转变有较大困难。政府应培育和认证一批具有相关资质的中介代理，为海洋碳汇项目在立项、申报、监测、核证和交易等阶段，提供代理、技术支持以及咨询服务，减少信息不对称，加速海洋碳汇产品的价值实现。

（四）强化风险防范，探索蓝色金融创新产品

引导金融机构加大对海洋碳汇交易的支持力度，可以提高碳交易市场主体积极性，进一步释放海洋碳汇潜力。一方面，基于海洋碳汇项目周期长、收益不稳定的风险特征，建立多层次、多渠道和多方位的融资机制，将金融资本和海洋碳汇经济实体联系起来，通过碳金融手段活跃碳市场交易。借鉴已有绿色金融和气候投融资方面的经验，开发更多基于海洋碳汇的金融衍生产品，包括海洋碳汇债券、质押贷款、股票、期货交易，以及碳汇产业基金、保险等多层次创新型金融产品。扩大中国清洁发展基金向海洋碳汇开发项目的倾斜，并在

基金投资项目遴选方面，借鉴国际成功案例的遴选要求，兼顾海洋碳汇项目的经济、生态、社会效益。另一方面，鼓励保险机构为海洋碳汇项目提供风险保障。根据海洋灾害对养殖品种的产量和品质等的影响，设计风灾、海温、盐度、赤潮等指数保险与碳汇遥感指数保险。

（五）构建多元化生态补偿机制，有效发挥市场力量

为缓解现有生态补偿机制下的财政压力，应构建政府主导、企业和社会参与、市场化运作、可持续的多元化生态保护补偿机制，撬动更多的市场主体投资海洋生态修复和海洋碳汇产品开发项目。其中，多元化特征体现在补偿主体、补偿客体、补偿标准和补偿方式上。一是补偿主体多元化。充分发挥政府在补偿政策制定、实施、监督和完善等环节的主导作用，积极发展市场化生态补偿机制，引导海洋碳汇产品利益相关者和社会资本参与，形成多元化的生态补偿资金渠道。二是补偿客体多元化。海洋碳汇产品生态保护补偿的客体涉及海洋碳汇产品的开发、保护、修复和治理活动的参与者和相关受损者，以确保海洋碳汇产品的供给。三是补偿标准多元化。在制定海洋碳汇产品生态补偿方案、进行生态补偿政策试点时，要综合考虑不同地区的海洋碳汇资源存量与类型、增汇成效、生态功能、生态环境修复重点、经济社会发展状况等因素，以海洋碳汇产品价值动态消涨为主要参考，针对不同物种采取不同的补偿标准。结合海洋碳汇产品生态保护的直接投入成本和机会成本，实现精细化补偿和奖励，避免"一刀切"的补偿政策造成资金浪费。四是补偿方式多元化。综合运用财政横向与纵向转移支付、生态补偿专项资金等正向激励，以及环境税费制度、生态保护红线等负向约束相结合的补偿方式。

（选自《东南学术》2024 年第 1 期）